JN123398

神通川流域民衆史

いのち戻らず　大地に爪痕深く

向井嘉之
金澤敏子
高塚孝憲

能登印刷出版部

はじめに

黄金色の稲穂が風にゆらぐこの神通川両岸の地は、先人が営々辛苦（えいえいしんく）の末開拓した沃土（よくど）であり、我々子孫にもたらされた偉大な遺産である。ところが、明治後期ないし大正期から稲の生育が阻害される農業被害が出始め、大正中頃から昭和前期にかけて以降、全身の激痛と骨折により「イタイイタイ」と泣き叫ぶ〝奇病〟[1]の患者が年々多発する鬼哭啾々（きこくしゅうしゅう）の地と化した。

これは、イタイイタイ病住民運動の原点となった神通川流域の清流会館前庭に二〇一六（平成二八）年に建立された「イタイイタイ病 闘いの顕彰碑」の冒頭である。イタイイタイ病対策協議会結成から五〇年の記念碑であるが、刻まれた「鬼哭啾々」の文字

富山市婦中町萩島地内　　2022年9月　金澤敏子撮影

の中から悲劇に泣く人たちの呻（うめ）き声が聞こえてくるようだ。

イタイイタイ病は日本の公害病認定第一号であり、イタイイタイ病裁判は四大公害訴訟の先頭を切って原告の被害住民が勝訴した裁判である。

イタイイタイ病は、一九一一（明治四四）年頃から岐阜県・神岡（かみおか）鉱山の三井金属鉱業神岡鉱業所（現・神岡鉱業株式会社）からの排水に含まれるカドミウムに汚染された飲み水や米を通じて、富山県の神通川

イタイイタイ病　闘いの顕彰碑
清流会館（富山市婦中町萩島）前庭　　2022年9月　金澤敏子撮影

闘いの顕彰碑　碑文　　2022年9月　金澤敏子撮影

流域住民が被害を受けた鉱害である。主として年配の女性に多く発生したが、重金属のカドミウムが体内に蓄積すると腎臓障害を起こし、骨が軟化し折れやすくなる。重症の場合はくしゃみ程度で骨折するほどで、激痛に見舞われた患者が「痛い、痛い」と全身の激痛を訴えたのが名前の由来である。

神岡鉱山の位置

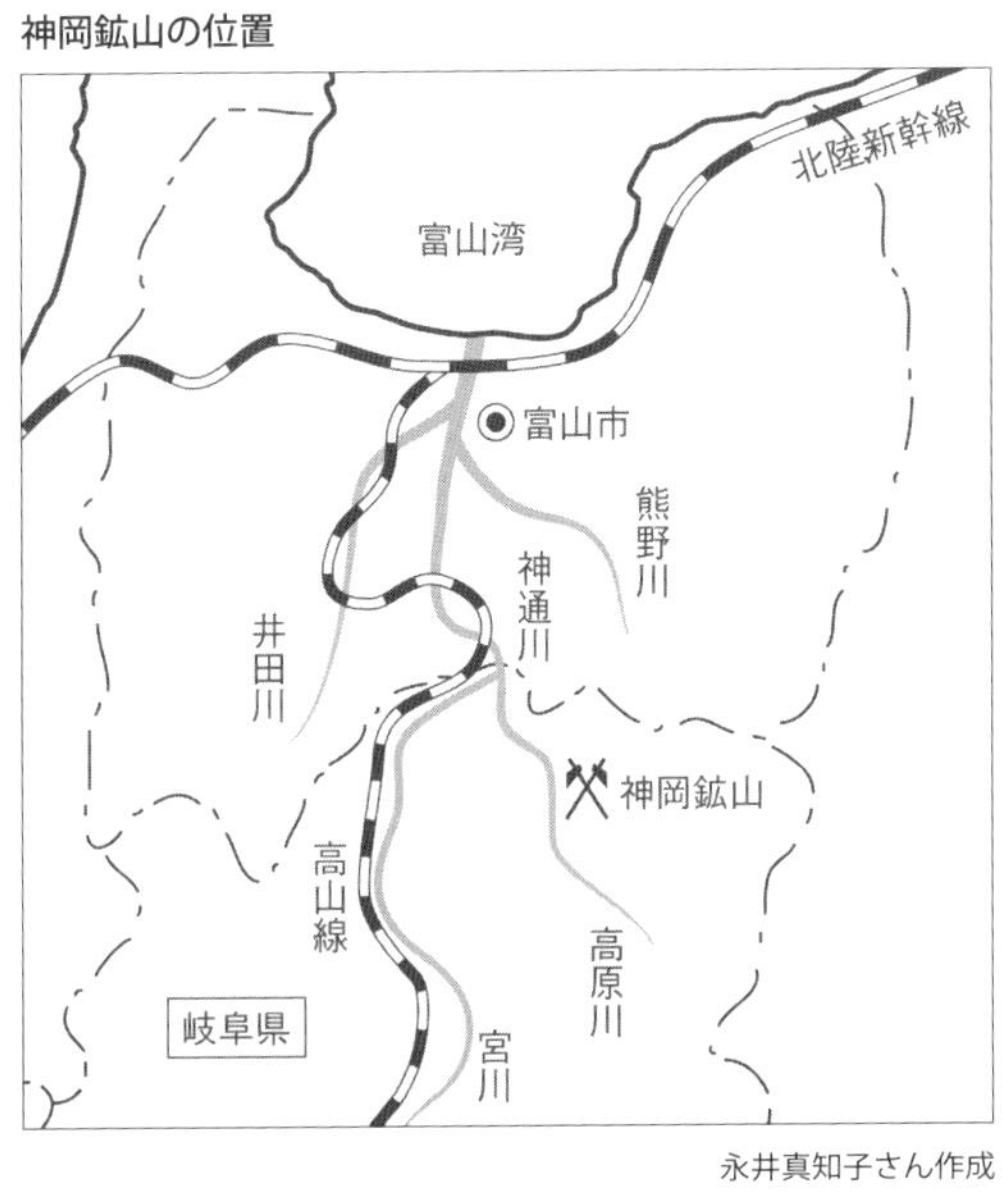

永井真知子さん作成

神通川

2016年3月　鷹島荘一郎さん撮影

一〇〇年を超える歴史の中で、イタイイタイ病はあまりにも人のいのちが顧みられることがなかった。一体どれだけの人がイタイイタイ病で亡くなったのかの記録さえない。

イタイイタイ病は太平洋戦争の戦前から戦後に激甚被害期を迎え、多くの犠牲者が出た。一九七〇（昭和四五）年発行の被害者団体の文献には、戦後の一九四六（昭和二一）年から一九七〇（昭和四五）年までの死者は二三〇人との記述がある。[2] 筆者（向井）の調査では、戦前を含めると五〇〇人以上の犠牲者と推定される。

患者認定制度ができたのは一九六七（昭和四二）年で、現在、認定患者は累計で二〇一人となり、このうち生存者は九〇代の二人である。ちなみにここ数年、認定患者は出なかったが、二〇二二（令和四）年七月三一日に開かれた富山県公害健康被害認定審査会で、九一歳の女性が認定相当と判断された。カドミウムによる深刻な健康被害が今なお存在している。

筆者がイタイイタイ病の取材に関わり始めたのは一九六六（昭和四一）年、まさにイタイイタイ病対策協議会が結成され、闘いの組織が動き始めた頃だった。あれからすでに半世紀を超えた。

イタイイタイ病は世界で最大のカドミウム被害をもたらした環境汚染事件である。イタイイタイ病裁判の完全勝訴から半世紀を経たからといって、イタイイタイ病を過去のものとして語ることはできない。

あらためて、イタイイタイ病の生き地獄に尊い命を失った数多くの人々を哀悼するとともに、この半世紀の闘いに自ら命をかけてきたイタイイタイ病対策協議会や神通川流域カドミウム被害団体連絡協議会をはじめ、関係の皆さま方に心から敬意を表したい。

そうした思いを込めて筆者らは本書の表題を『神通川流域民衆史』とした。『民衆史』としたのは、イタイイタイ病の犠牲者やその救済のために闘った人たちはもちろん、鉱山作業の犠牲になった人たちや神岡鉱山へ動員された朝鮮半島の人たちなど、さまざまな民衆が歴史の闇に葬られることがあってはならないとの思いも込めたからである。

つまり、国家も企業も、政治も行政も、もっと言えば、科学も裁判も、民衆によせる眼差し(まなざし)を失ってはならないとの思いを強くしている。

「日本近現代史」のもう一つの歴史として、二度とこのような惨禍(さんか)が繰り返されることのないよう後世に伝えることができたらと願う。

向井嘉之、金澤敏子、高塚孝憲の共著者三人は、二〇二二(令和四)年、イタイイタイ病裁判の原告完全勝訴五〇年にあたり、こうした民衆の声に耳を傾けながら、あらためてイタイイタイ病の学び直しを始めることにした。

神通川流域図

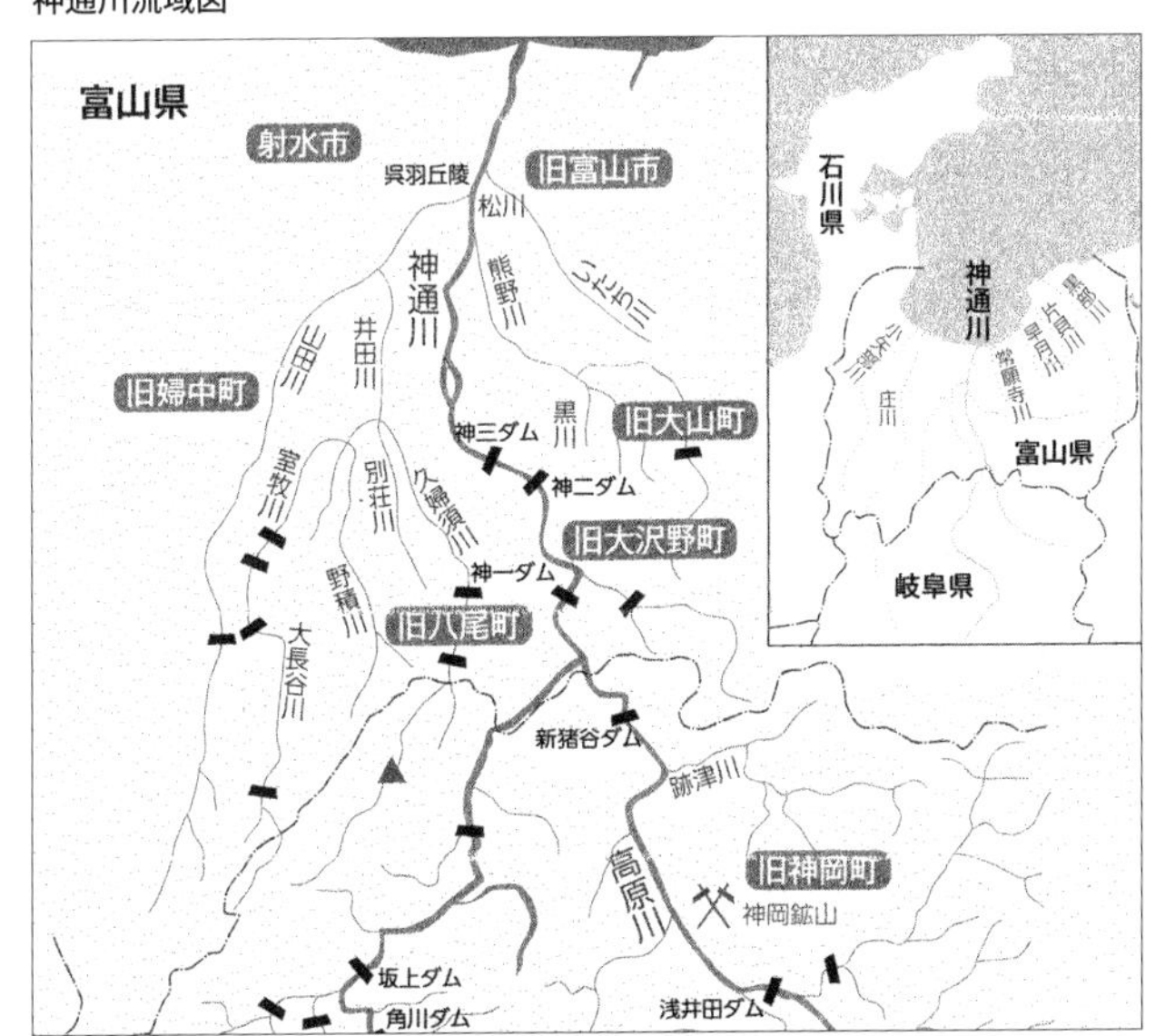

出所：神通川流域カドミウム被害団体連絡協議会『甦った豊かな水と大地』 富山県、2017

本書がイタイイタイ病をはじめとする公害（鉱害）問題を見つめなおすきっかけになれば望外の喜びである。

本書における年号については西暦・元号を併用したほか、地名については市町村合併により、当時と現在とでは市町村名が変わっている場所があるので、できるだけ当時と現在を併記した。

また、資料の引用・転載にあたっては、当時の記載を変更せずに収録することを第一の方針とした。そのほか、本記における氏名については、引用文中以外は失礼を省みず、原則として敬称を略させていただいた。参照文献については、各章末に参照文献欄を設け、引用の場合は本文中に引用番号を明示し、引用文献欄に出所を明らかにした。

引用文献

［1］イタイイタイ病対策協議会結成五〇周年記念誌編集委員会『イタイイタイ病　世紀に及ぶ苦難をのり越えて』イタイイタイ病対策協議会、二〇一六

［2］イタイイタイ病対策協議会・神通川流域カドミウム被害団体連絡協議会『神通川流域住民運動のあゆみ』一九九一

目次

いのち戻らず　大地に爪痕深く　神通川流域民衆史

第一章　山の民　川の民

その一　酒一升、塩マス一本でヤマをとられた

東に乗鞍岳を中心とする北アルプス連峰、西に白山、南に御岳、北に立山の峰つづきと、四方を山に囲まれた飛騨山中に位置する神岡鉱山は、立地条件の極めて厳しい飛騨高原郷（たかはらごう）という特異な地域に開発された。かつては東洋一の鉱山として隆盛を誇った大鉱山であったが、今は鉱山は稼働せず、巨大な廃墟といっていい。

飛騨地方の鉱山の開発は、わが国鉱山発達史の歩みと違わず、一六世紀末から一七世紀初頭にかけて金・銀山として始まった。江戸時代には加えて銅・鉛の産出で活況を呈した。

小京都と呼ばれる高山という町が、海抜五七三メートルという飛騨の山奥にあって隆盛を極めたのも神岡鉱山の裏打ちがあったからである。なにしろ幕府直轄領だった高山代官所には神岡鉱山産出の、銀・鉛の製錬所が置かれ、飛騨鉱山は高山郡代の支配するところとなっていた。

さて、神岡鉱山の歴史と記憶をどこから始めるかだが、本書執筆の目的からして、三井資本の神岡鉱山進出が最もその時期にふさわしいと考える。

『神岡鉱山史』をはじめとする種々の文献を渉猟（しょうりょう）しながら、三井神岡鉱山草創期を概観するが、一八

六七（慶応三）年一〇月、徳川一五代将軍慶喜の大政奉還により一七〇余年にわたった徳川幕府の直轄領、飛騨地方も明治政府に接収された。神岡には江戸時代から小規模の鉱山が点在していた。明治初年の飛騨鉱山業は、一旦、鉱山を政府のものとする官収となったが、重要鉱山は相次いで民間に払い下げられ、その多くを財閥資本が担うことになった。明治黎明期の財閥といえば、三井・住友・三菱・安田・古河などで、特に三井組をはじめとする三井財閥は、江戸時代、呉服商と両替商を主たる業務としており、政府要人である薩長閥族と深い関係にあった。

美濃・飛騨地方の旧幕府領を接収した新政府は、地方行政の整理として飛騨の明治維新に取り組み、一八六八（慶応四）年、飛騨三郡を独立させ、高山県となった。この初代高山県知事となったのが梅村速水である。少し横道に逸れるが、梅村が施策目標としたものは強力な産業統制による富国の基礎を図ることにあり、租税や兵事などの新政策を強引に打ち出した。一方で商法局をおいて日用品を専売制にしたりし財源の確保を図った。このほか、江戸時代から長く続けられていた山方米・人別米といって、山方で山林の仕事をしている人や、農業をしない町人たちに、米を安く払い下げていた制度を取りやめた。どちらも幕府の仁政の一つに数えられていたもので、廃止になるということは山郷の人にとっては生活の危機につながるとして動揺が大きかった。いずれにしても飛騨の実情に合わない梅村知事の政治は失業者や生活に苦しむ人が増えることになり不満を持つ人が多くなった。この結果として一八六九（明治二）年、梅村知事が京都へ行って留守の間に、急進的な改革に憤った数千人が高山町

『神岡鉱山史』
三井金鉱業株式会社修史委員会、
1970（昭和45）年発行

（現・高山市）で打ちこわしや放火に至った。これがいわゆる梅村騒動といわれる新政府への反対一揆で、さらに飛騨一国あげての騒動となり、ついには梅村知事罷免となった。この事件は飛騨における明治維新の象徴となった事件で新政府による飛騨の支配が定着するまでにはこのように民衆の激しい抵抗があった。

この梅村騒動を題材に、徳川幕府が倒されて明治政府がつくられてゆく飛騨の歴史に舞台をとった歴史小説『山の民』を書きあげたのが、高山市出身の作家・江馬修（本名・修）である。一九四〇（昭和一五）年に第三巻を出して完結したが、その後さらに手を入れて一九五八（昭和三三）年、四部作を完成させた。『山の民』については後述したい。

ところで飛騨の鉱山は幕末期に至るまで、山師ともよばれる地元の稼行者によって経営された。飛騨の鉱山ではこの稼行者を一般に稼人と称した。稼人には下稼人という階層があって、これが実際の採掘稼行にあたっていた。[1]

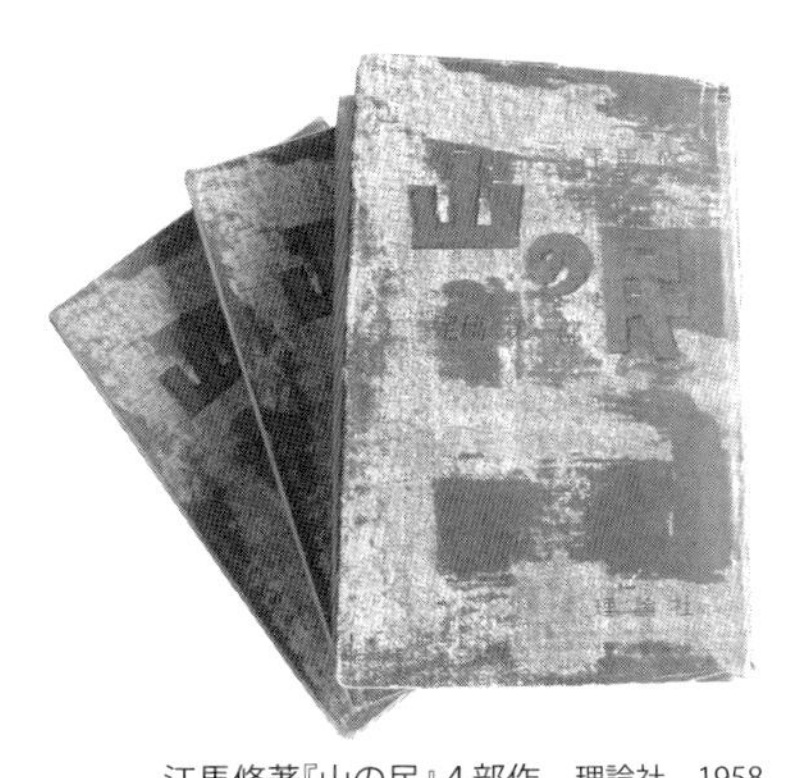

江馬修著『山の民』4部作　理論社、1958

つまり、鉱山では地下資源を掘り出す仕事を請け負う山師とよばれる地元の採掘者（稼行人）が鉱山の経営に当たっていたのである。

では明治新政府はこうした群小鉱山をどのように整備していったのか、鉱山業育成のポイントをみてみよう。

まず明治政府は鉱山政策の基本として全国の鉱山（鉱物）の所有権は新政府にあるとし、鉱物の所有権は土地所有者に帰属しないとした。日本ではこの基本的方針に沿って、一八七二（明治五）年制定の「鉱山心得」以来今日まで、鉱物は土地所有と分離し、国内で鉱業を営む場合は必ず政府により「鉱業権」を認可されなければならないとした。そして「鉱山心得」では外国人を排除した本国人主義とした。そして翌年一八七三（明治六）年、わが国初の統一的鉱業法典となる「日本坑法」が頒布された。つまり「鉱山心得」と「日本坑法」により日本の鉱業法制の骨格が作られ、全ての鉱山は政府の所有物となったために、これまでの鉱山稼人は借区開坑（一般私人は政府から坑区を借区して開坑するという規定）の許可を受けて借区人として稼行しなければならなくなった。ある意味、小坑乱立の稼行形態が飛騨の山々でも持続した。一八七五（明治八）年の飛騨諸鉱山の稼行状況は、鉱山数八、借区坪数二万九一四六坪（約九・六ヘクタール）、稼行坑数一四一、従業稼働者二〇四三人、一坑あたり平均一四・五人という状態だった。[2]

こうした諸鉱山の経営は、例えば高山町に居住する商人による鉱山経営であり、もう一つのタイプは、有望鉱山を求めて各地を転々とする鉱山「稼人」による鉱山経営もあった。三井組の鉱山進出は必ずしも当初から鉱山経営を意図したわけではなく、鉱山稼ぎの者への金融の結果として、抵当とした鉱山を入手しそのまま経営に手を染めるケースであったようだ。[3]

そもそも明治新政府では一八七〇（明治三）年、政府に設置された工部省が鉄道や製鉄などとともに、鉱山も統括することになっていたが、鉱山官営政策の上で、工部省よりも大蔵省が鉱山育成を主導した点を見逃すわけにはいかない。日本の鉱業法制に関する、唯一といってよい体系的研究である『鉱業権の研究』は次のように述べる。

鉱山心得書の頒布された頃（引用者注：一八七二・明治五年）、政府所有の鉱山としては、二〜三の山を数える状態であった。しかるに明治六（一八七三）年一月、既存の鉱山一〇ヵ所余りをえらんで官坑とし、政府の手により積極的に経営すべしとする建議が、大蔵省より提出された。この建議は直ちに正院の允裁（引用者注：聴きとどけること）をうけ実施に移されることとなった。ここに明治初期の鉱業史を強く特徴づける官山稼行の時代が大きく開花するに至ったのである。[4]

当時の大蔵大輔（太政官制下における大蔵省の次官職。その職掌は大蔵卿の補佐・代理であったが、その権限は大蔵卿と同等）は明治の元勲の一人であった井上馨（一八三五―一九一五）であった。井上は維新後、事実上の大蔵省長官や外務大臣として三井家を援助する立場にあった。計算高い両替商人だった三井組が危険な鉱山経営に乗り出し始めたのは一八七四（明治七）年だった。三井組の融資先の一つだった名古屋の投機商人、中西組が神岡の山師に貸した金を回収できずに倒産、三井組は仕方なく山師の鉱業権を抑えるような形で鉱山経営に入っていった。当初はこのように鉱山経営に消極的で抵当流れとなった鉱山の借区権を握ることから始まった三井組の鉱山経営は井上馨を筆頭とする明治政府の後押しで次第に鉱区を拡げることになった。この頃、明治一〇年代まで、一八七三（明治六）年「日本坑法」公布を契機として鉱山業に介入していた有力な高山商人には、三輪源次郎、早川清次郎、江馬弥平、長谷川喜平などがいた。この中で筆者は特に江馬弥平に注目したい。というのも江馬弥平は、前述した梅村騒動を描いた『山の民』の著者、江馬修の父で、三井組の神岡進出にも少なからぬ縁があったからだ。

江馬弥平は、旧幕期高山町の組頭を勤め、維新後も梅村速水治政下で商法局長として重用された人物であった。『山の民』によれば、弥平は、梅村騒動で立場を追われ、東京近辺で事業を行うなどしたあと、地元の高山へ戻った。そしてかつて商法局長時代に歩き廻り勝手を知った北飛騨で鉱山関係だけでなく、各種の殖産事業に関係し、この地方の産業の開発と発展に寄与したという。『明治元〜二五年　神岡鉱山関係年表』[5]によると、かつて梅村施政下で敏腕を振るった江馬弥平らが、いち早く一八七五（明治八）年に蓬莱社高山分局を開店した目的は、鉱山業に重点を置き、鉱山稼人との連携で神岡諸鉱山を買収することにあったようだ。しかし、翌年には経営難でこの高山分局を閉鎖、江馬弥平はあらたな鉱山業への取り組みを進めていく。

『岐阜県史　通史編　近代　中』によれば、弥平は、その後、神岡村鹿間・蛇腹平銅山合併借区惣代人（総代のこと）となり神岡鉱山開発に力を注いでいる。

しかし、小規模な鉱業人が、幼稚な技術で採鉱していた神岡鉱山は鉱山取得を進める三井組にとっても極めて効率の悪いもので、明治政府の指導者の一人、井上馨の直接のお声がかりで、わが国における近代的鉱山業育成の方針が示され、洋式鉱山経営着手の内命が三井に下った。井上の内命を受けた三井組は、政府による直接的な保護を求め、岐阜県令（現在の知事のこと）・小崎利準の力を背景に三井による神岡鉱山の一手買収に突き進んだ。

ただこうした強引な三井組の鉱区買収には、地元の鉱業人が簡単に受け入れず抵抗した。『三井資本とイタイイタイ病』を引用しながらこの間の事情を説明したい。

特に最も強く抵抗したのは大富（おおどめ）・菅沢（すがざわ）両鉱山の「大富社」だった。（中略）三井組は「両山配下稼人・鉱砂採取人等ニ計リ当店ニ服従サシメ、大富社ニ妨害ヲ加エ困究為サシメ」「大富社員七人ト社外拾九人トノ間ニ紛議ヲ起サシメ」買収工作を容易にした。（中略）

このような「強引な買収工作は、鉱山稼人だけでなく神岡町民にも激しい反発をひきおこし」、「三井に株を取られるのは船津（ふなつ）近辺の盛衰にかかわる」として、「神岡人民船津町ニ参集セシモノ殆ンド千有余人連判ヲ以テ三月ニ至リ岐阜県庁へ出頭シ」、その勢い「（三井の）取締役花輪正撲ヲ突キ殺セ」というほどであった。[6]

右記の内容を『神岡鉱山史』[7]も一部引用しながら説明すれば、「大富社」は、大富鉱山で強い発言力を持ち、三井組の進出に伴って次第に対立する存在になっていた。在来の鉱山稼人の結合の強さが、大富・菅沢両鉱山での三井組の借区拡大を阻んでいた。江馬弥平も有力坑主の一人で、大富鉱山の通洞（つうどう）の利用をめぐって三井組と鋭く対立していた。通洞というのは、坑口から水平に掘削された主要坑道で鉱山稼行にとっては利用の権利が極めて重要なポイントである。

この問題は県の調停で申し合わせ規則はできたが、三井組が大富鉱山を完全に支配するまでは時間がかかった。江馬弥平も最後まで三井組との交渉にあたったが、三井側の代表である花輪正撲の強引な買収工作に主導権を奪われた。

神岡町民を巻き込んで鉱業人と三井組との間には激しい対立が続いたが、一八八六（明治一九）年五月、三井組は極めて低額で鉱区買収に成功した。

一九七一（昭和四六）年一月五日付け『朝日新聞』（岐阜版）の記事を紹介する。「政府の鉱山局、鉱業許可権をにぎる小崎岐阜県令と三井は東京・築地の料亭で会談、鉱山の買収価格を一括三万円と決めた。県令の許可取り消しのおどしで四一人の群小坑業人は次々と鉱山を手放した。中には、たった三〇〇円足らずの法外な安値で奪われたものもいた。『酒一升、塩マス一本の金でヤマをとられた』と怒った長谷川喜平ら旧鉱業人二〇人にとってあとの祭だった[8]」。

『岐阜県史　通史編　近代　中』はさらに次のように書く。

大富鉱山の鉱業人惣代であった長谷川喜平・石田与三郎・加藤吉蔵・早川清次郎らが県令あて提出した身元取調書履歴には、一九年（引用者注：明治一九年）三月「本県のご誘導ニヨリ」山を三井組に譲渡したと記され、また江馬弥平のそれには、自己のもつ大富・萱沢・東平・前平の五ヵ山を、一九年五月中、「不得止事故有右坑業悉皆三井組三井長五郎へ譲渡シ当時ハ休業ニ相成申候」とあり、いずれも意に反して自己の鉱山を手放したことを明らかにしている。しかも、その売却代価も一方的に三井側で予定していた額に従わざるを得なかったのである[9]

この時の買収で大富の全鉱山を失うことになった長谷川喜平は坑業人一九人を代表して三井に大富買戻しの交渉を起こし、喪失した自己の鉱業権の回復やより手厚い補償の要求を執拗に図ったが、一旦売却した以上、結局どうすることもできなかったという[10]。

神岡における三井資本の大規模鉱山経営は、形式的には地元の諸坑業人と三井組との間の鉱業権の売買という形をとりながら、実質的には、明治政府の公権力による旧来の坑業人の排除の上に成立したのだった。

ここに見逃すことのできない文献がある。一つは富山市立図書館所蔵・岩倉政治文庫の文献で「録音テープ」と題された証言記録である。その冒頭に「明治一九年（引用者注：一八八六年）、三井の神岡鉱山の全坑区創立に反対し、三千余の民衆デモあり。代表は県へ請願するも功なし。（以下略）」とある。もう一つの文献をみてみよう。それは松波淳一著『私のイタイイタイ病ノート』（覆刻版）である。「イタイイタイ病ノートその二（神岡篇）」には、以下のように記述されている。

「背景に官庁の権威と三井の財力をもち」三千の民衆の反抗運動をおさえて（会社のＰＲ紙に「昭和の現在、今なお『三井にだまされて山をとられた』という作家の江馬修。神岡にもうらみ骨ずいに徹し、親子三代うらみつづけている人もいる」とある）明治二二年全山を統一し、一貫経営に入った。[11]

こうして三井資本の神岡進出を仔細にみてくると、三井金属鉱業のいわば先祖にあたる三井組は、一八八六（明治一九）年までに神岡鉱山のいたるところで鉱山の権利を二足三文で買い漁ったことになる。その結果、日付ははっきりしないが、一八八六（明治一九）年、いわば半農半鉱という立場にあった地元の民衆による三井の神岡鉱山全坑区経営に反対する集会が期せずして爆発したのではないかと思われる。筆者らが収集した文献には「三千の民衆デモ」という表現があるが、前述した「参集せし千有余人」の表現と比較してどちらが正しいのか真偽は明らかではない。

ただ、それは江馬修の著作題名を借りれば、もう一つの「山の民」による民衆一揆という表現がふさわしいのかもしれない。考えてみれば、大資本家である三井の進出に対して、当時の地域住民は今後の生活権がおびやかされるのではないかと憂慮したのは当然である。

長編小説『山の民』を書いた江馬修は、一八八九（明治二二）年、高山町に生まれた。父・江馬弥平、母・とみの四男（一二人兄弟の第九子）。大正の初め、長編小説「受難者」によって彗星のごとく文壇に登場するが、昭和の初めには早くも文壇を去り、郷里高山に引きこもって、ライフワーク『山の民』を書き上げた。

江馬修はこの長編小説に着手する心意気について次のように書いている。

> それは私にとって最初の試みとなる歴史小説で、郷土の歴史的事件を題材としたものだった。明治元年、維新の動乱で物情騒然とした飛騨高山へ、若い浪人志士梅村速水が明治新政府から知事に任命されて赴任してきた。そして旧弊一洗の新理想のもとにつぎつぎと思いきった革新政策を遂行するが、彼が熱意をもって精力的にそれをやればやるほど、人民の間に大きな不満と怒りをよび起こし、ついに全飛州人民を総蹶起させるような大一揆になった。郷里では俗にこれを梅村騒動と呼んでいるが、私の父・弥平は梅村知事の側近の一人だったので、この事件にはじつに深い関係があったのだ。私の母をはじめ、周囲の年寄たちはいずれもこの事件の経験者だった。したがって、私は小さい自分から梅村速水とこの一揆に関して、ずいぶん色々な話をきかされて

育った。おもしろくもあり、恐ろしくもあり、また子供心にも何かしら考えさせられるものがあった。それで私は作家になると共に、いつかはぜひ梅村騒動を小説に書きたいと思って考えていた[12]。

本書は、江馬修や梅村騒動がテーマではないのでこれ以上は深入りしないが、一つだけつけ加えておけば、江馬修は『山の民』を書くにあたって次のようなことを述べている。「私の父は梅村の側近者として人民勢力に対立する側に立っていたし、その父を私はまた個人的にはじつに深く敬愛していたからである。もとより私はマルクス主義者として、絶対にこのような個人的感情にとらわれてはならなかった。相手がいかに敬愛する父であろうと、私はあくまで人民大衆の利益を守る立場を寸時たりとも離れることはできなかった。これをどこまで貫徹しえたかどうかは、読者の批判にまつばかりであるが、ただ作者としてはこれが予想以上に苦しい心の闘いであったことを言い添えておきたい[13]」。江馬修はこのように述べているが、「父・弥平は地方産業の開発者で、鉱山経営者で（現在三井の金属鉱山として最大のものである有名な神岡鉱山は、もとは父の経営になるものであった）県会議員でもあった[14]」と書いているところを見ると、他にも神岡鉱山に触れたところはあるが、やはり心のどこかで父と神岡鉱山を意識していたことは間違いないだろう。

この作品は大岡昇平、羽仁五郎らによって、後世に残る名作と称賛を受けたが、文壇は再び江馬修を受け入れることはなかった。その後の作家活動については天児直美（あまこなおみ）『炎のもえつきる時　江馬修の生涯』を参照してほしいが、江馬修は一九七五（昭和五〇）年一月二三日、八五歳の生涯を閉じた。実は江馬修の墓は修と晩年を共にした天児直美によって神岡（現・飛騨市神岡）の瑞岸寺に建てられた。瑞岸寺は中世、北飛騨・高原郷の豪族・江馬九右衛門の菩提寺で、修は終生、江馬氏の末裔であることを誇りにしていた[15]。

この墓地は、寺の境内を駆けあがるように段々畑ならぬ段々墓地になっており、びっしりと墓が並んでいるが、江馬の墓の段々墓地の一番高台にあり、山際の斜面から神岡の街を見下ろしている。

さて、話を神岡鉱山の三井支配に戻せば、三井組による神岡鉱山全坑区の、いわば地元は一八七五（明治八）年、四九ヵ村の合併によって生まれた神岡村であった。神岡村の一八八一（明治一四）年の人口は九三六三人、この中には五四二人の寄留者がいるが、鉱山業に従事する労働者の他地域からの流入と思われる。職業構成は農業がおよそ七割で、他の工・商・雑業が三割近く

瑞岸寺（臨済宗妙心寺派）飛騨市神岡町殿

2022年8月　金澤敏子撮影

江馬修の墓

2022年8月　金澤敏子撮影

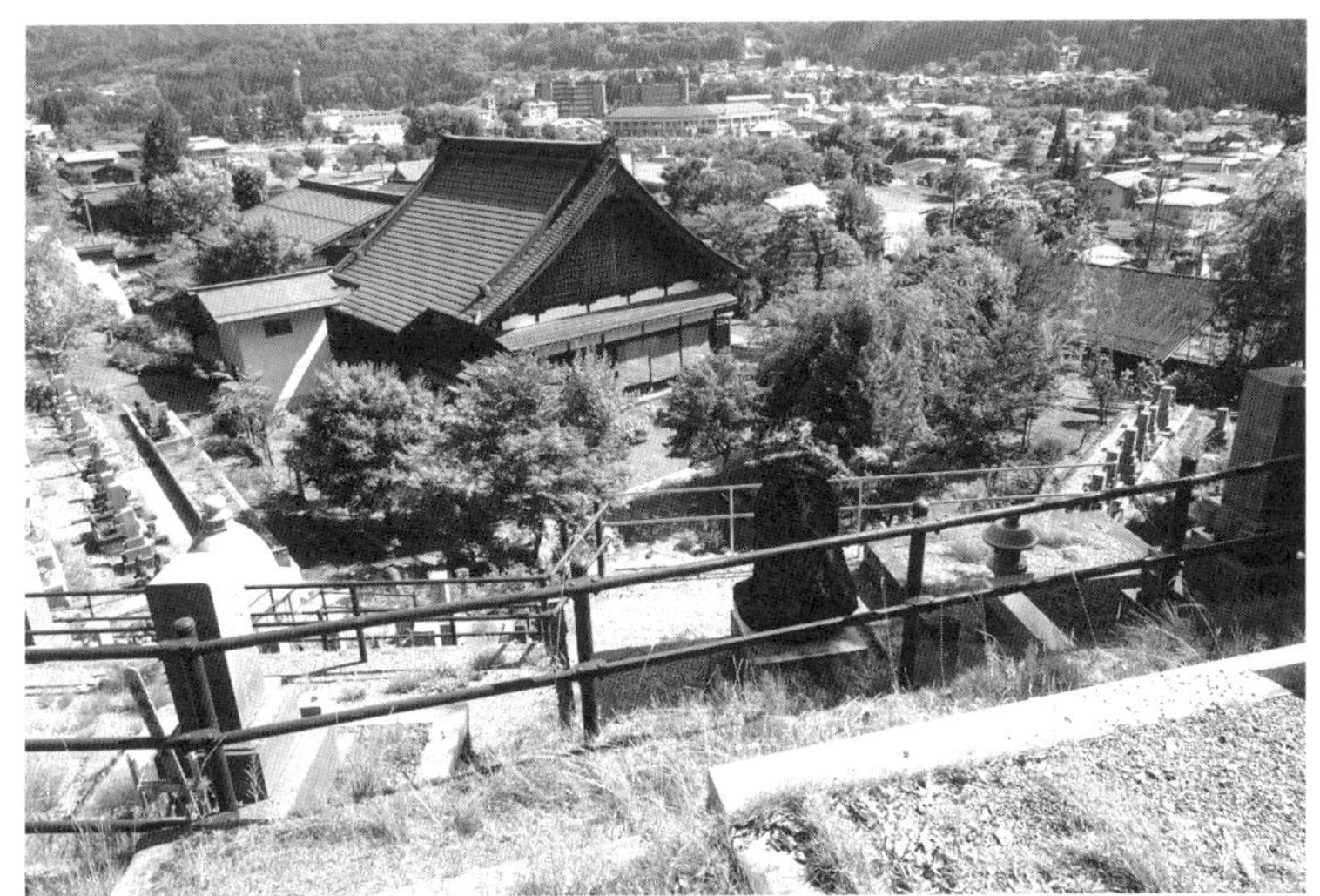

江馬修の墓附近より、神岡町内の遠景　　2022年8月　金澤敏子撮影

岐阜県飛騨市神岡町　　2019年10月　向井嘉之撮影

ある。ただ行政的には一つの村であったが、村の中央部には船津町など商品経済が比較的進展している地域と山間の農業にたよる集落との間には格差が次第に大きくなり、一八八八（明治二一）年の市町村制施行の際には異論噴出で結局、一八八九（明治二二）年、船津町・袖川（そでかわ）村・阿曽布（あそふ）村の一町二ヵ村への分村が実現した。

また、極めて小規模な鉱山経営が行われていた前近代的鉱山地域は、三井資本による強引な統合経営策が進む一方で、大きな環境の変化に遭遇し、近代的鉱山地域へ移行していく。例をあげれば、各々独自の小規模鉱山が、二十五山（一二二二メートル）の中腹八〇〇メートル台以上の高所に散在的に展開していたのが、三井資本による集中的

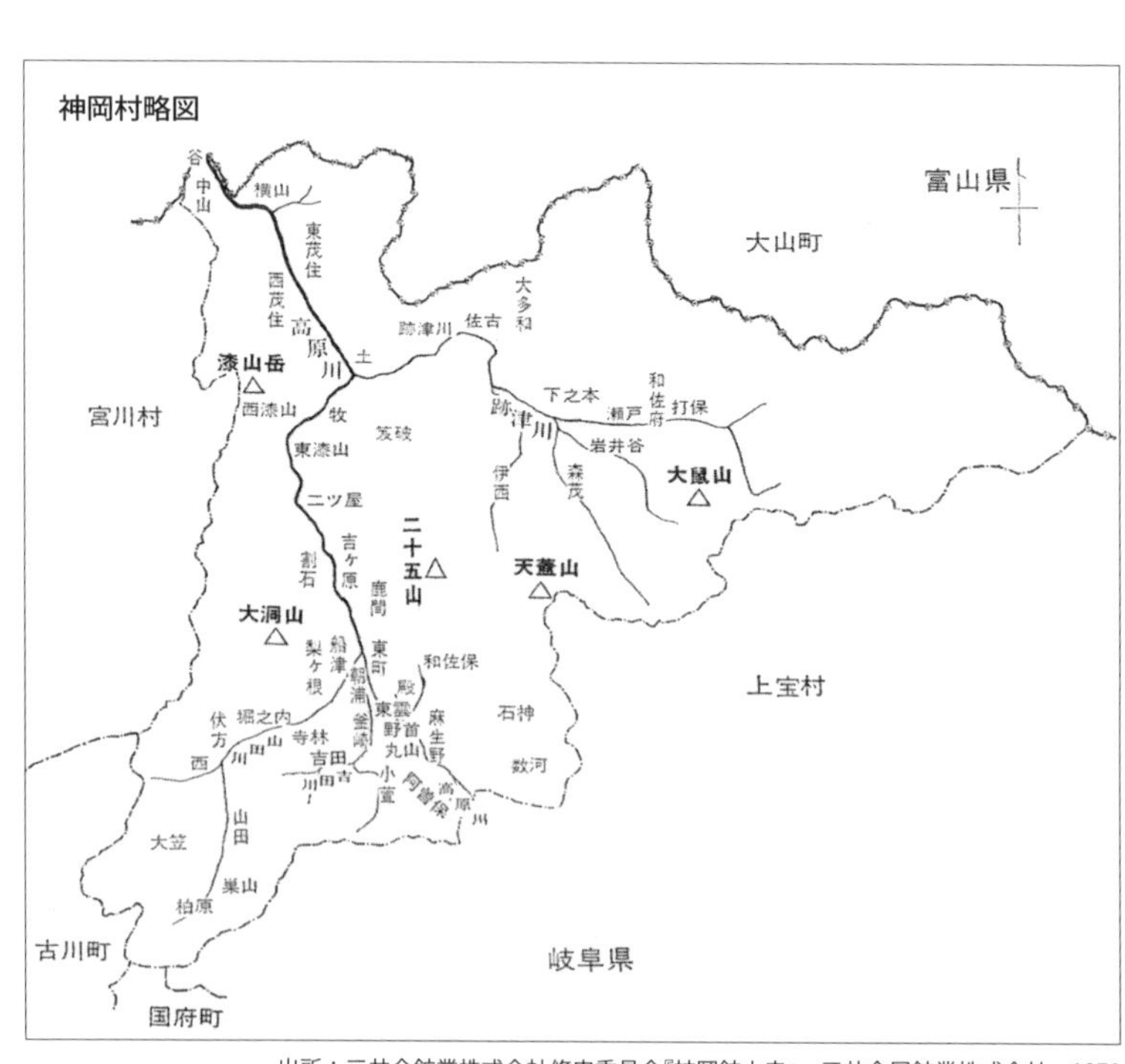

出所：三井金鉱業株式会社修史委員会『神岡鉱山史』 三井金属鉱業株式会社、1970

統一経営により、選鉱・製錬などの諸施設地域をより低位置の、交通に恵まれた集中可能な場所に移動集中が始まったことなどである。[16]

近代的鉱山地域の中心となる船津町・袖川村・阿曽布村の一町二ヵ村体制は、以後、太平洋戦争後の一九五〇（昭和二五）年、再び合併し、神岡町が誕生するまで続くことになる。

一八八六（明治一九）年一〇月六日、三井組のこれまでの「鹿間出張所」の名称は「三井組神岡詰所」と改められ、神岡鉱山という名称が正式に使用されるとともに、「神岡鉱

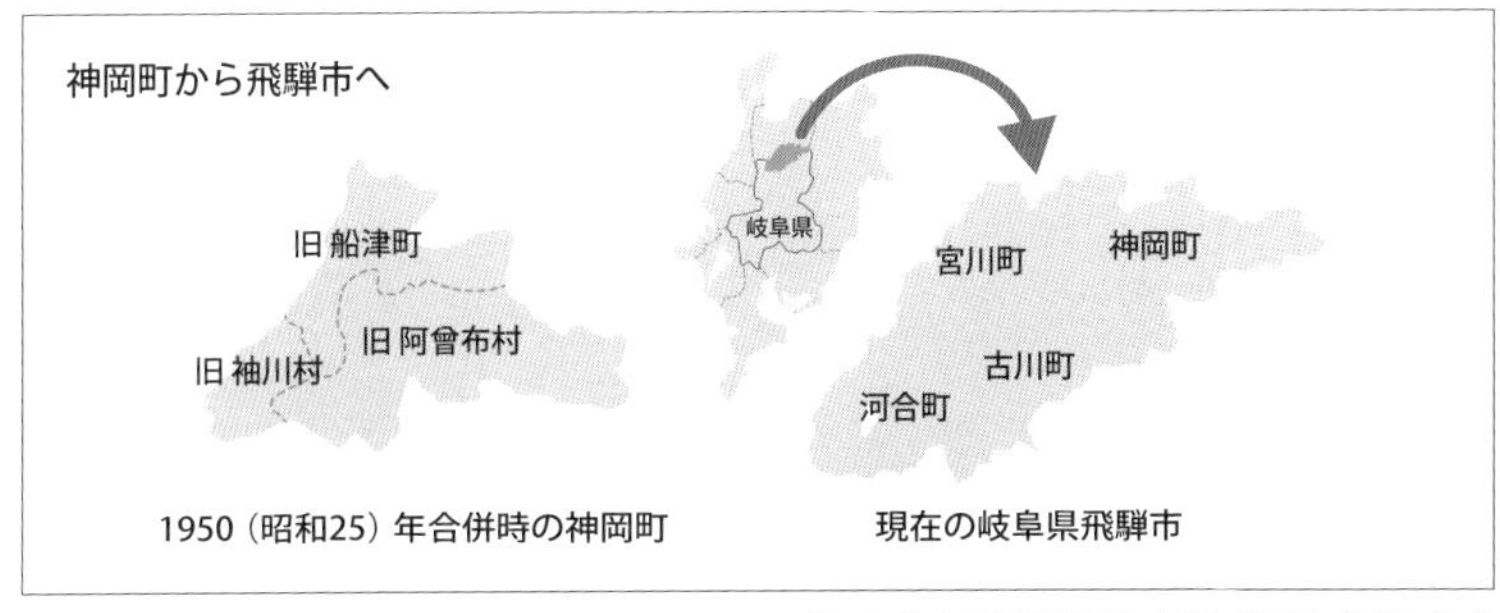

神岡町教育委員会『飛騨の神岡』1988を参考に作成

鹿間谷時代の三井組神岡鉱山詰所
出所：三井金属鉱業株式会社『神岡鉱山写真史』 1975

山規則」が規定された。

さらに、三井資本は一八八七（明治二〇）年、漆山鉱山を、その二年後には茂住鉱山も買い取った。この間、各鉱山では、労働力に不足をきたし、他鉱山から坑夫を雇い入れる目的で引き抜きが始まった。神岡からは栃木の足尾銅山や新潟県の草倉鉱山へ出かけ坑夫の引き抜きにあたった。実際には徴募人が現地で坑夫に「脱出」を勧めるなどの強引な手段を行なったりしたが、このような引き抜きは神岡側からだけでなく、足尾・草倉側からもなされた。[17] とにかく坑夫数の増減が鉱山の生産力の決定的な要因となるので、飯場頭を通して坑夫を募集・世話をして労働力を確保することが極めて重要な利点となった。神岡の諸坑では、明治以前から坑夫の居宅を飯場と称していた。そのまとめ役がいわゆる飯場頭である。

三井資本が神岡鉱山全山の鉱業権を取得したのは一八八九（明治二二）年であったが、『続・神岡鉱山史草稿』[18]には明治期における労務管理制度である飯場制度についても詳しく書かれているのでその一端を紹介しておきたい。

三井組は神岡鉱山の統一を進める中で、配下に入った数百人の坑夫をすべて直轄とし、その直轄坑夫を飯場に居住させた。いわば「直轄飯場制度」を基本とし、会社（三井組、のちには三池炭鉱と神岡鉱山を合わせて設立された三井鉱山合資会社）と坑夫との間には直接の雇用関係が存在していた。作業場の指揮命令は会社側の人間、すなわち夫頭から直接に坑夫に伝えられた。つまり、直轄飯場の飯場頭は直接に生産工程の監督に関与せず、会社側の立場から作業を指揮・監督する係員は、この飯場頭とは全く独立した夫頭であった。

三井組の「神岡鉱山規則」によると、坑夫の就業時間は、坑内八時間三交替、坑外一二時間制であった。見習い坑夫や車夫は一二時間制、また坑外でも製錬夫のように昼夜業の職場もあった。いずれも危険を伴う作業であったことは間違いない。

一八九三（明治二六）年一月四日午前一時ころ、折からの大雪のために栃洞（とちぼら）坑二号飯場が崩壊した。即死五人、負傷二一人という大きな犠牲が出た雪難であった。平坦な土地の少ない鉱山では、傾斜地に建てられた建物が雪崩に襲われやすかったのだろう。（中略）

この雪崩による負傷者を年齢別にみると、最年少は一五才一人でこれを含めて一〇代一一人、二〇代四人、三〇代二人、四〇代二人となり、独身者の多いことが推定される。出身地別内訳は、富山県一五人、岐阜県三人、石川県一人、滋賀県一人と圧倒的に富山県が多い。[19]

このように鉱山で働く坑夫の生活は常に危険と隣り合わせで、労働条件と賃金問題は、鉱山業の最大の課題であったが、神岡鉱山でも一八九三（明治二六）年八月になって、「鉱夫救恤（きゅうじゅつ）規則」がようやく認可され、坑夫の死亡、傷害、疾病への救済制度が緒に就くことになった。

神岡鉱山の地元である船津町・阿曽布村・袖川村は少人数による森林業と農地耕作で生活する寒村であったが、それだけに三井資本による神岡鉱山の鉱山業は、地域社会に大きな影響を与えていくことになる。

引用文献

［1］麓三郎「『神岡鉱山史』を読む」『三井金属修史論叢』第六号、三井金属鉱業株式会社修史委員会、一九七一
［2］麓三郎「『神岡鉱山史』を読む」『三井金属修史論叢』第六号、三井金属鉱業株式会社修史委員会、一九七一
［3］岐阜県『岐阜県史　通史編　近代　中』一九七〇
［4］石村善助『鉱業権の研究』勁草書房、一九六〇
［5］三井金属鉱業株式会社修史委員会事務局『明治元～二五年　神岡鉱山関係年表』一九七四
［6］倉知三夫・利根川治夫・畑明郎編『三井資本とイタイイタイ病』大月書店、一九七九
［7］三井金属鉱業株式会社修史委員会『神岡鉱山史』三井金属鉱業株式会社、一九七〇
［8］一九七一（昭和四六）年一月五日付け『朝日新聞』岐阜版
［9］岐阜県『岐阜県史　通史編　近代　中』一九七〇
［10］岐阜県『岐阜県史　通史編　近代　中』一九七〇
［11］松波淳一『私のイタイイタイ病ノート』（覆刻版）、一九六九年発行、二〇一八年覆刻
［12］江馬修『一作家の歩み』理論社、一九五七
［13］江馬修『一作家の歩み』理論社、一九五七
［14］江馬修『一作家の歩み』理論社、一九五七
［15］天児直美『炎のもえつきる時　江馬修の生涯』春秋社、一九八五
［16］川崎茂「飛騨神岡鉱山の近代化と地域の対応」『人文地理』第一二巻第六号、人文地理学会、一九六〇
［17］岐阜県『岐阜県史　通史編　近代　中』一九七〇
［18］三井金属鉱業株式会社修史委員会『続神岡鉱山史草稿　その一』一九七三
［19］三井金属鉱業株式会社修史委員会『続神岡鉱山史草稿　その一』一九七三

参考文献

1、江馬修『定稿　山の民』第一部〜第四部、理論社、一九五八

2、三井金属鉱業株式会社修史委員会『神岡鉱山史』三井金属鉱業株式会社、一九七〇

3、麓三郎「『神岡鉱山史』を読む」『三井金属修史論叢』第六号、三井金属鉱業株式会社修史委員会、一九七一

4、今田治弥「『神岡鉱山史』によせて」『三井金属修史論叢』第八号、三井金属鉱業株式会社修史委員会、一九七三

5、向井嘉之『イタイイタイ病と戦争　戦後七五年　忘れてはならないこと』能登印刷出版部、二〇二〇

6、岐阜県『岐阜県史　通史編　近代　中』一九七〇

7、一九七一（昭和四六）年一月五日付け『朝日新聞』岐阜版

8、天児直美『魔王の誘惑　江馬修とその周辺』春秋社、一九八九

9、桑谷正道『飛騨の系譜』日本放送出版協会、一九七六

10、神岡町教育委員会『飛騨の神岡』一九八八

その二　蚕児（さんじ）の如きは桑葉を食する毎に斃（たお）れ

一八八九（明治二二）年、ほぼ全山統一を完了した三井組は西欧の新技術を積極的に導入して生産量を増大していく。金属鉱業は、基本的には、採鉱・選鉱・製錬の三部門から成立している。採鉱とは、地殻や地下にある鉱床から鉱石を採掘、それを坑外まで運搬する。採掘された鉱石は粗鉱である。次の段階が選鉱で、粗鉱を物理的・機械的方法で破砕し、有用鉱物と不用鉱物に分ける。選鉱を経た鉱石を精鉱という。そしてこの精鉱を化学的分離により、銀や鉛、亜鉛などの元素を取り出す。簡単に生産過程を図に表したが、これらの過程で生産の廃物が出る。この廃物が周辺環境に様々な被害をもたらすのである。

神岡鉱山におけるこの頃の生産物は、一八八六（明治一

神岡鉱山概略図

出所：神通川流域カドミウム被害団体連絡協議会委託研究班
『イタイイタイ病裁判後の神岡鉱山における発生源対策』1978から作成

九）年下期から一八九〇（明治二三）年上期の生産高が示すように、銀・銅とともに鉛が主流である。ここで後述する神岡鉱山からの鉱毒、とりわけイタイイタイ病に結びつくカドミウムと亜鉛、鉛の関係について説明しておく。鉱業としての亜鉛の歴史は比較的新しい。亜鉛が日本で採取されるようになったのは、一九〇三（明治三六）年頃からで、のちに述べるが、神岡鉱山での本格的な亜鉛採取は一九〇六（明治三九）年からである。

まず、亜鉛と他鉱石の関係であるが、亜鉛鉱石と鉛鉱石は相伴って産出するので、亜鉛鉱山はすなわち鉛鉱山と考えてよい。もちろん鉛以外に黄銅鉱や金・銀などを

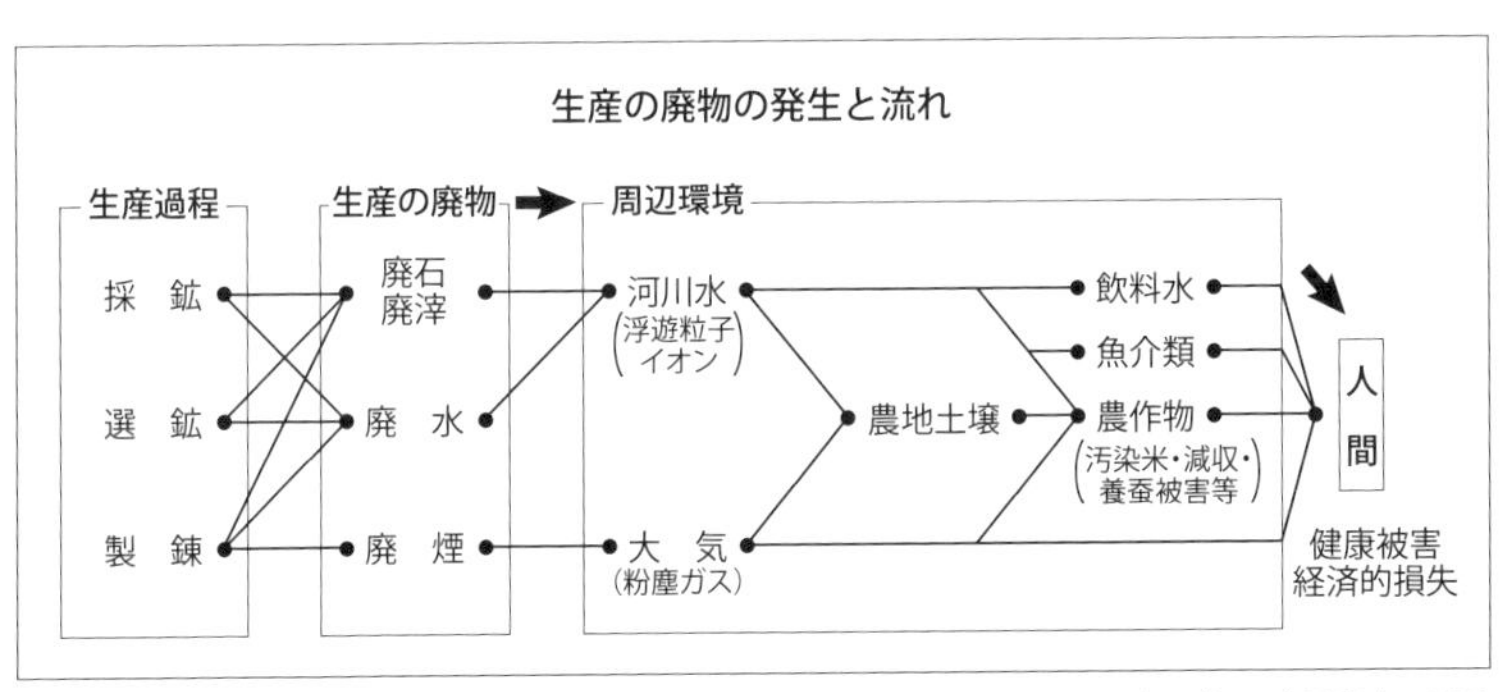

出所：倉知三夫・利根川治夫・畑明郎編『三井資本とイタイイタイ病』 大月書店、1979

神岡鉱山における銀・銅・鉛の生産高　1886（明治19）年下期~1890（明治23）年上期　（単位：貫）

	期別	原鉱石	銀	銅	鉛
1886（明治19）	下期	?	79.203	8 845.390	?
1887（明治20）	上期	?	203.559	14 090.105	?
	下期	?	257.250	6 732.230	160.160
1888（明治21）	上期	1 993 769	474.000	14 285.250	18 294.330
	下期	2 422 733	484.150	20 784.340	32 119.270
1889（明治22）	上期	2 311 450	355.871	11 597.340	27 199.600
	下期	2 141 105	400.065	12 457.970	32 617.680
1890（明治23）	上期	?	488.740	12 931.620	28 831.240

出所：三井金属鉱業株式会社修史委員会『神岡鉱山史』 三井金属鉱業株式会社、1970

随伴する鉱石も多い。一般的には、鉛のほぼ八〇%は亜鉛鉱を伴って産出し、亜鉛の約二五%は他鉱種に随伴する。日本の亜鉛鉱山は閃亜鉛鉱が主であり、その鉱物の主成分は、亜鉛と硫黄で、カドミウムはその中に少量存在する。普通の閃亜鉛鉱は、選鉱して岩石分を除いた亜鉛精鉱にすると大体、五〇%～六〇%が亜鉛分、約三〇%が硫黄分といわれる。カドミウムの含有量は一般的には一%である。神岡鉱山では亜鉛の二〇〇分の一のカドミウム含有量であった。

亜鉛の特性として最も重要なのは「犠牲防食効果」(注：キズついた部分をメッキしている亜鉛が犠牲となって腐食から素地を守る効果)である。例えば、亜鉛メッキ鋼板として鋼材の防食に用いられるほか、真鍮などの合金材料にもなるので、鉛とともに武器製造に役立てられた。カドミウムを随伴する亜鉛は、鉛と混在するので、明治期、亜鉛を輸出するようになるまでは、邪魔者として廃棄されていた。亜鉛が廃棄されるということは、つまり亜鉛に随伴するカドミウムも廃棄されていたことになる。

カドミウムは現在では、電池や顔料、メッキなどに使われているが、長い間、その用途が発見されなかったために廃滓として捨てられてきた。工業用途としてカドミウムの生産を始めたのは、神岡では、一九四四(昭和一九)年頃である。

整理すれば、後にイタイイタイ病の原因としての存在が明らかになるカドミウムは、亜鉛に含有し、その亜鉛は鉛と混在するのであるから、鉛の生産高が多くなるというのは必然的に鉱毒への影響が増すことになる[1]。

さて、三井資本は全山統一後、一八九二(明治二五)年、三井鉱山合資会社を設立(翌年合名会社に変更)、一九〇五(明治三八)年、鹿間に選鉱場を設立するなど西欧式による近代化を進めたが、この間、例えば、一八九〇（明治二三）年より鉛の回転焙焼炉（ばいしょうろ）煙突より排出される鉱塵により周辺の桑畑・田畑作物に被害が発生した。これについて三井文書「神岡鉱業所沿革史地方関係編鉱毒関係沿革資料」は以下のように述べる。

> 回転焙焼炉煙突より排出される鉱塵により桑田、田畑作物に被害を生ぜしめ、絶え間なく村方より苦情申し出来るも、同二五年（引用者注・一八九二年）に至り遂に村民も承服せず、鉱業所に於てもこのまま放置するの不得策なるを認め同二六年六月一五日鉱毒飛散除去室を設け（た）。[2]（以下略）

この頃から硫黄分の多い大量の鉱石の焙焼により、粉塵煙を排出し、煙害が激化しはじめる。一八九二（明治二五）年の『岐阜日日新聞』は次のように報じている。

> 三井組がさきに工場を現今の場所に移転して以来彼れが使役する職工等は其の工場に設置せる機関運転の為め区民が灌漑（かんがい）に飲料に使用する用水を壅止し（引用者注：さえぎること）直接に区民へ障害を与ふるのみならず工場の烟突より噴出する鉱毒の散布して田水及び飲料水に混入し被害尠（すく）なからざる・・・（中略）・・・同工場に接近する数十百町歩の山林は四時赭色（しゃしょく）（引用者注：赤土色）を呈し区民が本年飼養せし蚕児の如きは桑葉を食する毎に斃（たお）れ高原川沿岸の漁業は年毎に減少し其他些少（さしょう）の被害は枚挙にいとまあらざるも[3]（後略）

●鑛業上よりの被害　飛州吉城郡船津鹿間區に於ては近來鑛業上に關する被害尠なからざるより目下同區民は當初の契約に基き三井組へ向つて右害毒防止方實行の談判をなし居るとの事は去る七日の本紙上に掲載せしが尚は其の詳報を得たれば茲に記さん抑も三井組が鹿間に工場を現今の場所に移轉して以來彼れが使役する職工等は其の工場に設置せる機關運轉の爲め區民が灌漑に飲料に使用する用水を塞止し直接に區民へ障害を與ふるのみならず工場の烟突より噴出する鑛毒の散布して田水及び飲用水に混入し被害尠なからざるを以つて同區民は當初の契約に基き之れが防止方を監理者に迫るも彼れは他に良好なる防止の方法なきに付き被害部分の土地を買入れ又は借入るべしとて極めて低價の申込をなし荏苒時日を經過するものゝ如し且つ同工場に接近する數十百町歩の山林は四時赭色を呈し區民が本年飼養せし蠶兒の如きは桑葉を食する毎に斃れ高原川沿岸の漁業は年毎ゝ減少し其他些少の被害は枚擧に遑あらざるも差し向き用水、飲料水ゝ係る被害を防止せん爲め水路に板を以つて蓋をなさんことを要求せしに單に承諾せしのみにて未だ着手せず加之ならず鹿間橋架區民ゝ取り不便なるを以つて其の上流に假橋をば設し常に通行なし居たるに此頃毎夜の如く職夫体の者數名來りて右假橋の橋板を撤し或は橋詰を破壞するより或夜其の惡漢を捕へ詰問したるゝ三井組の工場に使役され居る旨を答へたりとか、況た去る九日の朝該組員某は同區民に向ひ去る七日岐阜日々新聞に記載せし「鑛毒防止方の談判」と題する記事は事實相違に付き取消を申込む積りなりと云ひたるより區民は开は我々の敢へて與り知る所にあらず唯だ我々は該記事の事實なることを證明するのみと答へしかば某は默して去りたりとか

1892(明治25)年9月18日付け『岐阜日日新聞』

三井文書や『岐阜日日新聞』を見ると、炉から排出される亜硫酸ガスと重金属を含む粉塵の広範囲の飛散は、鉱山周辺の町村にある養蚕や高原川の漁業にも甚大な被害をもたらしていた。神岡鉱山のある飛騨地方は、山国で耕地そのものが少なく、しかも寒冷地であるため、人口のわりには米がとれ

ず、住民は養蚕をはじめ、山仕事などに励む以外になかった。当時、飛騨においては養蚕が盛んで神岡鉱山の麓にあたる船津町周辺では、阿曽布村や袖川村で桑畑が相当作られていた。ただ、蚕はもともと環境の変化や薬品類には抵抗力が弱く、煤煙の被害を被った桑は明らかに有害であった。つまり神岡鉱山の当初の鉱毒被害は大気汚染による被害の激化・拡大で、地元の住民による最初の鉱害反対運動につながったと位置づけることができる。

　近代化に伴う西洋式の製錬法導入は神岡鉱山だけではなかった。足尾銅山から排出される鉱滓が渡良瀬川に流入し、沿岸の群馬・栃木・茨城・埼玉の四県で大きな被害を出した足尾鉱毒事件の現場では、製錬に伴う亜硫酸ガスなどの放出で、山林や農作物に壊滅的な被害をもたらし、被害を受けた山林面積は約四〇〇平方キロに及んだ[4]。

　田中正造が足尾銅山の鉱毒問題を帝国議会で追及したのは、一八九一（明治二四）年であるが、この頃から渡良瀬川流域農民の古河財閥への鉱業停止要求などの住民運動が始まった。

　また、この頃、愛媛県の新居浜住友製錬所でも、製錬所に近い新居浜などで亜硫酸ガスによる煙害が発生し、農民と製錬所との間で紛争に発展した。

　急激な明治政府の近代化政策における鉱山業は、時代の流れに沿って、骨格であった「日本坑法」の見直しが始まり、一八九二（明治二五）年、新しい鉱山政策である「鉱業条例」が施行された。「日本坑法」については、当時、日本の鉱物学の創始者として知られる和田維四郎（一八五六〜一九二〇）が、この法律の主要な欠点を以下のように指摘していた。

一試掘及採掘出願ヲ許否スルノ標準ヲ定メサルカ為メ官民共ニ其処理ニ苦ミシコト
一政府ガ鉱物ノ専有権ヲ握リ唯十五ケ年ヲ期シテ借区ヲ許可スルカ為メ鉱業ニ永遠ノ計画ヲ為スコト能ハス大ニ鉱業の発達ヲ妨ケ鉱利を損スルコト
一鉱業上必要ノ土地ニタイスル鉱業人ト地主トノ権利義務ノ規定十分ナラサルガ為メ其処理上紛雑ヲ生スルコト
一鉱山ノ警察法ヲ規定セサルカ為メ鉱業ニ従事スル者ノ生命及衛生上ノ保護鉱業ニ対スル公益ノ保護及地表の安全ヲ保護スル等ノ道ナキコト[5]（以下略）

和田が指摘した右記の「日本坑法」の欠点を、「国と鉱業人との関係」、「鉱業人と地表権利者（土地所有者等）との関係」、「鉱業人と鉱山労働者（鉱夫）との関係」からわかりやすく説明すると以下のようになる。まず「国と鉱業人との関係」では、借区の試掘・採掘ともにその許否の基準が不明である。時には鉱山官吏の独断によって、特定人に権利が付与されることもあったのでそのような不合理をなくする。また、借区権の存続期間が一五年の有期のものであることは、鉱業人の地位を不安定にするもので、長期的・大規模経営には利用を妨げるものである。さらに、「鉱業人と地表権利者との関係」においては、鉱業人は土地所有者の意思の有無とは関係なく、自由に鉱業権を獲得することが認められなければならない。そして、「鉱業人と鉱山労働者との関係」においては、「日本坑法」に規定がないので鉱山労働者の保護・安全が規定されなければならない[6]、和田の指摘は概ねこのようなものであった。

こうした指摘にもとづき新しい「鉱業条例」は、「日本坑法」下で官坑としていた政府の官営鉱山もすべて民間に払い下げられ、鉱業の国家専横主義を鉱業自由主義に改めて、一定の条件のもとに、平等に私人に対して鉱業の経営を許可することにした。『続神岡鉱山史草稿　その一』ではこの転換点を強調する。

国の鉱業に対しても「鉱業条例」が適用されることとなり、「日本坑法」の下では官営鉱山がその適用を受けなかった点とは根本的に相違する。官坑民坑の区別の廃止は、当然に鉱山王有制の廃止を意味する。

採掘についてみれば、まず従来「日本坑法」では借区年限が一五年とされていたが、「鉱業条例」による採掘権は永久の権利とした。ついで、出願手続きについては鉱区図の同時提出が不可能な場合、五〇日の猶予(ゆうよ)期間が認められた。いわば「先願(せんがん)主義」(引用者注：最も先に出願した人が権利を受けることができる)の徹底といえよう。さらに鉱物に対する鉱業人の所有権と処分の自由が認められ、いわば私的財産権の側面が伸長されることとなった。[7]

新「鉱業条例」のポイントは、和田が指摘した鉱業人と地主との関係にある。「日本坑法」では鉱業権の私的権利保護が不十分であったために大きな資本による大規模鉱山経営の展開が妨げられていたので、新「鉱業条例」では三井資本のような大資本が進出しやすいようにしたのである。三井組はすでに新「鉱業条例」施行前からこの方向に沿って買収を進めてきたが、条例施行により、鉱業権者の優越性が法的に保証されることになった。つまり、「日本坑法」施行後、試掘や借区開坑に際し鉱業人が地主の承諾を得たり、承諾を得る際、承諾金を払っていたことなど、鉱業資本の発展に大きな障害となっていた点がなくなり、鉱業人と地表権利者の関係が逆転した。[8]「鉱業条例」は「鉱業法」が一九〇五（明治三八）年に公布されるまで一五年間存続し、鉱山政策の基本となった。「鉱業条例」に関し、これも和田が指摘した「鉱業警察」に触れておきたい。この内容はこれまでなかったもので、本書でも詳しく検討する鉱害、あるいは公害概念に関連するものである。

「鉱業警察」[9]は、①坑内及鉱業ニ関スル建築物ノ保安②鉱夫ノ生命及衛生上ノ保護③地表ノ安全及公益ノ保護を内容としている。

「鉱業条例」施行前に公布された「鉱業警察規則」では、さらに詳しく次のように定めている。

「危険ノ虞（おそれ）アル」ないしは「公益ヲ害ス」る場合は、鉱業人に対して、予防または鉱業の停止を命ずることができる。ここでいう前者の「危険ノ虞アル」とは「汽缶ノ破損損失ノ昇降ニ供スル器械若クハ装置ノ安全ナラザルコト、炭山ニ於テ瓦斯（ガス）発生ノ虞アル所ニ於テ普通ノ燈火ヲ用ユル等ノ類」を意味し、後者の「公益ヲ害ス」るとは、「公共ノ安寧ヲ害スル場合ヲ云フモノニシテ飲料水源ニ流毒スルカ如キ国土保安林ニ煙害ヲ及ホスカ如キ」を意味するものといわれている。[10]

一八九二（明治二五）年に初めて取り入れられた「鉱業警察規則」の背景には、一八八四（明治一七）年頃から始まった足尾銅山周辺の山々の煙害や渡良瀬川の魚類の被害など足尾鉱毒の被害の影響などがあるといわれる。

鉱山業をはじめとする「殖産興業」とともに明治近代化のもう一つの柱が「富国強兵」であった。日本はまず一八九四（明治二七）年、近代において初めて経験する本格的な対外戦争、日清戦争を迎える。清との間における朝鮮の支配権をめぐる戦いである。さらにはその一〇年後の一九〇四（明治三七）年には、日本とロシアが朝鮮半島と満州（現・中国東北部）を舞台に日露戦争を戦う。これらの戦争の詳細については『イタイイタイ病と戦争　戦後七五年　忘れてはならないこと』[11]を参照してほしいが、ともに三井物産が日本軍の手足となって協力した。日露戦争で特に指摘しておきたいのは二つの大きな変化を神岡鉱山にもたらしたことである。

まず一つは戦争に必要な鉛の需要増である。神岡鉱山の銀・鉛生産量の推移を表に示したが、一九〇二（明治三五）年頃から特に鉛の生産量が急増し、全国比が六〇％を超えていった。日露戦争の勃発時には全国比が七〇％を超えている。

もう一つの大きな変化は、亜鉛選鉱技術の進歩が一気に進んだことである。日露戦争以前までは、鉛鉱石は製錬の時に亜鉛鉱がじゃまになるので「やに」として亜鉛鉱を分離し、亜鉛鉱は廃棄物扱いで高原川（神通川上流）に捨てられていたが、これが有用物として産出可能になったのである。『明治工業史・鉱業編』には次のような紹介がある。

> 神岡鉱山に於いては、数百年以前より銅・銀・鉛を製錬せしも、其の鉱石中、亜鉛を含有せること著しく、細倉鉱山（現今の高田鉱山）も亦、其の鉱石中に亜鉛鉱の含有夥し。然るに亜鉛を含有せる銅、又は鉛鉱石は、之を製錬するに当り、明治中葉に至る迄、亜鉛鉱を害物視し、手選其の

神岡鉱山の銀・鉛生産量の推移

	銀		鉛	
	神岡	対全国比	神岡	対全国比
年	t	%	t	%
1889（明治22）	0.454	1.1	224	37.2
1890（明治23）	0.558	1.1	156	20.1
1891（明治24）	0.734	1.3	150	18.5
1892（明治25）	6.075	10.1	225	24.7
1893（明治26）	7.627	11.0	123	11.0
1894（明治27）	6.264	8.7	231	16.2
1895（明治28）	7.504	10.4	381	19.6
1896（明治29）	7.873	13.4	410	21.0
1897（明治30）	6.181	11.4	268	34.8
1898（明治31）	5.779	9.6	586	34.4
1899（明治32）	4.395	7.8	602	30.3
1900（明治33）	4.338	7.3	605	32.7
1901（明治34）	4.508	8.2	599	33.2
1902（明治35）	4.968	8.6	1,042	63.4
1903（明治36）	4.829	8.2	1,274	73.9
1904（明治37）	4.752	7.8	1,292	71.7
1905（明治38）	4.221	5.1	1,918	66.8
1906（明治39）	4.481	5.8	1,934	68.8
1907（明治40）	4.633	5.1	2,027	65.8
1908（明治41）	5.380	4.5	2,227	76.5
1909（明治42）	5.238	4.1	2,444	71.3
1910（明治43）	5.533	3.9	2,640	67.6
1911（明治44）	6.021	4.4	2,962	71.8
1912（明治45）	6.652	4.4	2,941	78.8

出所：倉知三夫・利根川治夫・畑明郎編『三井資本とイタイイタイ病』大月書店、1979

他の方法に依り、銅又は鉛鉱より之を分離放棄せり。

然るに日露戦役の当時、即ち明治三七～三八年頃、亜鉛鉱は漸く外人の注目するところとなり、昔時放棄せる廃石中より亜鉛鉱を拾得し、之を欧州に輸出せんとするに至れり。（中略）亜鉛鉱石採掘作業の隆盛なるに伴ひ、自然之が選鉱技術を研究するの要起り、随て其の発達を致し、精鉱の進歩を見たりしが、尚ほ進んで之が製錬に関しても亦、斯界の与論を惹起したり。[12]

日露戦争時に神岡から亜鉛鉱を輸出しはじめたのは、ベルギーやイギリス、ドイツなどであった。鉱山公害に取り組んだ利根川治夫はその著書の中で「三井の神岡進出から一九〇五（明治三八）年の亜鉛輸出までの間に、亜鉛鉱は不要なものとして廃棄され、谷川の洪水を待って、夜間に谷川へ放流していた。この期間の亜鉛の量は一万二四〇〇トン、この量からイタイイタイ病の原因物質であるカドミウム量を推定すると六二トンにのぼるが、三井は何らの除外的な設備を設けていなかった」[13]と述べている。

亜鉛鉱石の採取が始まった一九〇六（明治三九）年から第一次世界大戦が始まる前の一九一二（明治四五・大正元）年までの期間に選鉱過程から

神岡鉱山・栃洞坑での採掘の様子（1907・明治40年）
出所：三井金属鉱業株式会社修史委員会事務局『神岡鉱山写真史』　三井金属鉱業株式会社、1975

高原川（手前）と神岡鉱山の工場群　　2022年9月　金澤敏子撮影

廃物化した亜鉛・カドミウム量について、吉田文和が試算したのが次の表である。
銀・銅・鉛を軸に進んできた神岡鉱山は、日露戦争前の銀・鉛・亜鉛鉱の順序が明治末期には逆転し、特に亜鉛鉱の増加が特徴的になった。当時の神岡鉱山の好調ぶりを産出品の販売単価の変動でみてみる。

選鉱過程からの推定廃物化亜鉛・カドミウム　（単位：t）

年　別	亜鉛精鉱生産高	推定廃物化量	
		亜鉛	カドミウム
1906（明治39）	1,833	4,914	24.6
1907（明治40）	5,772	5,437	27.2
1908（明治41）	8,878	6,841	33.7
1909（明治42）	10,553	7,137	35.7
1910（明治43）	11,183	7,637	38.2
1911（明治44）	15,397	5,804	29.0
1912（明治45 大正元）	19,656	4,734	23.7

出所：倉知三夫・利根川治夫・畑明郎編『三井資本とイタイイタイ病』　大月書店、1979

鹿間製錬所前に勢ぞろいした亜鉛鉱積出しの馬車群（1906・明治39年）
出所：三井金属鉱業株式会社修史委員会事務局『神岡鉱山写真史』　三井金属鉱業株式会社、1975

販売単価の変動　（単位：円）

年		金 (g)	銀 (Kg)	銅 (t)	鉛 (t)	亜鉛 (t)
1901（明治34）	上期	1,319（100）	40,132（100）	611,244（100）	149,107（100）	—
1902（明治35）	上期	931（71）	36,759（91）	474,577（78）	106,322（71）	—
	下期	—	—	—	—	—
1903（明治36）	上期	—	31,109（78）	462,988（76）	100,275（67）	—
	下期	—	32,646（81）	516,517（109）	110,343（74）	—
1904（明治37）	上期	—	35,698（89）	511,960（84）	115,050（77）	—
	下期	—	37,725（94）	539,765（88）	121,908（82）	—
1905（明治38）	上期	—	38,752（97）	670,732（110）	125,733（84）	—
	下期	—	39,441（98）	651,655（107）	129,789（87）	—
1906（明治39）	上期	—	42,746（106）	673,116（110）	143,819（96）	
	下期	—	43,884（109）	724,812（119）	157,160（105）	15,934（100）
1907（明治40）	上期	1,332（100）	44,161（110）	925,052（151）	173,779（117）	34,894（219）
	下期	611（46）	42,626（106）	673,345（110）	173,758（117）	23,879（150）
1908（明治41）	上期	796（60）	35,255（88）	489,339（80）	128,993（87）	22,682（141）
	下期	1,036（79）	34,054（85）	505,987（83）	123,391（83）	18,376（115）
1909（明治42）	上期	1,056（80）	33,165（83）	493,988（81）	123,536（83）	30,817（193）
	下期	1,117（85）	33,360（83）	487,692（80）	124,677（84）	29,196（183）
1910（明治43）	上期	1,097（83）	34,483（86）	488,749（80）	130,341（87）	40,136（252）
	下期	1,168（89）	35,362（88）	—	122,616（82）	30,568（192）
1911（明治44）	上期	1,201（91）	34,447（86）	729,302（119）	125,368（84）	40,615（255）
	下期	1,198（91）	34,375（86）	501,425（82）	126,188（85）	39,888（250）
1912（明治45）	上期	1,206（91）	37,554（94）	669,309（109）	147,188（99）	36,881（231）

出所：三井金属鉱業株式会社修史委員会『続神岡鉱山史草稿　その１』 1973

亜鉛回収に成功した神岡鉱山の活況をしのぶことができるが、当時、大学を卒業して初めて神岡へ赴任した社員の一人は一九〇九（明治四二）年の暮れ、地元船津町の大賀楼で大宴会があったことを記憶していた。それが「初めて利益金五万円を計上したお祝い」であったという。[14]

次に神岡鉱山における鉱夫たちを含めた職員数を日露戦争が始まった一九〇四（明治三七）年から一九一二（大正元）年までをみてみると、鉱夫は倍近く、一時減少していた職員数も急激に増えていることがわかる。増産に対応する鉱夫たちも男女を問わず、神岡鉱山へかけつけた。男は一九一〇（明治四三）年の数字だが、合わせて一八四五人、女は一九二人となっている。男の四九・二%が岐阜、ついで富山が四一・六%と両県が圧倒的に多い。続いて石川・新潟・福井の順を示し、女は、富山が最も多く、四四・九%、ついで岐阜が四二・九%、続いて石川・新潟・秋田とほぼ同じ傾向である。[15]

『北陸タイムス』は、一九一〇（明治四三）年七月一四日と一五日に神岡鉱山の特集を組んでいるが、七月一四日付けには「船津に出ずる途中、山麓に鹿間と云ふチッポケな村落がある。村落とは言ひながら商店軒を並べ可なりの繁昌、其處には、神岡鉱山事務所あり、其が為め、鹿間のみならず其附近一帯が鉱山の餘澤（よたく）を蒙（こうむ）って山國には珍しい繁昌を呈して居る」[16]と、当時の活況ぶりを伝えている。

このように日清戦争から日露戦争へと国家政策に追随しながら三井鉱山、三井銀行、三井物産の三井財閥は一九〇〇年代はじめにかけて高率の利益をあげていったが、ここで見落としてはならないのが、殖産興業の一つの要であった鉱山業における負の側面である。全山統一に向けての三井組の頃にすでに地元神岡の煙害や農漁業に被害が発生していたが、日清戦争が終わったばかりの一八九六（明治二九）年、神岡鉱山の鉱毒被害が飛騨地方だけではなく、神通川流域の富山県内農民にまで被害をも

従軍餘録 草鞋の跡（四）

▲神岡鑛山（上）●

東茂住より神通川の上流高原川に沿ひ、翠巒溪を眺め船津に出づる途中山麓に鹿間と云ふチツポケな村落がある、村落とは言ひながら商店軒を並べ可なりの繁昌、其處には神岡鑛山事務所あり、其が爲め鹿間のみならず其附近一帶も鑛山の餘澤を蒙つて山國には珍らしい繁昌を呈して居る、東街道は西街道に比し險阻で迂廻なるに拘らず人馬の往復が頻繁なる理由は全く神岡鑛山あるが爲めである、軍隊は此處で四十分の休憩を爲し、白木大隊長の交渉に依りて兵士は神岡鑛山を縱覽するを得た、到底短時間で全鑛山を見られたものでないが記者が見聞した儘左に一寸紹介しやう

▲廣大なる鑛區　先づ鑛山の位置から云ふと、鑛山は飛驒國吉城郡船津町阿曾布村と越中國上新川郡[illegible]澤村に跨る阿曾布村大字和佐保に二十五山あり、海拔約三千九百尺にして船津町の北方に聳立して居る山腹には大富、東平、栃洞、深洞等の坑口、其周圍には蛇腹、漆山、下之本、跡津、增谷、持ケ壁、鉛谷、天戸平、池ノ山、栂谷、與五郎谷等の坑口がある　持主は三井合名會社で明治二十六年六月二十四日の設立に係り、採掘鑛區面積は三百三十一萬八千三十九坪、試掘鑛區面積は八百七十七萬千四十四坪あり、鑛種は金、銀、銅、鉛、亞鉛、鉄等である

▲採鑛と撰鑛　我々門外漢は案内者に就き一々丁寧に説明を聞いた所で名稱を覺ゆるのみでも容易な事でないが▲採鑛法は正規鑛脈に在つては仰ぎ堀階段法に依り、不規則圓柱狀鑛鉢に在つては仰ぎ堀階段法と長壁法との折衷法たる一種の方法に依るもので階段の高サは六尺乃至七尺幅は鑛床[illegible]で[illegible]も二尺を下らない、[illegible]鑿器は概ね鎚、玄翁、鑽を用ふる、普通の手堀で爆裂薬には普通火薬、綿火薬又はダイナマイトを使用するさうだ

夫れから撰鑛法は撰鑛場は鹿間と上平の二箇所に在りて鹿間は第一精鑛所、第二精鑛所の二工場よりなり何れも鑛石中有用なる含銀鉛鑛及び亞鉛鑛より不用なる脈石から分離する工場であるが先づクラシヤーにて鑛石を粗碎しロールにて細碎したる後圓錐篩にて八、五、三、二、一五ミリの五種に篩ひ分け、五種の鑛粒は各自跳汰器に入れ鑛物比重の差で鉛精鑛、亞鉛精鑛、中鑛及び流滓に區別し流滓は放棄し中鑛は鉛鑛、亞鉛鑛等の交り物があるから搗摺臺にて搗摺げロールとハンケントン、ミルにて粉碎し一、五ミリ以下の粉鑛は尖函にて分類しジツカーとウヰルフレー汰盤にて撰鑛する、精鑛所にて産出せし鉛精鑛は製煉場に送り亞鉛精鑛は海外に輸出するのださうな、鹿間第一精鑛所のみに使用する撰鑛機械の種類のみでもドツチ式鑿岩機 ロール エレベータ 圓錐篩 跳汰器 ベルト ヘンチントン 磨鑛器 尖函 [illegible] ウヰルフレー汰盤 [illegible]汰盤 砂喞筒 回轉鑛篩がある、扨て製煉法に至つては更に複雑極まるもので、轟々たる機械の音で説明もわかつたものでない（契天生）

1910（明治43）年7月14日付け『北陸タイムス』

たらし始めたことを『北陸政報』が伝えた。

> **鑛毒の餘害**（よがい）
> 神通川より水を引ける上新川郡新保村（現・富山市）大久保村（現・富山市）等の田地は近年稲作の生育甚だ悪しきは畢竟（ひっきょう）同川上流に臨める飛騨各鉱山の鉱毒流出せる為ならんとて農民の憂慮一方ならずという。[17]

◎鑛毒の餘害
神通川より水を引ける上新川郡新保村大久保村等の田地は近年稲作の生育甚だ悪しきは畢竟同川上流に臨める飛州各鑛山の鑛毒流出せる爲ならんとて農民の憂慮一方ならずといふ

1896（明治29）年4月24日付け『北陸政報』

神岡鉱山の鉱毒は、この時点ですでに神通川上流の飛騨地方だけではなく、高原川から神通川に鉱毒が流れ込み、三井による生産量の拡大とともにじわじわと神通川流域に迫ってきていたのである。

一口に神通川流域といっても、神通川は富山平野の穀倉地帯を流れる一級河川で流域は相当な距離になる。簡略に説明すれば、焼岳から神岡鉱山の前を流れる高原川と飛騨高山から流れ下る宮川との合流点から下流を神通川と呼ぶ。かつては宮川も神通川と呼んだこともあったが、今は富山県と岐阜県の県境にあたる合流点から下流が神通川流域となる。急峻な上流に比べて、神通川は中流から下流をゆっくりと流れていく。

イタイイタイ病の激甚被害地となった婦中町（現・富山市）一帯は富山平野の中心部に位置し、江戸時代から加賀藩の穀倉地帯として重きをなした。『婦中町史』[18]の助けを借りて婦中町一帯を紹介しよう。

高原川（奥）と宮川（向かって右）の合流点　　2022年9月　金澤敏子撮影

神通川と立山連峰　　2016年3月　鷹島荘一郎さん撮影

神通川流域左岸に最も近く、イタイイタイ病の激甚被害地となったところが婦中町萩島(はぎのしま)である。神通川や八尾町の山奥から流れ込む井田川は灌漑用水の貴重な供給源となり、萩島を中心とする熊野地区を潤してきた。ただ「萩島」の地名が示すようにこのあたりは昔から両河川の氾濫が多く、しばしば河原に転じることもあったというから、平坦地のメリットはあったものの、洪水による被害も多かった。確かに萩島の周辺の地名を調べてみると、清水島・蔵島・青島・添島など「島」のついた地名が目立つ。今でも萩島近くの神通川辺りから川の流れを見ると、それこそ川中のあちこちにごく小さな川中島が散在している。このあたりは一八八九(明治二二)年の町村合併で熊野村となり、その九割が水田だった。

戦後、富山市郊外として、市街化が進むまでは、農家の耕作田は一戸平均二町(二ヘクタール)から三町(三ヘクタール)で婦負(ねい)郡(ぐん)内でも一、二を争う広さだった。

近くには用水も多かった。用水は神通川左右両岸の広大な農地を豊かにうるおす。いや、用水の豊富な水量なくしては、神通川流域の農業は成り立たない。神通川から直接取水する灌漑用水の代表格は左岸にあって江戸時代に前田藩主が力を尽くした、最古にして最大の牛ヶ首(うしがくび)用水がある。

一九一一(明治四四)年五月三日から富山県の当時の有力新聞『北陸政報』は、神通川流域の鉱毒被害に着目、三回にわたって「このまま放置すれば、足尾銅山の鉱毒被害を上回る大災害になる」と警告を発した。

わが越中の大川流たる神通川が恐るべき鉱毒のためにまさに侵犯されんとしつつあることは、

熊野村の位置　1945（昭和20）年

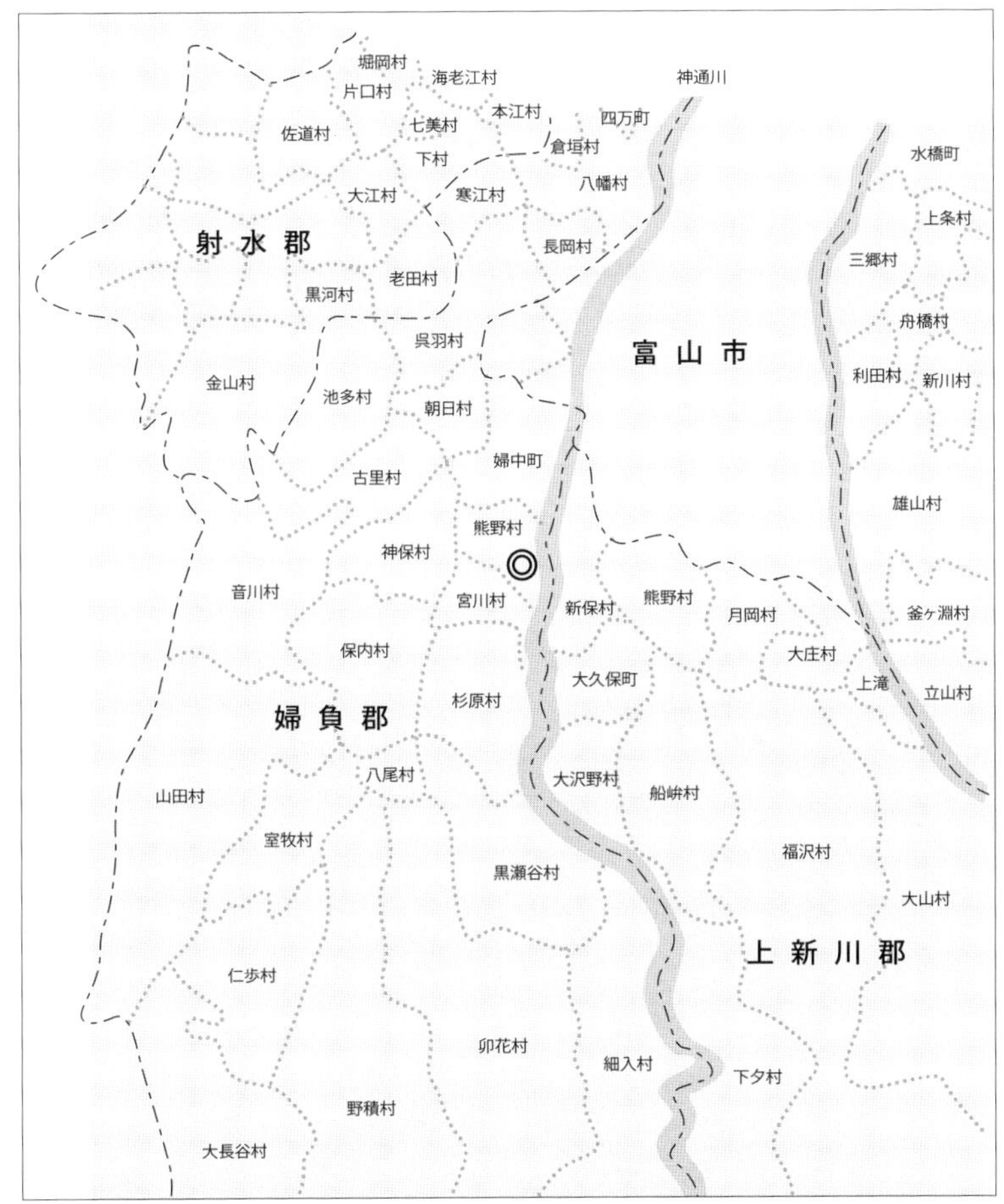

出所：松波淳一『定本　カドミウム被害100年　回顧と展望』　桂書房、2010

政　報

神通川鑛毒豫防（上）

三井鑛山の反省

本縣農界の警備

　我が越中の大川流たる神通川が恐るべき鑛毒の爲めに將さに侵犯されんとしつゝあることは、我輩の屢々耳にしたる所なり、其川流の灌漑せる上流の沿岸地方は既に鑛毒の侵害を蒙りつゝあることも、我輩の亦た屢々耳にしたる所なり、獨り怪むらくは神通沿岸の地方は未だ之を斟はず唯た其成行を傍觀することを

　抑も鑛毒の恐るべきことは天下既に其事實に乏しからざる所、足尾の如き既に天下の耳目を聳動せし所にして、紛爭に紛爭を極めて其解決未だ完全に就かず、假令ひ賠償方法を以て一時を彌縫するも、一旦失はれたる農界の損害は容易に償ふべくあらざる也、我が神通川にして果して此事實を認むるに足るものあらば宜しく今に於て之が豫防を爲さざるべからず、其害既に甚だしく莫大の田園を荒廢せしめ多大の水產を絕滅せしめたる曉に於て、騷起紛爭を極むるも其解決容易に就かずして鑛山主も被害地も與に損失を蒙むるべきは必然なり、我輩の今ま將さに豫防を主張せんとする所以のものは、實に兩者を其損害より救はんとする赤心に外ならざる也

　抑も我が神通川に向つて既に鑛毒を流し又た大に流さんとするの鑛山は果して何れの鑛山ぞ、日本の鑛山王と稱せらるゝ三井の所有せる飛彈神岡鑛山是れ也、同鑛山の設備は既に充分に行屆けるや否やは我輩未だ之を審かにせずと雖も、其鑛毒自然に逸失して神通川に落ち來るは事實なるが如し、神通川の上流に沿ふたる地方に於ては、今や既に其毒害を悟つて同川の水を引かざる箇所尠なからず、婦負郡南部地方の如きは神通の水を用ゐずして井田川の水を用ゐつゝあり、同郡の農家は未だ鑛毒なるや否やを知らざるも、神通より流るゝ土砂の在る所には、[illegible]發生將育甚だ惡しく到底充分の成熟を見る能はざることは能く之を知れり、彼地古老の言ふ所を聞くに、神岡鑛山が惡鑛の採掘に從事せざる以前に於ては、斯る現象は曾て之れあらざりしも今や益々其現象の著しきを見ると云へり、足尾銅山の鑛毒に經驗ある者は此狀況を見て鑛毒の結果なるを肯へりとも聞けり

　縣當局者の如きは夙に其恐るべきを豫想し、之が調査を試みたるが如くなるも、其果して鑛毒の結果なるや否やは未だ明かなる証據を得ずと雖も、神通上流の沿岸農家は殆んど皆な之が害毒を蒙ずとせば、是れ實に等閑に附すべからざる一大事實にあらずや、今日に於て之が善後策を講せざれば其害毒益々延蔓して本縣も鑛山も與に之が防禦に困難を感ずると同時に、双方の損害は遂に容易に回復すべからざるに至らんとする也

1911（明治44）年5月3日付け『北陸政報』

我輩のしばしば耳にしたるところなり・・・(中略)・・・神通川の上流に沿うたる地方においては、今やすでにその害毒を悟って同川の水を引かざる箇所少なからず、婦負郡南部地方(引用者注:現・富山市)の如きは神通の水を用いずして井田川の水を用いつつあり、同郡の農家は未だ鉱毒なるや否やを知らざるも、神通より流れ来る土砂のあるところには、稲の発生発育ははなはだ悪しく、到底充分の成熟を見る能はざることはよくこれを知れり、かの地古老の言うところを聞くに、神岡鉱山が悪鉛の採掘に従事せざる以前においては、かかる現象は嘗てこれあらざりしも、今や益々その現象の著しきをみるといえり、足尾銅山の鉱毒に経験ある者はこの状況を見て鉱毒の結果なると言えりとも聞けり[19]・・・(後略)。

鉱毒は桑・田畑・山林・漁業へ、高原川から神通川流域一帯を襲い始めていた。では人間の身体そのものに影響が出始めたのはいつか、今となってはその事実を知ることは困難だが、ここに貴重な一遍のルポルタージュがある。一九六八(昭和四三)年二月、平迫省吾(ひらさこしょうご)が雪に覆われた婦中町一帯の現地を訪ね、イタイイタイ病の実態を調査、「毒を流す川―富山県イタイイタイ病問題―」としてまとめたものだが、このルポルタージュに以下のような記述がある。

この病気の起源がいつの頃であったのか、いまそれを知るものはだれもいません。萩野博士(引用者注:イタイイタイ病の発見者として知られる萩野昇博士)によれば「おそらく大正の頃、すでに発生していたとおもわれる」といいます。しかし、土地の古老に聞くと、その年代はもっと古く、明治の四〇年代にはすでに頻発していたようです。

土地の古老の一人妙井さん（七四歳）は、「当時、神通川の上流に人のよりつかない小屋があって、その暗い納戸の隅でえたいの知れない病いにかかった女の人が、イタイイタイと泣き叫びながらつぎつぎに死んでいった、と子ども心に聞かされ、恐ろしい思いをしたものです」といいました。明治四〇年頃であったといいます。

そして、土地の人たちは、この主に三〇代から四〇代の経産婦に発生する「えたいの知れないおそろしい病い」が、神通川水系のこの地域にのみ発生する病いであるところから、これを土地の「業病」として深く恥じだれもがそれをひたかくしにかくしつづけようとしたのです。[20]

これまでイタイイタイ病の発病年については、一般的には一九一一（明治四四）年が最も早かったのではないかといわれている。これは一九六八（昭和四三）年五月八日に発表になった厚生省見解附属資料に基づくものだが、この資料は資料として、筆者（金澤）が二〇二一（令和三）年からあらためてイタイイタイ病訴訟第一次原告だった患者の遺族を訪ねて聞き取り調査を始めたところ、前述した平迫省吾のルポルタージュにあるように、やはり一九一一（明治四四）年前後から神通川流域でイタイイタイ病症状の患者が多く発生していたのではないかと推測することができた。

例えば、イタイイタイ病訴訟第一次原告、宮口コトの孫にあたる宮口政久に聞き取りをさせてもらった結果から紹介しよう。政久の祖母、コトは一九〇三（明治三六）年、婦負郡宮川村の村田家に生まれた。一〇歳の時に萩島に移住した。ともに神通川流域である。一九二二（大正一一）年、宮口勝次郎と結婚、近くの萩島に住み農作業に従事した。七人の子どもに恵まれた。

問題の生活用水だが、宮川村の頃の一切の生活用水は四万石用水（牛ヶ首用水）を用い、井戸はなかった。萩島も同様で井戸はなく、川水を生活用水としていた。一・六ヘクタールの田を持つ豊かな農家だったが、コトは一九五二（昭和二七）年～一九五三（昭和二八）年頃に発病した。[21]

宮口家の家系を政久に確認しながら辿（たど）っていくと、勝次郎の祖母・ソデは、明治の終わり頃に発病、勝次郎が兵隊に行っている間に亡くなった。勝次郎の母で、コトから言えば、姑にあたるヌイは太平洋戦争が始まった一九四一（昭和一六）年、六九歳で死亡した。やはりイタイイタイ病症状であった。ソデもヌイも当時はもちろん、イタイイタイ病患者認定制度があるはずもないので、イタイイタイ病症

宮口政久さん　2022年8月　金澤敏子撮影

夫の勝次郎さんとともに、宮口コトさん
宮口政久さん提供

状としか表現のしようがないが、ヌイは死ぬ四～五年前は這って歩いていたそうで、痛みで布団を被ることもできなかったという。[22]

話をコトに戻そう。政久の祖母・コトは一九六七（昭和四二）年秋頃から足が立たなくなり、萩野病院、富山県立中央病院で通院治療を受けていたが、一九六九（昭和四四）年春頃、歩行も困難になり中央病院に入院、入院するまでの間にイタイイタイ病患者の認定を受けた。[23] 夫の勝次郎はコトとともに四年余りの裁判を闘いぬき、ようやく原告勝訴を勝ち取った。背丈はこの間、一五センチも縮んだ。

勝訴判決の日、コトの胸を去来したのは、一九六七（昭和四二）年の年末、一二月六日、熊野地区イタイイタイ病対策協議会会長・小松義久、熊野公民館館長・笹井久作とともにコトら患者三人が、園田直厚生大臣と椎名悦三郎通産大臣に住民の健康保持と患者・遺族の救済について陳情したことである。患者は、宮口コト（六五歳）、大上ヨシ（六〇歳）、小松みよ（四九歳）の三人であった。

コトらはこの朝六時半、夜行列車で上野駅に着いたばかりであった。一行はまず、厚生省に園田厚生大臣を訪ねた。大臣室に入ってきた三人は、この病気特有の表情で、いたいたしいほど背中が曲り、身長が極端に低い。ゆっくりと歩きながら、時折苦痛に顔をしかめるような様子だった。

大臣室に入ったコトらに園田厚生大臣は「遠いところをよくがまんしてきてくれました。さあ、どうぞ」と椅子をすすめた。小松会長が①上水道をつくって、神通川水系以外の飲料水を全家庭に無償給水してほしい②死者・患者に対する補償金を三井金属会社から賠償させてほしいなど、いくつかの要求を盛り込んだ申し入れ書を手渡した。就任まもない園田厚相は沈痛な表情で「長い間、痛い思いをさせて本当に申し訳ない。一日も早く調査を終えて、みなさんのおっしゃるようにしたい」ときっぱり言いきった。足が不自由になっていたコトにとって必死の陳情だった。その後、多くの苦難をのり越えて、一審の富山地裁判決、名古屋高裁金沢支部での控訴審判決を勝ち取ったコトらの行動に孫の政久は、「完全勝訴は昭和四七年やから私は一九歳か、当時若かったし、あの三井に対してね、思いきったことをしたなと思った」と、しみじみ当時を思い返していた。

宮口コトさん　撮影年不明　宮口政久さん提供

園田厚生大臣に陳情する宮口コトさん(向かって右端)ら　1967(昭和42)年12月6日　宮口政久さん提供

政久の母は、神通川流域の汚染地区の生まれではなかったために幸い発病を免れたが、コトの一番下の娘で、政久の叔母にあたる寿子がイタイイタイ病を発病した。イタイイタイ病裁判が終わってからの認定であったが、やはり寿子は子どもの時から、神通川の水を生活用水にしていたために発病したのであろう。考えてみれば、宮口家はソデ・ヌイ・コト・寿子と実に四代にわたってイタイイタイ病患者となった。イタイイタイ病と闘い続けた宮口コトは一九七七（昭和五二）年、七四歳の生涯を終えた。

神通川流域で先祖代々、農業とともに生きてきた宮口家、子どもの時から祖母・コトの痛々しい姿に接してきた孫の政久の胸に今、去来するのはどのような思いであろうか。

引用文献

［1］向井嘉之『イタイイタイ病と戦争　戦後七五年 忘れてはならないこと』能登印刷出版部、二〇二〇
［2］倉知三夫・利根川治夫・畑明郎編『三井資本とイタイイタイ病』大月書店、一九七九
［3］一八九二（明治二五）年九月一八日付け『岐阜日日新聞』
［4］神岡浪子『日本の公害史』世界書院、一九九二
［5］三井金属鉱業株式会社修史委員会『続神岡鉱山史草稿　その一』一九七三
［6］石村善助『鉱業権の研究』勁草書房、一九六〇
［7］三井金属鉱業株式会社修史委員会『続神岡鉱山史草稿　その一』一九七三
［8］倉知三夫・利根川治夫・畑明郎編『三井資本とイタイイタイ病』大月書店、一九七九
［9］三井金属鉱業株式会社修史委員会『続神岡鉱山史草稿　その一』一九七三

〔10〕三井金属鉱業株式会社修史委員会『続神岡鉱山史草稿　その一』一九七三
〔11〕向井嘉之『イタイイタイ病と戦争　戦後七五年　忘れてはならないこと』能登印刷出版部、二〇二〇
〔12〕日本工学会・啓明会『明治工業史　鉱業編』学術文献普及会、一九六八
〔13〕倉知三夫・利根川治夫・畑明郎編『三井資本とイタイイタイ病』大月書店、一九七九
〔14〕三井金属鉱業株式会社修史委員会『続神岡鉱山史草稿　その二』一九七三
〔15〕三井金属鉱業株式会社修史委員会『続神岡鉱山史草稿　その一』一九七三
〔16〕一九一〇（明治四三）年七月一四日付け『北陸タイムス』
〔17〕一八九六（明治二九）年四月二四日付け『北陸政報』
〔18〕婦中町史編纂委員会『婦中町史　上』婦中町、一九六七
〔19〕一九一一（明治四四）年五月三日付け『北陸政報』
〔20〕平迫省吾「毒を流す川—富山県イタイイタイ病問題—」『議会と自治体』一九六八年四月号、日本共産党中央委員会
〔21〕イタイイタイ病訴訟弁護団『イタイイタイ病裁判　第一巻　主張』総合図書、一九七一
〔22〕一九七二（昭和四七）年八月一〇日付け『朝日新聞』
〔23〕イタイイタイ病訴訟弁護団『イタイイタイ病裁判　第一巻　主張』総合図書、一九七一

参考文献

1、飛騨市教育委員会『神岡町史　通史編二』二〇〇九
2、向井嘉之『イタイイタイ病と戦争　戦後七五年 忘れてはならないこと』能登印刷出版部、二〇二〇
3、石村善助『鉱業権の研究』勁草書房、一九六〇
4、向井嘉之『イタイイタイ病との闘い　原告 小松みよ—提訴そして、公害病認定から五〇年—』能登印刷出版部、二〇一八

第二章

好戦国日本　国ありて民なし

その一　洞雲寺（とううんじ）に集合せよ

富国強兵、殖産興業を旗印にした日本の近代化は、鉱山の開発を一気に促した。近代化を急ぐ国をサポートし、鉱山開発に突き進んだのが三井資本だった。こうした一族の独占的出資による資本を中心に結合した経営形態は財閥と呼ばれる。三井は当時、他の財閥に比してより早く財閥の成立をみたと言ってよい。

一八九四（明治二七）年の日清戦争、これより一〇年後の一九〇四（明治三七）年からの日露戦争、そしてこのあと、第一次世界大戦、日中戦争、太平洋戦争へと、日本は幾多の戦争を目論（もくろ）み、多くの民を戦争に巻き込んできた。太平洋戦争敗戦から五年後の一九五〇（昭和二五）年、アメリカ人、J・B・コーヘンによって著された『戦時戦後の日本経済』序文冒頭、当時の太平洋問題調査会国際委員長であったB・G・サンソムは日本を「一好戦国家[1]」と切り捨てている。

本章は、一九一四（大正三）年に勃発（ぼっぱつ）した第一次世界大戦から始めたい。そもそも第一次世界大戦は、ドイツ・オーストリアなどからなる同盟国とイギリス・フランス・ロシアを中心とする連合国側に分かれて戦った戦争で、日本は日英同盟を理由に連合国側に参加したとはいうものの、むしろ連合国の後方支援にあたる間接的参加だった。

しかし、その後方支援にあたる武器輸出をはじめ、軍需物資への輸出の急増は、日本にとってまさに「天佑」（天のたすけ）だった。連合国に売却した武器輸出のうち、陸軍工廠関係の主要兵器売却状況を見れば（次頁）、驚くばかりの銃の輸出である。特にロシアへの武器輸出が圧倒的だった。

こうした第一次大戦の「天佑」を背景に、国内の金属産業は好況を呈し、当然に鉄・銅・亜鉛・鉛の価格騰貴を呼び寄せた。当時の大隈重信内閣も好機到来とばかりに一九一六（大正五）年四月、勅令（大日本帝国憲法の下、天皇の大権によって制定された命令）に基づき「経済調査会」を発足させ、三井合名会社理事長・団琢磨、三井銀行理事長・早川千吉郎が参加した。そして翌年には、亜鉛工業の育成・保護の方策がこの調査会に提出された。[2] 以下はこの調査会の貿易産業第二部連合会に提出された決議内容である。

一、金属亜鉛ノ関係ニ対シテ当分ノ内一割内外ノ増税ヲナスコト

二、吾亜鉛製錬業ノ発展上政府ニ於テ尚左記事項ニ留意セラレムコトヲ望ム

（一）内国産鉱及輸移入ノ亜鉛鉱ニ対スル運賃ヲ軽減シテ金属亜鉛ノ生産費ノ減少ヲ図ルコト

（二）亜鉛製錬業ノ原料取得上最モ重ヲ置クハ海外亜鉛ノ利用ニ在ルヲ以テ官民協力シテ確実ニ其ノ目的貫徹ニ力メラレタキコト

（三）金属亜鉛ヲ使用スル内国工業ハ尚頗ル幼稚ナルヲ以テ政府ハ大ニ其ノ進行ヲ計画シ金属亜鉛ノ内地ニ於ケル需要ノ増加ヲ計ルベキコト[3]

大戦中の連合国への売却主要兵器（陸軍工廠関係）

品　目	英　国	仏　国	露　国	合計数量
30年式小銃	20,000		356,000	376,000
同　実包			29,591,000	29,591,000
38年式小銃	80,000	50,000	430,000	560,000
同　実包	45,000,000	20,000,000	217,100,000	282,100,000
同　実包部品	3,000,000	20,000,000	37,000,000	60,000,000
7密口径小銃			35,400	35,400
同　実包			11,600,000	11,600,000
手榴弾			30,000	30,000
軽迫撃砲	16			16
同　弾薬	4,000			4,000
露式3インチ野砲弾丸			4,100,000	4,100,000
同　薬莢			2,700,000	2,700,000
同　信管			2,495,000	2,495,000
同　薬莢爆管			2,000,000	2,000,000
同　二号帯薬発分			750,000	750,000
31年式速射野砲			518	518
31年式速射山砲			100	100
同　弾薬			3,123,000	3,123,000
28サンチ榴弾砲			42	42
同　弾薬			12,700	12,700
24サンチ臼砲			34	34
同　弾薬			5,500	5,500
23口径24サンチ加農			14	14
同　弾薬			2,600	2,600
38式10サンチ加農			12	12
同　弾薬			31,100	31,100
45式20サンチ榴弾砲			9	9
同　弾薬			5,400	5,400
克式15サンチ榴弾砲			16	16
同　弾薬			40,100	40,100
克式12サンチ榴弾砲			28	28
同　弾薬			26,850	26,850
鋼製15サンチ臼砲			12	12
同　弾薬			15,000	15,000
鋼製9サンチ臼砲			12	12
同　弾薬			12,000	12,000
克式10サンチ半速射加農			4	4,
同　弾薬			1,200	1200
38式15サンチ榴弾砲			16	16
同　弾薬			60,700	60,700
その他共合計金額(a)	5,299,709	3,186,640	172,885,945	181,372,294
〃　(b)	5,300,000	3,180,000	184,500,000	188,930,000
〃　(c)				189,161,000

出所：坂本雅子『財閥と帝国主義』 ミネルヴァ書房、2003

亜鉛生産能力は将来に向けて増産が見込まれてはいたが、一旦（いったん）戦争が終結し、また海外からの潤沢（じゅんたく）な供給が再開された場合、日本の亜鉛製錬業は技術的・経営的に厳しい立場にならざるを得ないので、亜鉛工業の保護・育成を政府に求めたのであった。三井鉱山の一環である神岡鉱山自体の第一次大戦前後の生産動向をみてみる。

神岡鉱山では金と亜鉛鉱の生産が伸びているが、金は当時、国際的な金本位制への不安・動揺の影響のため需要が高まっており、一方、亜鉛鉱は大戦への需要から生産量を伸ばしている。

一九一八（大正七）年、第一次世界大戦は終息、海外向けの輸出は一旦終焉（しゅうえん）したが、逆に国内向けの需要が増えた。これは「戦争により亜鉛地金相場は世界的に沸騰（ふっとう）したので、内地製錬事業は膨張発展し、国産亜鉛鉱の供給だけではその需要を賄（まかな）うことが出来ず海外に供給を仰ぐようになった。大戦は重ねてわが国に幸いした。東洋諸国やオーストラリアの亜鉛鉱は大戦により西欧に輸出が困難となり、わが国へ流入する

第１次大戦前後の神岡鉱山

鉱物名		1909（明治42）年		1914（大正３）年		1919（大正８）年	
生産量	金	6,447（g）	7,077円	61,906（g）	82,345円	27,369（g）	38,422円
	銀	5,194（kg）	172,822	8,296（kg）	288,150	6,470（kg）	453,242
	銅	33（t）	17,359	16（t）	9,484	17（t）	16,081
	鉛	2,521（t）	313,028	3,120（t）	582,498	2,568（t）	673,823
	亜　鉛						
	亜鉛鉱	10,262（t）	303,804	17,745（t）	378,838	24,390（t）	826,164
増加指数	金	100	100	960	1,163	424	5,492
	銀	100	100	159	166	124	262
	銅	100	100	45	54	48	92
	鉛	100	100	123	186	101	215
	亜　鉛						
	亜鉛鉱	100	100	172	124	237	271

出所：三井金属鉱業株式会社修史委員会『続神岡鉱山史草稿　その2』 1973

ことになった」[4]からである。

いずれにしても神岡鉱山は三井財閥の主要生産部門である三井鉱山の中で、極めて重要な位置を占めるようになり、第一次世界大戦中に三井鉱山の純益の最大のピークをつくり、わが国最大の亜鉛鉱山となった。

次頁の表は吉田文和がまとめた「鉛、亜鉛生産における神岡の位置」の年間推移であるが、神岡鉱山シェアは、第一次世界大戦が始まる頃には、全国の六割から七割を占め、三井鉱山はもちろん三井財閥全体でも稼ぎ頭になっていく。

参考までに第一次大戦時を中心に、神岡鉱山における在籍人員数の変遷を見てみよう。坑内外夫というのは直接的に生産過程に携わる鉱夫のことで、職員はいわば間接部門の事務職にあたる。これらの直接・間接の人員総数を比較すると、一九一〇（明治四三）年からはしばらく減少し、一九〇九（明治四二）年の水準以下である。特にこの減少は直接生産に携わる坑内外夫の減少によるが、一九一五（大正四）年からは人員総数も急増し、一九一七（大正六）年には、ピークに達している。一九一九（大正八）年には、間接部門ではさらに増えているが、翌年の一九二〇（大正九）年から全体的に減少に転じている。

この表をみれば、第一次世界大戦期の神岡鉱山の好況は、臨時的に急増した坑内外夫によって支えられたことが読み取れる。

会社側の社報というかPR紙を調べてみると、この大正の好況期にすでに女性が坑内に入って働いていた証言がある。一九六〇（昭和三五）年発行の社報に掲載された「昔の神岡鉱山を語る」と題する退職者座談会から一部紹介するが、発言者はこの記事にある氏名ではなく、A、B、C・・・と略記した。

鉛、亜鉛生産における神岡の位置

	鉛生産			亜鉛鉱		
	神岡	全国		神岡	全国	
年	t	t	%	t	t	%
1898(明治31)	346	1,703	20			
1899(明治32)	662	1,988	33			
1900(明治33)	599	1,878	32			
1901(明治34)	773	1,803	43			
1902(明治35)	1,038	1,644	63			
1903(明治36)	1,271	1,725	74			
1904(明治37)	1,289	1,803	71		453	
1905(明治38)	907	2,272	40		4,038	
1906(明治39)	1,927	2,813	69	1,771	18,414	10
1907(明治40)	2,425	3,079	69	5,794	18,495	31
1908(明治41)	2,228	2,910	77	8,843	15,433	57
1909(明治42)	2,443	3,429	71	10,593	17,348	61
1910(明治43)	2,634	3,907	67	11,225	20,644	54
1911(明治44)	2,962	4,125	72	15,435	20,260	76
1912(大正元)	2,940	3,733	79	19,730	32,996	60
1913(大正2)	2,615	3,777	69	21,831	32,672	67
1914(大正3)	2,723	4,562	60	23,383	32,334	72
1915(大正4)	2,947	4,764	62	24,721	37,110	67
1916(大正5)		11,371		24,351	63,433	38
1917(大正6)		15,807		24,053	54,620	44
1918(大正7)	3,776	10,684	35	20,314	54,504	37
1919(大正8)	3,089	5,771	54	24,903	36,628	68
1920(大正9)	1,313	4,167	32	23,127	35,595	65
1921(大正10)	1,316	3,138	42	23,404	24,707	95
1922(大正11)	2,198	3,239	68	21,924	21,924	100
1923(大正12)	2,075	2,700	77	21,632	24,876	87
1924(大正13)	2,439	2,941	83	19,217	22,649	85
1925(大正14)	2,488	3,337	75	19,063	28,933	66
1926(昭和元)	2,757	3,610	76	20,298	29,929	68
1927(昭和2)	2,620	3,394	77	21,378	33,097	65
1928(昭和3)	2,597	3,653	71	20,423	29,499	69
1929(昭和4)	2,511	3,374	74	21,860	28,666	76

出所：吉田文和「非鉄金属鉱業の資本蓄積と公害：神岡鉱山公害をめぐる技術と経済(1)」『経済論叢』第118巻第5・6号、京都大学経済学会、1976

A　大正九年ごろ、茂住坑内には三〇人くらいの女の人が働いていたそうですが、くわしいことは知りませんが・・・。

司会　そうした女の人は坑内でどんな仕事をしていたのでしょうね・・・。

B　それは土砂埋めでしょうね、今の充填（じゅうてん）ですよ。当時の堀場は今の堀場と違ってチッポケなものですが、手堀で掘ったあとを土砂で埋める必要があったのでしょう。それを女の人がやったのでしょうネ・・・。

C　選鉱場に雑婦がいましたよ。亜鉛を天日で乾燥させる作業でしたが、これなんか男のやる仕事で男に負けずよくやりましたネ。

B　昔、坑内手選が行われたころ、たくさん女の人が働いていたのは知っております。ガタガタ廻る鉄板の上に鉱石がのっけられてくる、それをより分けて廃石を捨てるのですが・・・。当時は相当よい鉱石まで捨てたものです。[5]

第1次世界大戦前後の神岡鉱山の人員数

	坑内外夫計		職員計		合　計	
1909（明治42）年	1,976	100	177	100	2,153	100
1910（明治43）年	2,070	104	196	110	2,266	105
1911（明治44）年	1,713	86	203	114	1,916	89
1912（大正元）年	1,822	92	206	116	2,028	94
1913（大正2）年	1,815	91	218	123	2,033	94
1914（大正3）年	1,773	89	230	129	2,003	93
1915（大正4）年	2,481	125	251	141	2,732	126
1916（大正5）年	2,301	116	276	156	2,577	119
1917（大正6）年	3,264	165	276	156	3,540	164
1918（大正7）年	2,770	140	288	162	3,058	142
1919（大正8）年	2,864	144	332	187	3,196	148
1920（大正9）年	2,234	113	295	166	2,529	117

三井金属鉱業株式会社修史委員会『続神岡鉱山史草稿　その2』 1973

臨時鉱夫を大動員しての緊急増産では、神岡鉱山だけのいわゆる自山鉱では不足したために、オーストラリアや中国からも原料鉱石を輸入した。この間、神岡鉱山では、一九一三（大正二）年に反射炉一〇基で焙焼を開始、亜鉛鉱の増産により亜鉛焼鉱を増設（焙焼炉は同年二月一炉、一〇月までに一〇炉）し、この頃より煙害の被害が大きくなったが、さらに一九一四（大正三）年、第一次世界大戦勃発につれ選鉱設備を拡大し、以前は三井三池へ半分送っていた亜鉛精鉱を全部神岡で焼鉱することにし、同年一一月焙焼炉を二〇炉にして大増産に入った。これ以後特に一九一七（大正六）年から一九一九（大正八）年にかけ四〇〇〇町歩（引用者注：約四〇〇〇ヘクタール）を超える煙害問題が続発、「賠償問題は当鉱山の歩と歩を一にするもの」とうそぶいたとのことである。[6]

何しろ第一次大戦下での鉱害の激化は想像を絶するものであった。それは神岡鉱山周辺に始まり富山県側に至るまで、煙害・漁業被害・農業被害、そして当時はまだ明らかにされていなかった人間被害へとかつてない規模で鉱害が発生し、鉱害防止施設も不十分な中で恐るべき大規模な鉱毒被害をもたらした。以下では、会社側、労働者側、新聞報道、行政資料を点検しながら、煙害・漁業被害・農業被害まで鉱毒被害をまとめてみたい。それぞれの被害は単独ではなく多くは複合被害であった。

煙害・漁業被害・農業被害に激しい抗議

前述したように、神岡鉱山を含めて日本の亜鉛鉱山は閃亜鉛鉱が主であり、鉱物の主成分は亜鉛と硫黄である。この硫黄を取り除くために焙焼し、亜硫酸ガスが大気を汚染、神岡鉱山周辺に煙害が発生した。実は神岡鉱山自身がこの煙害の様子を次のように報告している。「神岡鉱業所鉱毒賠償関係沿革資料」の一節である。

> 大正五年ないし六年に至りて鉛製煉(ママ)の殷賑(いんしん)時代を来し、各炉より排出される煙は、今や鹿間谷一帯をうずめ、風のまにまに四方にたなびき、あたかもその全盛を謳歌(おうか)するが如きも、かかる急激な増産拡張に次ぐ拡張は、自己の歩みに余りにも急にして、その除害設備を講ずるに十全を期することあたわざりき。
>
> かくて鹿間谷より排出される煤煙は作物にふれてはこれをむしばみ、草木にあたりては、これを枯し、あたかもすべてのものをなめつくすが如し。うっそうたる青山も短期にして惨たる姿と化し、煙量の増加につれて、あくなき害毒は今や、加速度的に地上におけるすべてのものを自己の犠牲に供するに至れり[7]。

驚くべきことに、これは会社側の記録である。無理な生産体制は煙害という形で、神岡鉱山周辺の船津町・阿曽布村・袖川村・上宝(かみたから)村に被害をもたらしはじめ、一九一六（大正五）年頃から具体的に住民との紛争が「抗議行動」となって現れ始めた。次に『神岡地区労史』（鉱山の町に働く者の活動記録）の記述からまとめてみる。

岐阜県はこの鉱害に対し、農業試験場の宮田技師らを特派して調査に当たらせた。被害住民の要求では、鉱山の「水毒」は天正年間以来のもので除毒方法は至難であるが、「煙毒」は水毒よりもさらに重大で、船津町下山中集落の栗樹の枯死や小豆・麦・稗（ひえ）・瓜（うり）・茄子（なす）なども交配能力が阻害され、土壌は酸性化して粘着力を失い、作土は降雨で流失する甚大な被害を受けていると訴えた。会社は一九一六（大正五）年一〇月三一日の交渉で、「鉱塵」は電気集塵法によって九六％が除去できるが、ガス処理は「硫酸製造による他なく」巨費を要するので、未だに良法なしと説明した。

これに対して納得できない住民の怒りは強く、一九一七（大正六）年、被害住民は損害賠償を求め数十回の陳情交渉を重ねたが、会社は調査を口実に応じなかった。住民は郡長・知事にも嘆願したが誠意なく、被害住民による「煙毒予防調査会」を組織し、①火製錬の廃止、②夏蚕不作の損害賠償の二項を要求決議した。会社との数次にわたる交渉の結果、会社は夏蚕不作の損害賠償についてのみ一町一村に三万五千円の賠償金を出しただけだった。ところが、この交渉にあたって会社側は、労働者の半数を占める船津町民の勤務者に、先の二項目要求決議書への「署名を取り消さねば解雇する」と通告してきた。この不当な圧迫に対して鉱夫たちは一九一七（大正六）年八月二日、船津町洞雲寺に集合、会社の態度に抗議して「かくの如きに経過すれば、今後七年、一〇年で船津の町は白河原（しらがわら）（引用者注：洪水などで人家や草木などが押し流され、河原のようになってしまった所）となるは必せり、故にわれら第一に荒廃せる郷土の山河を見るに忍びず・・・。強固なる決意をもって鉱山に反対決議をなし全部一致の歩調をとり、若し一人たりとも解雇することあらば結束して休業する」と決議して申し入れた。

この鉱山労働者の強い姿勢に地域住民の運動も盛り上がり、一九一七（大正六）年八月五日正午より船津町の千鳥座（大島）において一町三ヵ村有志の「鉱毒問題演説会」が開催され、会場は熱気に包まれた。そして要求として「電気集塵法にて煙害を殆ど絶無ならしむる機械の据え付けるまでは製錬中止か、速やかなる製錬所の撤廃をすべし」と決議した。

しかし、この集会に先立つ八月四日、上宝・阿曽布・袖川の三村有志が船津洞雲寺に集会して、機械据え付け後も害があれば、あくまで製錬所撤廃を要求することを追加決議しようとした。すでに会社はこの二つの要求決議を拒否しており、いよいよ激突かと思われたが、ここで鉱山に依存する船津町が微妙な立場に立った。船津町および周辺の村々は鉱山の存在は益するところ多く、農産物被害だけを取り上げて鉱山に反対するのは如何なものかと軟化の兆しを見せ、前記三村と同一行動を取ることを避けた。このため、三村の有志らは「先ず完全な予防をなさしめ、なお被害があると認めた時は賠償させる。そのうえ製錬工場の撤廃をさせる」と決議し、五名の委員を選出して船津町とは別の交渉に入った。

会社は翌年から亜鉛精鉱の焼鉱を中止して三池に建設した製錬所へ輸送することになった。ただ、当時はもちろん、人体への被害意識がなかったため、運動は賠償要求と製錬所の撤去に終始した。[8]

飛騨市神岡町船津　洞雲寺（曹洞宗）　2022年9月　金澤敏子撮影

神岡鉱山の麓では、まさに神岡町民全体を巻き込んだ農漁民の激しい抗議が渦巻いていた。養蚕を生計とする船津町・阿曽布村・上宝村・袖川村では桑畑が蝕まれ、これを食べた蚕がぞくぞくと死に、農家は煙害の大なるを怒り、むしろ旗を立て一切の賠償を要求していたのである。

では、当時の新聞はどのように報道していたのだろうか。

一九一七（大正六）年六月三〇日付けの『東京朝日新聞』は「欧州戦争の為め、同鉱山の事業拡張に伴ひ鉱毒の惨害亦激甚となり」[9]と、第一次世界大戦による神岡鉱山の事業拡大を伝え「山林の樹木枯死し漁獲物は皆無にして」、「本年は桑葉の収穫皆無なるのみならず養蚕の飼育は絶対に不可能となりたれば」と被害地の状況を報道している。

●飛驒鑛山の鑛毒騷ぎ
▽農民の不穩

飛驒吉城郡船津町地内東茂住及東漆山の金岡鑛山は三井家の經營に係るものなるが東茂住より船津町に到る約四箇村に亙る荒木川沿岸各大字は近年鑛毒の爲農作物の成育宜しからず山林の樹木枯死し漁獲物は皆無にして山嶽の

▲土壌は脆弱となり山崩れの箇所少からざるが歐洲戰爭の爲め同鑛山の事業擴張に伴ひ鑛毒の慘害亦激甚となり、本年は桑葉の收穫皆無なるのみならず養蠶の飼育は絶對に不可能となりたれば東漆山農民一同は最早傍觀する事能はずとして其の被害地農民を語らひ二十六日午後二百餘名は船津町役場に押寄せ同町長に向つて速かに三井家に對し鑛毒を除外し賠償金を出さしむる等

▲農民の救助方に就て盡力ありたしと迫りて動かず町村長は激昂せる農民を慰諭して引取らしめたるが町役場は船津警察署長と協議の上金岡鑛山員立會の上實地調査を爲す事となり二十八九兩日に亙り調査中なるが三井家に於て速かに相當の處置に出でざれば農民は不穩の擧に出づるやも圖られずとて船津署にて警戒中なり（船津特電）

1917（大正6）年6月30日付け『東京朝日新聞』

一九一六（大正五）年一一月一日付け『北陸タイムス』は「騒ぎ出した鉱毒」の見出しで、神岡鉱山と平金鉱山（岐阜県高山市にあった鉱山）の鉱毒問題を取り上げているが、特に神岡鉱山については、「煙毒が甚だしく神岡鉱山の煙には亜硫酸ガスを含んでいるので樹木に及ぼす害毒は甚だしい。結局は足尾銅山のように煙を一定の場所に導き、その硫酸を除くほかはないし、また水毒を除くには排水路を開設するほかはない。かつて富山県と岐阜県吉城郡の関係者は、すでに三井家に向かって損害賠償を申し込んだこともある」[10]と述べている。同じ『北陸タイムス』は同年一一月二四日付けで「鉱毒と黄金毒」の社説を掲げ、「もし真に亜鉛精鉱のために流毒をわが神通川に放下しているとせば、流域両岸廿万の民生は決然として奮起し、殊死して祖先墳墓の郷国を擁護せねばならぬ由々しき大問題ではないか」[11]と論陣を張った。「黄金毒」とはわかりやすく言えば袖の下のことである。

◎騒ぎ出した鑛毒
▼越中と飛騨の被害

■飛騨吉城郡　船津町にありて三井家所有の神岡鑛山と大野郡丹生川村に在りて金澤横山家所有の平金鑛山との鑛毒問題は今や飛騨越中の兩國に跨る大問題となつた岐阜縣では農事試驗場の宮田技師小川技手を特派して實地を踏査せしめた小川技手の語る處に依ると其害毒は

■毒水よりも　煙毒が甚だしく神岡鑛山の煙には亜硫酸瓦斯を含むで居る故樹木に及ぼす害毒は甚だしい同鑛山でも結局は足尾銅山のやうに煙を一定の場所に導き其の硫酸を除く方法を講ずるより外は無いまた水毒を除くには排水路を開設するより外は無いが平岡鑛山の水毒は遠く

■天正年間開　坑當時からの古い歴史があつて今や四隣の地は毒水の爲に悉く毒を含むだ土壌と變じて居る聞けば富山縣及岐阜縣吉城郡の關係者中には既に三井家に向つて損害賠償を申込んだ向もあるとの事又一方の平金鑛山は鉛毒が大八賀川に流れて居るらしく被害區域の吉城大野二郡では田圃には大した影響は無いが

■山林に及ぼ　す損害甚だしく滿目の山すべて禿たる有樣は寧ろ意想外である殊に近來同地山林の特産物ともいふべき栗の被害は一層強烈である之に對する三井横山兩男爵家の方針は全然異つて居る三井家では被害區域の全體を擧げて買收せんとするに對し横山家では寧ろ根本的に平金鑛山の製錬

■事業を中止　せんとする意嚮があるさうだ」云々と尚ほ同技手は被害區域なる大野郡、丹生川上拔、吉城郡、國府（以上平金鑛山）吉城郡阿曾布、船津（以上神岡鑛山）の各町村土壌の到着するを俟ち一面には分析試驗を行ひ他面に於ては農作物の播種試驗を行ふ筈だといふ

1916（大正5）年11月1日付け『北陸タイムス』

鑛毒と黄金毒

何がなしに辯舌の潤澤と奇警と峻峭ならんことを競ふ言論政治の舞臺では誇衒と賣名に急なるあまり議員諸君は動もすると重大問題や公然の秘密を口走り、駟も及ばぬ失態を仕出かして臍を噛む悔を感ずるものだ臺閣の極位にある大臣宰相の亞流でも意氣軒昂としては饒舌の弊に陥づて忽ち政敵の罠にかゝり易く左右の幕僚から箝口されるもある位だから縣會でメートルを昂げ新聞に唄はれんことを欲する田園政客輩が不用意の間に騎虎の勢に乗つて、つい口を滑かし意外の脱線に陥ひるのも有り勝のことであり、又傍聴する縣民にしても平凡物寥な水掛論や或は我田引水の小田原評議なぞを傍聴するよりも單調を破り人耳を聳動する底の謦欬的言論を聴き以て眠氣覺にし或は傍観の興味を満足させたいと欲する。期待空しからず前日の縣會にて雄辯なる野松君は滔々として縣民當局の施設を批難し鹿を趁ふ獵師の山を見ざる如く到頭全縣の聴覺を聳動する底の重大事を口走つた。腫れ物に觸らぬ様な態度で一縣の官場と有志が慎んで避けてゐた公然の秘密たる神岡鑛山の鑛毒流出を絶叫したではないか。素破!!一大事、縣官も議員も愕然として相見た、鷲の如く眸鋭き反對黨は得こそ聴き逭す可き、忽ち手具脛引いて肉迫窘窮の材料に拾ひ取つた。茲に於て多數黨は萬策盡きて遮二無二驀進し多數決で議場を力壓し揉み消して終つた。かくして少數黨は或は沈黙せしめ得るだろう或ば速記録も焚き得るだろう、併しながら吾人の筆權と記録とは壓へ能はぬのである。

多謝す野松君に、縣民の爲に潜流する鑛毒を口走りそして別に黄金毒が之に纒綿しつゝあるにあらざるかと官民稠坐の前で獅子吼した野松君に。吁恐る可き鑛毒とな、而も越中平原を縦貫し州民の健在と福祉を保全する神通川の上流から、そこの深山に潜藏せらるる亞鉛鑛を採取する神岡鑛山から戰慄す可き鑛毒が逐年神通の碧湍を流れ下るとな!!而も下流沿川の簇々たる良民から未だ聞して鑛毒の叫喚を聴かぬのは神岡鑛山を經營する三井氏の偉大なる黄金力が何者かを懐柔し去る爲だと咄々の重大事件でないか。富山縣民を震撼す可き大問題でないか、正傳か訛傳か虚か實か、吾人は未だそこ迄を慥かめ得ぬが、而も縣會で野松議員は一たびかく絶叫した。次の日の會合で同君は重ねて鑛毒問題に言及したが、夫は君の所謂る黄金毒に浸潤した何者かが決して縣當局ではなかつたと云ふ事を辯じたに過ぎぬ、夫さへ反對黨では執拗に抗論し同君は實際、黄金毒が縣當局にも及ほしてる事を斷言してゐたと主張して休まなかつたでないか。黄金毒とは何だ袖の下に握らせる高の知れた阿賭物だろう、要するに枝葉末梢の事だ、聴捨にならぬは富豪三井氏が觀とし自己利營の爲に日夜に恐る可き鑛毒を越中平原に流下せしめつゝあると云ふ一事である。

若し眞に亞鉛精鑛の爲に流毒をわが神通川に放下してるとせば流域兩岸廿万の民生は蹶然として憤起し殊死して親先墳墓の郷國を擁護せねばならぬ由々しき大問題でないか?。鑛毒と謂へば何人も足尾銅山の流毒に全滅した栃木縣渡良瀬川兩岸の哀史を聯想せずにはおれまい、嗚呼折角縣民の爲に、潜流する鑛毒を訐發した野松君は區々の多數黨陣笠たる因縁を絶ち越中の樞鎮となり當年田中正造翁の氣魄を學んで鑛毒の慘害を未前に杜絶し以て郷土を泰山の安きに置く大發憤なきか。同君の言質を捉へた左黨の政寛老叟も一場の揚足取りに満足せず袖振り合ふも他生の縁だ、飽迄君を裨補し樞鎮の名あらしむる雅量はないか。往年富山市水道設計調査の時も神岡の鑛毒が神通川に潜在する事は證據立てられたと云ふ又鮎が鑛毒ある支源に溯らぬ事も疾に知悉されてると云ふ、而く鑛毒と云ふ脅かしが所在に知られつゝあるのに、尚三井氏が平然と鑛富を積みつゝあるとせば其は咄々何故か………。

1916(大正5)年11月24日付け『北陸タイムス』

鉱毒は一九一六（大正五）年に続いて翌年も新聞記事になった。記事の中には前述した『神岡地区労史』の記録にある一九一七（大正六）年の船津洞雲寺の集会ではないかと思われる住民集会の内容もある。それは一九一七（大正六）年八月七日付け『富山日報』で、「高原川に鉱粕の山」と追及した記事である。この記事によれば、「岐阜県船津町では、神岡鉱山製錬所からの煙によって附近の山林が枯れるなどの被害が出たため、住民集会で製錬所の撤廃を要求することを決議した。高原川には鉱石のかすが投棄されており、下流の富山県内で水田被害が心配された。しかし、富山県議会での質問に対して、富山県当局は心配ないと回答した[12]」という。

●高原川に礦粕の山

☒流れて來たらどうなるか　繰返す本縣の大問題

▼精煉所撤廢問題から船津町民の強硬決議

飛騨神岡鑛山製煉場の煙毒の爲め船津、袖川、阿曽布、上寶一町三村の山林は悉く枯死し加ふるに桑葉に鉛毒附着し居たる爲め養蠶は三分の一乃至二分の一病害を蒙りたる結果同地方の大問題となり町村民連署して七月上旬鑛山事務所へ右火製煉場の撤廢と損害賠償を迫りたる事は當時報道したるが鑛山に於ても之を諒とし役場吏員船津區長鑛山重役三名被害者を戸毎に調査の結果損害賠償として二万四千圓を支出して一段落を告げたるが製煉場の撤廢は未だ履行せざるを以て去る五日船津町外前記三ケ村の議員有志者船津町圓城寺に

▼大集會を催し　一町三ケ村の死活問題なれば速かに撤廢されたき旨鑛山へ嚴談する事を決議し又同鑛山鹿間の精鑛科、水精科、火製煉科、營繕科、鐵索運搬科へ通勤する人夫六百人は二、三兩日洞雲寺に於て大會を開き滿場一致撤廢問題に贊同し一同連判状に記名捺印し之が爲め一人たりとも鑛山に於て解雇したるときは全部同盟罷工を斷行する事、万々一一味の内に裏切り者あるときは相當處分を爲すことを誓約して一大示威運動を開始し町村有志側と内外相呼應して撤廢問題の實行を迫り居れる爲め鑛山に於ては大恐慌を來し多分遠からず撤廢の模樣なりと云ふ

▼右は主として　船津附近一部分の問題なるが茲に我富山縣に取りては由々しき大問題あり、开は他なし同鑛山鹿間、茂住兩精鑛科に於て精鑛する礦石の粕を日夜高原川へ投棄しつゝある事にして兩精鑛科に於て精鑛する量は一晝夜鹿間は九万貫、茂住は五万貫に上り是れより生ずる礦粕は一晝夜六尺立方四十個宛なり此の多量の礦粕の大部分は高原川に投げ込まれ居れるものにて目下炎天打續く爲め河水涸渇せる折柄とて鹿間の實橋附近に立ちて川底を見れば幾十町の間礦石の粕山の如くに堆積し之が爲河水は溝の如く其間を流れ居れり、一朝大雨の爲め出水するときは

▼此の山の如き　毒粕は悉く下流に押流され礦毒は自然富山縣下の水田に浸入し耕作物を損ふこと甚大なるべきは想像に難からず尤も鑛山には精鑛粕の濾池設備を施し居れるも只申譯的に過ぎずして大雨等の夜を期して悉く高原川へ流すは隱れもなき事實也、神通川の鑛毒問題は久しき以前より縣下の一問題たりしが昨年末の通常縣會に於いて野松氏が痛切なる質問演説を試みたるに對し縣當局は何等鑛毒の虞れなしと答辯したるは世人の尚記臆する處なり然るに右の事實は現場を目擊せる人の談なれば決して虛構の事實にあらざるべく果して然らば本縣に取りては重大問題と云ふべし

1917（大正6）年8月7日付け『富山日報』

神岡鉱山による鉱害被害地域

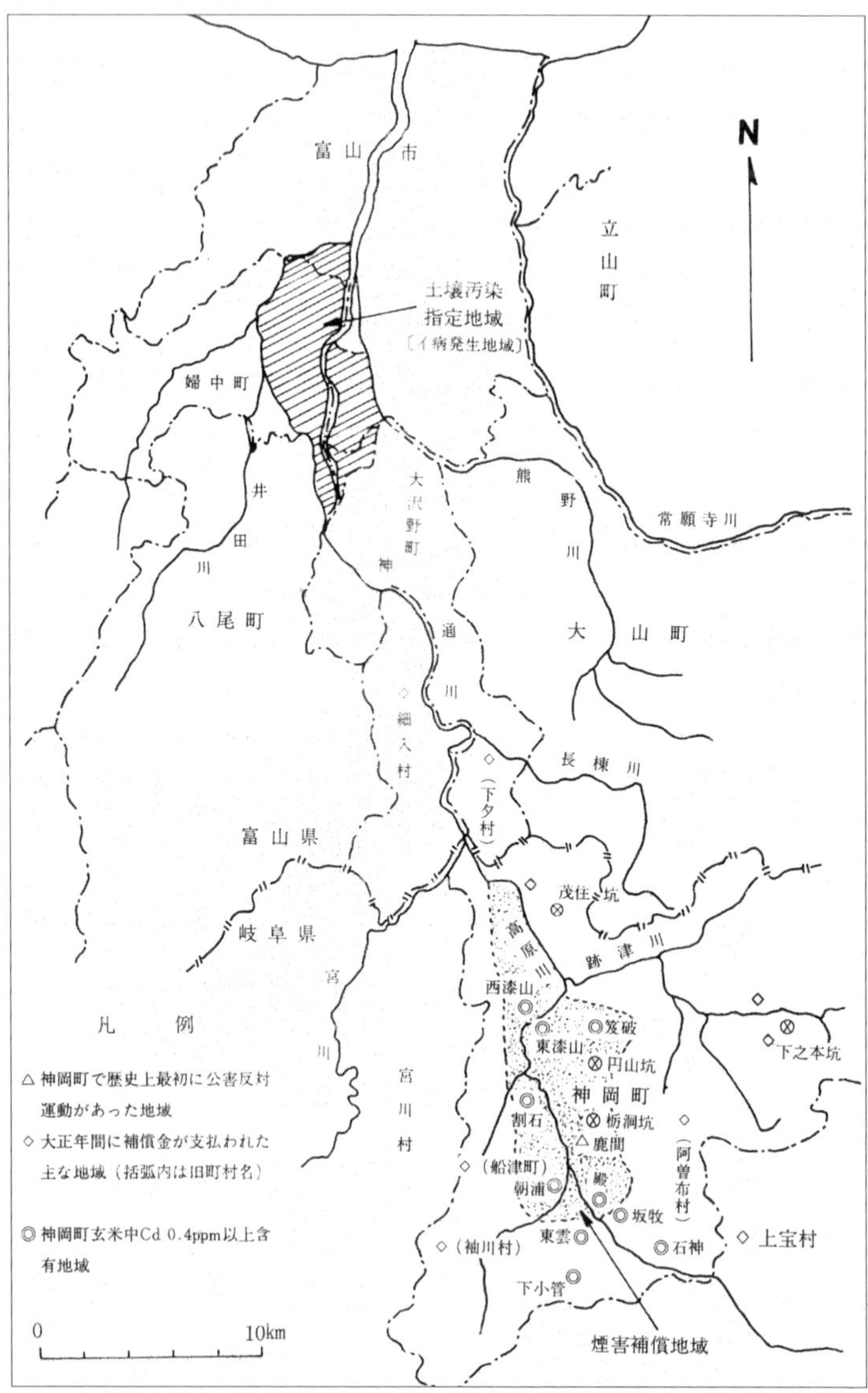

出所：発生源対策専門委員会委託研究班『神岡鉱山立入調査の手びき』 神通川流域カドミウム被害団体連絡協議会、1978

また、『岐阜日日新聞』を調べていくと驚くべき記事が目に飛び込んできた。一九一七（大正六）年八月八日付けに「危険性を帯び来れる飛騨鉱毒問題」として「一町三村の山河生色なし 人間は愚か牛馬も斃死す」との見出しがある。

記事によれば、神岡鉱山の麓、船津町周辺では、「毒素である砒素、亜砒酸の散布が激しくて、牛馬の如き草食獣は草の表面についた毒素を食べたために、口内は腐乱して胃腸を害しただけでなく、毛色光沢を失い脱毛し、遂にはやせ衰えて死んでしまう。鶏なども鶏冠が暗灰色になり、萎縮し倒れる状態だ」[13]と、農作物や山林だけでなく、家畜まで影響が出ていると危険性を述べている。

さらに一九一七（大正六）年九月一八日付け『北陸タイムス』は、「神岡の毒煙　県内揺曳」とし、「富山県内の特に上新川郡下夕村南部一帯を中心に山林田畑の被害が著しいと訴え、調査を要求するとともに、被害によっては神岡鉱山周辺と同様に、賠償金を要求しなければならないとの声が出ている」[14]と鉱毒被害の富山県への影響を指摘している。

新聞記事を概観してみたが、次に当時の船津町・阿曽村・袖川村の史料をまとめた『神岡町史』から鉱毒被害の状況を調べてみる。

まず、一九一五（大正四）年から一九一七（大正六）年に至る阿曽布村の「田畑及養蚕被害減収歩合表」をみると、一九一六（大正五）年の減収割合が最も大きく、特に畑への影響が大きく、養蚕でも三割近い影響を受けていることがわかる。

『神岡町史』には、前述した鉱山地元への鉱毒被害地の一つとなった阿曽布村の詳しい記録もある。阿曽布村では一九一六（大正五）年から村の有志による鉱毒予防救済の動きがあり、翌年の一九一七（大

●危険性を帯び来れる

飛騨 鑛毒問題

▽一町三村の山河生色なし

▽人間は愚か牛馬も斃死す

▽飛騨神岡鑛山 煙毒問題に就きては従来喧囂の聲ありて今尚ほ解決の運びに至らざるが去月二十八日吉城郡船津町字岡城寺に於ける三局大會の席上同鑛山山田事務長の鑛毒被害の説明に依れば煙害中の鑛塵は電氣集塵法に依つて百分中九十六を除去する事を得べきも

▽煤煙中の亞硫酸瓦斯 は十分の五を含有し足尾鑛山其他の設備に倣するも全然失敗に歸し今日に至るも未だ良法を發見せず唯一の方法は硫酸を製造するにあれど該設備を為さんには二百萬圓の巨費を要し到底當鑛山の收益經濟の現狀に鑑みて之を為す能はず、畢竟するに鑛塵は砒素、亞砒酸、亞鉛、鉛、炭を主要性分として其害十分の六を占め瓦斯は硫黄の燃焼に依りて亞硫酸瓦斯を發生し其四を有するも

▽如上經濟の点 により遂に之が豫防法を施すは由なき旨を述べたるが若し果して右の如く恐るべき鑛毒[illegible]營利會社の經濟不[illegible]の故を以て多數帝國臣民の生命財産を毀傷し其救濟方法を講ずる能はずとすれば再び同鑛山の存廢に言及せざるべからざるが抑も該鑛山の煙害問題たるや遠き以前より之を認め居たるも火製煉品少き為め従つて其被害甚しからざりしより

▽左まで問題ならも 惹起せざりしが大正二三年頃より船津町大字下山中と稱する部落に於ける栗樹年々枯死し建築用として寸材を求むべからざる上大小豆、麥、粟、稗、瓜、茄子等の野菜類も雄粉雌粉の交孕能力を防遏せられ、又土壌の如きも著しく酸性を帯び植物堆肥の缺乏と相俟つて粘着力を失し作土は降雨毎に流失して畑地に殘るは只

▽累々たる石塊 のみと云ふ慘狀を呈し盛夏既に凋落たる秋日の如き感あらしめたるに及んで遂に然物議を生じ被害民は調書を作成して同鑛山に損害賠償を為さしむべく數十回の交渉を重ねしも名を調査に藉りて賠償の要求に應せず船津町長を介して郡長に知事に歎願するも何等官憲として神岡鑛山に交渉を為す

▽偶々知事郡長 の巡視あるも鑛山官舎に宿舎を取り知事の如きは未だ曾て船津町旅舎に宿泊せしを聞かざる狀態、上官にして斯の如くんば下級官吏の態度推して知るべきのみ被害民は只徒らに涙を呑んで荒蕪せる畑圃に痩軀を鞭撻し

▽肥料と勞力の 限りを盡して僅かに望むべからざる僥倖を欲するの有様を呈するに至りぬ、次で歐洲時局の影響により專ら火製煉を為すに至りたるより従つて毒素たる砒素、亞砒酸の散布甚しく牛馬の如き飼食獸は草の表面に前記の如き毒素の附着し居るを食する結果として

▽口内腐爛して 胃腸を害し剰さへ毛色光澤を失して脱毛するのみに止まらず遂にけ羸痩して斃死相次ぎ又家禽の如きも鶏冠暗灰色となりて萎縮倒斃する等實に名狀すべからざる狀態を現出するに至れるより此處に於て船津町民は斷然起て

▽烟毒豫防調査 會なるものを組織して第一、火製煉を廢せしむべき事第二、夏蠶不作の損害を賠償せしむる事の二項を決議し町民連署捺印の上委員長に大坪組長氏副委員長に千葉初太郎、水谷福平の兩氏を推薦して鑛山と交渉の結果後者夏蠶の項のみは一町一村の被害額三萬五千圓の要求に應せしめ各被害者に分配せしめたるが火製煉の撤廢に關しては

▽之れに應ぜず 殊に精鑛、精錬、營繕倉庫各科の就業夫數百名の内半數は船津町住民にして先に前二項に對し賛成捺印せしものゝみなれば鑛山役員は事毎に彼等を脅迫し若し消印せざれば解雇すべし等と横暴の限りを盡すに至りたるもの

▽工夫も色を失ひ 本月二日同町洞雲寺に集合種々協議の結果決議書を作成したるが其の要點は「山田事務長は煙害の一たる亞硫酸瓦斯は會社の經濟上之を防遏する能はずと云ふにあるも斯くの如くにして經過せんか今後七年或は十年後には歴史ある船津町は白河原となるや必せり故に我等は第一、荒廢せる郷土の

▽山河を見るに 忍びず第二、神社佛閣の壊滅を恐る第三、家祖の墳墓の荒廢するを看過するは子孫として忍びざる處以上の四大理由により強固なる決心を以て鑛山に反對の決議を為し全部一致の歩調を採り若し一名たりとも解雇するが如き事あらせば

▽結束して休業 する事に決議し其旨幹部に申出でたるが熱烈火の如き彼等の擧措に大いに意を強うしたる船津町民は飽く迄所期の目的たる火製煉の撤廢に就き鑛山に肉薄する筈なりと。同

▽去る五日正午 より同町千鳥座に一町三ヶ村有志者の右鑛毒問題に對する演説及び協議會を開會したるが非常の熱度なりしといふ

1917（大正6）年8月8日付け『岐阜日日新聞』

神岡の毒煙縣内騷擾

賠償金要求の騒ぎと雖も鑛毒あるは事實也

岐阜縣飛驒國神岡鑛山精錬所より發生する煙毒の爲め本縣上新川郡下夕村南部一帶の山林田畑の被害尠少ならざる趣を以て同村長より郡縣へ實地調査方上申せしに付志摩本縣農事試驗場技長は本月十三四の兩日德永技手と同道同方面の實地踏査せし結果に就き語る所によれば

▼發生瓦斯 は主として亞硫酸瓦斯らしく發生地は二里半許りの南方に位するも神通峽谷を辿りて稀薄ながら吹き來るより見る所、杉、栗の立樹は著しく被害あるものの如く各梢の尖頭は二寸程の所にて一旦枯れ其末端五分許りより新芽を發したるもの多きは**慥に煙毒の爲**と信ず、就中栗の如きは被害著るしく田畑に栽培せる水稻、陸稻、里芋甘藷、粟、稗、大豆類の被害は先づ皆無也又桑葉には被害無からんも煙毒に觸れたる桑葉を喰はしめたる蠶兒は多く斃死するを常とするものことなれば其の害毒の恐るべきは察するに餘れり、同村地方一帶山林は多くは杉なるが遠望すれば淡褐色を呈し居れるは煙毒の爲めなりとするは大体に於て不可なし、抑も

▼同鑛山は 銅、鉛を精錬する由なるが同鑛山より産出する鑛石のみならば煙毒左程にあらざる趣あれど時局後支那、南洋地方よりの鑛石を同所にて精錬するに到りしより鑛山附近の各部落即ち土村迄の山林田畑に對し現に**貳万七千圓の賠償金**を支出し居れるも其以北には何等の賠償を爲さざるより坂下村字中山方面にては盛に其請求を迫るも今に果さざる由にて同地方の物議一方ならざるを耳にしたる下夕村地方も共に雷同せし嫌あれど煙毒の被害あるは爭ふべくもあらず尤も過般船津町方面の蠶兒斃死の起りて物議囂々たりしより他より輸入の鑛石精錬を中止し自鑛山産のもののみの精錬に止め居れる爲め頃日は被害甚大ならずと聞込たり

▼右の如く 山林、蔬菜の被害を認めたる以上本縣にては林業、蠶糸關係技術者の調査を要求し其の影響程度を嚴密調査研究を爲し被害の程度に依ては相當賠償を要求するは苦しからざると共に地方農民が騷ぎ立ち針小棒大的に強請がましき事なき様大に警戒するの要あり云々

1917（大正6）年9月18日付け『北陸タイムス』

阿曽布村　田畑及養蚕被害減収歩合表

	大正四年		大正五年			大正六年
	田	畑	田	畑	繭	繭
一等	一割二分	二割	二割五分	五割	三割	三割五分
二等	一割	一割八分	二割一分	四割五分	二割六分	三割
三等	八分	一割六分	一割七分	四割	二割二分	二割二分
四等	六分	一割四分	一割三分	参割	一割八分	二割

備考　一、果実ハ栗ヲ除ク外各年ノ畑ノ減収歩合ヲ標準トス

出所：神岡町『神岡町史　史料編　近代・現代I』二〇〇四

正六）年には村に阿曽布村鉱毒調査委員会がつくられた。委員会では村内の鉱毒被害調査を行うとともに、船津町・袖川村・上宝村と一緒に高原郷土擁護同盟会を組織し、次のような決議書を出した。①神岡鉱山に対し速やかに鉱煙除外の設備を請求すること、②被害物件はこれを調査し、神岡鉱山に賠償を要求すること、③除外の設備ができなければ、火製錬場の撤廃を要求すること、④要求に応じない場合は、貴衆両議院（マ マ）へ請願書を提出し、上京して意見を述べること、などであった。[15]

このような決議書が出されたのは、砒素や亜砒酸などが含まれる鉱塵と亜硫酸ガスによる煙害によって被害が続出したからである。

『神岡町史』に年不詳として掲載されている一通の「鉱毒防止に関する宣言・決議」がある。おそらく第一次世界大戦の頃の宣言・決議ではないかと推測するが、「麻生野（あそや）区・鈴木睦好家蔵」となっているから、煙毒の激しかった阿曽布村からの鉱毒防止への切々たる訴えであろう。

宣言

夫レ郷土ヲ愛スルノ心ハ、即チ国家ヲ愛スルノ心ナリ、郷土ノ隆盛ヲ庶幾フハ、即チ国家ノ富強ヲ庶幾フ所以なナリ、若シ夫レ郷土疲弊荒廃ニ帰センカ、国家ノ不幸亦大ナリト謂フヘシ、サレバ吾人ハ夙夜我郷土ノ福利増進ヲ念トシ、同胞ノ幸福安泰ヲ庶幾ハザルナシ、然ルニ不幸、今ヤ神岡鉱山ノ鉱毒ハ劇甚ヲ極メ、人畜ノ健康ヲ脅カシ、農作物ヲ害シ、山野ヲ荒廃ス、則チ我郷土ハ将ニ危急存亡ノ分水嶺ニ立テリ、死活ハ殆ト目睫ノ間ニ迫レルカ如シ、故ニ吾人同胞ハ一刻ノ猶予ヲ俟タズ一斎ニ起タザルベカラス、起ッテ己ガ死地ヲ脱セザルヘカラス、祖先ノ墳墓ノ地

ヲ守ラサルヘカラズ、郷土ヲ擁護支持セザルヘカラサランヤ、之レ国家奉公ノ務ニシテ、同時ニ吾人当然ノ権利ナレバナリ[16]

この宣言は、まさに富国強兵・殖産興業の国策に邁進する国家への、神岡鉱山の地元住民からの必死の願いである。農作物だけでなく、すでに人畜の健康を脅かしているとの文言も見受けられる。祖先から続くこの地を守ることこそ、国家への奉公であり、人間としての生きる権利であると毅然（きぜん）と主張している。まさに、「国家とは何か」を厳しく問う言葉である。このように、大正期は神岡鉱山の繁栄の影で、地元神岡（当時は船津町・阿曽布村・袖川村）において、歴史上最も激しい鉱害反対運動が広がった時期といえる[17]。

これに対し、富山県側では、一九二〇（大正九）年二月に上新川郡農会が、東園基光（ひがしそのもとみつ）県知事と農商務大臣に鉱毒から田畑を守るための施設設置を求める建議書を提出した。その内容は「上新川郡における田地一万町歩（約一万ヘクタール）のうち、神通川の水源によって灌漑しているのは大沢野村・大久保町・新保（しんぼ）村の三町村一三七四町歩（約一三七四ヘクタール）である。灌漑区域の用水とともに土砂が流入する田地は、鉱毒のため稲は発育に変調を来して登熟（とうじゅく）（引用者注：穀物の種子が次第に発育・肥大すること）しない。このような状況は国家の農政問題として重大であり、鉱山経営者が適切な鉱毒除害施設を作るよう、またその施設の調査をするよう建議する[18]」ものであった。さらにこの年の一二月、富山県議会も富山県知事あてに次のような建議書を提出した。

神通川上流岐阜県ニ於ケル神岡鉱山ノ事業経営後年ヲ逐フテ土砂ト共ニ鉱毒ハ流下シ為メニ附近農作物ノ損害ヲ被ルコト甚シ依テ県当局ニ於テ速ニ被害防禦ノ策ヲ講セラレン事ヲ望ム

右本会ノ決議ニ依リ建議候也[19]

このようにみてくると、大正期の鉱害反対運動は農民も漁民もなく、また神岡をはじめとする岐阜県側も神通川流域の富山県側もなく、被害住民は行政にも激しいゆさぶりをかけたことがわかる。

参考までに、一九三八（昭和一三）年発行された『神通川用水合口事業誌』に引用された富山県上新川郡新保村報にある「神通川鉱毒防止期同盟会視察記」の一節を転載する。

神通川流域ノ沃野ハ其堆積デ開ケタ事ハ言フ迄モナイ事デアル。

然ルニ明治十五年神岡鉱山ガ開ケ其ノ精錬ニヨリ排泄スル毒砂ヲ神通川ニ棄ツルニ至ツテ以来平水時スラ水口ニ流入スル毒砂ノ為メ稲の発育ノ害スル事夥シク其ノ一部ハ収穫皆無トナルノデアル。[20]

この「神通川鉱毒防止期同盟会視察記」に関し、『イタイイタイ病裁判　第一巻　主張』には大正時代の初め頃、新保村に住んでいた人に神通川の当時の様子を聞いた証言が記録されているので、大沢野町住民、高見庄作（六八歳、農業）の証言を紹介しておきたい。

証人が大正五～六年頃、川へさかなを取りに行き始めた頃、神通川というのはきれいな川だったでしょうか。

その頃でも水は少し濁っていました。

どういうふうに濁っているのですか。

米のとぎ汁のように白く濁っていました。

さかなはその頃は死滅するということはなかったのですか。

たまたま（引用者注：時々）やっぱり死滅しました。

それでその当時その川のさかなが死ぬというのは、どうして死ぬのだというようなことになっていた訳ですか。

一般にこれは三井の鉱毒で死ぬのだと言っていました。

大正の初期からそういう風に言われていた訳ですか。

はい、そうです。[21]

神岡鉱山から排出されたカドミウム等の重金属類を含んだ鉱毒は、高原川・神通川を流れ、河川から流域一帯の水田に沈澱堆積、魚類から農作物などを汚染、住民の身体に深く侵入していた。

イタイイタイ病訴訟第一次原告となった泉きよが、一九一八（大正七）年、婦中町下轡田（しもくつわだ）の泉家に嫁いだ時に見た異変はすでに「痛い、痛い」と言って泣き叫ぶ姑のヌイの姿だった。[22] きよ自身は一八九九（明治三二）年、同じ婦中町の下井沢（しもいざわ）生まれで、夫・保則と結婚した時は二〇歳だった。ヌイが病状を訴えた一九一六（大正五）年〜一九一七（大正六）年頃はこれまで述べてきたように神岡鉱山の急膨張期で、特に亜鉛の相次ぐ生産で神通川の鉱毒が人間の身体に深く染み込んでいた時期だった。泉家の耕作水田は二町（二ヘクタール）ほどであったが、灌漑用水は合口用水から取り入れた神通川の水であり、きよは田んぼに出た際にはこの水をたびたび飲んだ。[23] やがて三〇代から足が痛み始め、そのうちに腰・肩・股関節も痛み、ついには裁判の原告となる一九六八（昭和四三）年から萩野病院に通院することになった。このような例は当時、神通川流域の多くの女性に見られた。まさにイタイイタイ病の〝歴史的揺籃期〟がこの頃だった。

足尾鉱毒事件では「銅は国家なり」と、政府は農民の鉱毒反対闘争を厳しく弾圧した。一方で、高原川から神通川の流域住民を黙殺しようとした大正期の神岡鉱毒事件こそ「亜鉛も国家なり」と記憶されていいのではないだろうか。

第一次世界大戦は一九一八（大正七）年に終戦となる。やがて好景気の絶頂から一転、日本経済は反動的不況時代を迎え、休業する鉱山も出てきた。神岡鉱山でもこうした恐慌ともいえる事態に対応するために生産の合理化に着手した。生産合理化には大きく分けて二つの対策が取られた。その第一は生産の量産化であり、第二は人員の合理化である。生産の量産化には各坑において手掘りに代わり本格的に削岩機が使用された。また、選鉱においては、長年続けられてきた比重選鉱法は、鉛と亜鉛の選鉱が不十分で採取率が悪かったために浮遊選鉱法が導入された。この方法は、粉砕した鉱石を、油や起泡剤を加えた水に入れてかきまぜ、ぬれにくい鉱物粒子を気泡に付着させて分離・回収する方法で、廃物の節約が可能になっていった。ただ、こうした新技術導入の目的はあくまで生産の合理化にあり、高原川・神通川流域の漁民・農民からの鉱毒反対闘争に応えるための鉱毒防止につながらなかった。神通川流域カドミウム被害団体連絡協議会委託研究班の報告を引用する。

採鉱過程においては、原鉱品位が低下し、より一層の採鉱量の増大を要請したが、大戦後賃金が上昇し、手掘りの有効性が喪失したため、一九二四年頃以降、切羽（引用者注：掘削が行われている現場）へ削岩機が全面的に導入され、採鉱夫は一九一七年の七二四人が一九二七年には二五六人へと激減した。その結果、採鉱夫一人当たりの採鉱量が著増し、神岡鉱山全体の採鉱量は、一九二九年には一八年に比べて約二・五倍増加した。他面、削岩機の全面的採用は、一方では一層原鉱品位を低下させ、それゆえ一層の選鉱技術の発展を要請し、他方では手掘りを基礎にして成立していた飯場制度と友子同盟（鉱山労働者の相互扶助組織）を解体する要因となった。こうして、削岩機の全面的導入によって、坑内水・廃石とも増大し廃石の一部も細粒化し流出しやすくなったが、それらに対し三井は全く対策を講じなかった。

選鉱過程においては、削岩機の全面的採用の前後より生じた粗鉱品位の急減とともに、実収率も六〇%台を低迷するに至った。そのため一層の微細鉱石を選鉱する技術開発の必要性が増大し、一九二六年全泥優先浮選法に成功し、翌年から同法を採用した。全泥優先浮選法は実収率を大きく増大させた（中略）。しかし、選鉱廃滓の増大、さらには同法採用による廃滓中の金属の細粒化にもかかわらず三井は何ら対策を講じなかったために被害が拡大していった。[24]

三井にとって稼ぎのピークを作った大正期の神岡鉱山、これに対し、農民も漁民もさらに発生源の労働者までもが訴えた鉱害防止に鉱山経営者は本格的に立ち向かうことはしなかった。その時々の住民の苦情や抗議には補償金や賠償金、あるいは寄付という形で対応し、具体的解決を取らなかった。大正期のこうした対応をまとめた賠償金・見舞金支払一覧の資料を掲載しておく。

この記録を見ると、時により行政が被害を受けた農漁民と会社側の裁定を行ったことがわかる。いずれにしても三井は、わずかな補償金や見舞金などで紛争を抑えてきたのである。

賠償金・見舞金支払一覧（1917〜1944年）

支払年	補償金額		町村名	備考
	農林関係	漁業関係		
1917（大正6）	45,658円		船津町、阿曽布村	岐阜県吉城郡長、船津町長の裁定による。
1918（大正7）	53,659		船津町、阿曽布村、袖川村、上宝村	三井の査定額により示談、見舞金1,285円を含む。
〃	1,450		富山県下夕村	富山県庁の裁定による。被害民の要求額は、15,319円。
1919（大正8）	500		富山県細入村	富山県庁の裁定による。
1920（大正9）		500		人工ふ化場設置費。要求額毎年150円。
1922（大正11）	600		阿曽布村下之本	農業用水路設置費500円。農業改良奨励金100円。要求額250円。
1923（大正12）	1,000		船津町東茂住	
1925（大正14）	1,870			見舞金1,670円、奨励金200円。損害額2,800余円。

出所：神通川流域カドミウム被害団体連絡協議会委託研究班『イタイイタイ病裁判後の神岡鉱山における発生源対策』 1978

引用文献

［1］J・B・コーヘン、大内兵衛訳『戦時戦後の日本経済』上、岩波書店、一九五〇
［2］三井金属鉱業株式会社修史委員会『続神岡鉱山史草稿その二』一九七三
［3］三井金属鉱業株式会社修史委員会『続神岡鉱山史草稿その二』一九七三
［4］山田久次郎「明治・大正・昭和（一一年まで）時代の亜鉛鉱輸出入貿易の実況」『三井金属修史論叢』第五号、三井金属鉱業株式会社修史委員会、一九七一
［5］三井金属神岡鉱業所「かみおか」一九六〇（昭和三五）年一月一日発行
［6］松波淳一『私のイタイイタイ病ノート』（覆刻版）、一九六九年発行、二〇一八年覆刻
［7］イタイイタイ病弁護団編『イタイイタイ病裁判 第一巻 主張』総合図書、一九七一
［8］神岡地区労働組合協議会『神岡地区労史（鉱山の町に働く者の活動記録）』二〇〇三
［9］一九一七（大正六）年六月三〇日付け『東京朝日新聞』
［10］一九一六（大正五）年一一月一日付け『北陸タイムス』
［11］一九一六（大正五）年一一月二四日付け『北陸タイムス』
［12］一九一七（大正六）年八月七日付け『富山日報』
［13］一九一七（大正六）年八月八日付け『岐阜日日新聞』
［14］一九一七（大正六）年九月一八日付け『北陸タイムス』
［15］神岡町『神岡町史　史料編　近代・現代Ⅰ』二〇〇四
［16］神岡町『神岡町史　史料編　近代・現代Ⅰ』二〇〇四
［17］向井嘉之『イタイイタイ病と戦争　戦後七五年 忘れてはならないこと』能登印刷出版部、二〇二〇
［18］大沢野町史編纂委員会『大沢野町史』大沢野町、二〇〇五
［19］婦中町史編纂委員会『婦中町史　資料編』婦中町、一九九七

［20］富山県耕地課編『神通川用水合口事業誌』富山県、一九三八（昭和一三）年一二月一日発行
［21］イタイイタイ病訴訟弁護団『イタイイタイ病裁判　第一巻　主張』総合図書、一九七一
［22］一九四二（昭和四七）年八月一〇日付け『富山新聞』
［23］イタイイタイ病訴訟弁護団『イタイイタイ病裁判　第一巻　主張』総合図書、一九七一
［24］神通川流域カドミウム被害団体連絡協議会委託研究班『イタイイタイ病裁判後の神岡鉱山における発生源対策』一九七八

参考文献

1、向井嘉之『イタイイタイ病と戦争　戦後七五年 忘れてはならないこと』能登印刷出版部、二〇二〇
2、神岡浪子『日本の公害史』世界書院、一九八七
3、山下潔「イタイイタイ病判決と清流の神通川」『前衛』二〇一八年一〇月号、日本共産党中央委員会
4、飛騨市教育委員会『神岡町史　通史編Ⅰ』二〇〇九
5、イタイイタイ病訴訟弁護団『イタイイタイ病裁判　第一巻　主張』総合図書、一九七一
6、坂本雅子『財閥と帝国主義』ミネルヴァ書房、二〇〇三

その二　鉱毒増産　日本の生死がかかってるんだ

社会情勢は、一九二七（昭和二）年の金融恐慌、一九二九（昭和四）年のニューヨーク株式市場の暴落に大きく動揺しはじめた。不況下にある当時の日本は、経済のみならず政治体制もきしみはじめ、一九三一（昭和六）年、当時の満州（現在の中国東北地方）では柳条湖（りゅうじょうこ）事件が発生、南満州一帯で日本の関東軍が軍事行動を開始した。満州事変以後の関東軍は、瞬（また）く間に満州を軍事的支配下においた。

この満州事変とほぼ同じ時期に起こったのが三井をはじめとするいわゆる「ドル買い」事件だった。当時、世界の主要な資本主義国は第一次世界大戦で体制が崩れた金本位制への復帰が完了し、国際金本位体制が再建されていた。「金本位制度」というのは通貨（紙幣）と正貨（金）の兌換（だかん）（引き換え）を自由にすること、つまり紙幣を日本銀行に持っていけば、相当する金貨と交換してくれる制度で、金を基準にして各国通貨の交換レートを固定することが、国際貿易の拡大と国内経済の安定した発展に重要だと当時は考えられていた。

ところが、一九三一（昭和六）年九月にイギリスが金本位制を停止、このため、「ポンド（引用者注：イギリスの通貨）の低落が生じ、イギリスに在る資金を一時固定せざるを得なくなり、その補充としてドル資金の用意をせねばならなくなったのである。（中略）満州事変の勃発とイギリスの金本位制停止とが重なって、日本の金本位制度にも不安が高まり、ドルに向かっての資本逃避も生まれてくることになった」[1]。三井銀行はイギリスにポンド資金を多く持っていたため、自衛措置としてドルの買い入れに走った。「三井はドル買いで巨額の利益をあげた」として、世間の厳しい糾弾を浴びたのだった。

当時『朝日新聞』に細田民樹の小説「真理の春」が連載されており、この小説は「ドル買い」事件の三井銀行の責任者・池田成彬のモデル化ともいわれた。池田の抗議によりこの連載は中止になった。

そして一九三二（昭和七）年三月五日白昼、当時の三井財閥の総帥で三井合名会社理事長の団琢磨が、三井本館脇で射殺された。団琢磨が暗殺対象になったのは、前述の三井財閥ドル買い投機で利益をあげていたことなどが遠因ではないかともいわれる。

本章その一、で述べたが、鉱毒による煙害で神岡地区住民の抗議行動が激化した折、神岡鉱山の亜鉛を三池（九州・大牟田）で製錬するという三井の亜鉛製錬を実現したのは、この人、団琢磨であった。『男爵団琢磨伝 上』には、次のような記述がある。

書籍化された細田民樹『真理の春』
中央公論社、1930

神岡鉱山は始めは銀鉱として立ち次で鉛鉱となったが、銀鉛を採収するに妨害なりし亜鉛鉱石が独逸（引用者注：ドイツ）に輸出され、それが精錬（ママ）せられて我国に輸入さるる状態を見て、君（引

> 用者注：団琢磨のこと）は自ら有する鉱石を自ら精錬せんことを志し、（中略）明治四三年の洋行の際、墺太利（引用者注：オーストリア）の亜鉛工場を自ら視察し、三井鉱山の技師西村小次郎を欧州に遣し、亜鉛精錬の研究を為さしめ、（中略）種々研究の結果、石炭産地たる三池に亜鉛製錬所を置き、電気精錬によらず、乾式精錬によることとなった[2]。

団琢磨（1929・昭和４年　紀元節に撮影）
出所：『男爵団琢磨伝　上』故団男爵伝記編纂委員会、1938

実は団琢磨射殺事件の前月、二月には前大蔵大臣で民政党幹事長だった井上準之助が暗殺された。こうした事件は血盟団（けつめいだん）と名乗るテロリストによる犯行とみられた。

さらにこの年、一九三二（昭和七）年五月には、武装した海軍の将校たちが総理大臣官邸に乱入し、内閣総理大臣・犬養毅（いぬかいつよし）を殺害した。五・一五事件である。

そして一九三六（昭和一一）年二月、陸軍青年将校らによるクーデター未遂事件、二・二六事件が発生する。岡田啓介内閣の政府首脳・重臣らへの襲撃事件であった。岡田首相は難を免れたが、岡田首相の秘書や高橋是清（これきよ）大蔵大臣、斎藤実内大臣らが殺害された。二・二六事件を契機とするかのように、わが国の政治・経済体制は戦争体制に移っていく。

このように動揺する社会情勢の中で、失業者の増大や農村の窮乏という不安な時代が進んだ。神岡鉱山とこの時代の関係を考える時、国内の社会情勢は、やはり中国大陸における日本の拡大政策推進と無縁ではない。すなわち一九三一（昭和六）年の満州事変から日本は、事変と戦争を繰り返し、一九三二（昭和七）年、関東軍による傀儡（かいらい）政権「満州国」を樹立、「満州国」は日本の戦時体制に組み込まれていく。同時に神岡鉱山をはじめ、三井財閥全体が中国大陸での軍需物資補給の最前線に立っていくことになった。

ところで、第一次世界大戦期に神岡鉱山好況の裏返しとして激化した鉱毒被害の記録は、その後、一九三〇（昭和五）年頃まで富山県側について見つけることができなかった。これは「選鉱原鉱量および廃物化亜鉛量の推移」の図に示した昭和初期の廃物化亜鉛量の減少によるものかもしれないが、しばらくは小康状態を保っていた。

一九二九（昭和四）年の大恐慌で一旦は、鉛・亜鉛の生産が急減した神岡鉱山だったが、一九三一（昭和六）の満州事変後は逆に増産体制が組まれていくことになる。この年一九三一（昭和六）年、神岡鉱山の会社側は昭和恐慌のあとの合理化を強行し、従業員の二分の一、職員の三分の二の大量首切りを実行した。

人員の大量解雇という合理化を進めながら、増産に対応していくという矛盾に加えて、神岡鉱山では、あらたな選鉱方法として一九二八（昭和三）年、微細化した鉱粒を処理できる優先浮遊（ゆうせんふゆう）選鉱法が実用化された。確かにこの新技術導入で鉱物の有効利用には大きく貢献したが、選鉱廃滓の増大やこの方法をとることによって生じる微粉精鉱処理は鉱煙の微粒化をもたらしたため、こうした微粒化に対応する除去設備が必要になった。しかし、三井はこれを節約したため、鉱毒被害が激増しはじめた。いくつかの河川の汚濁例を記録に従ってあげてみる。

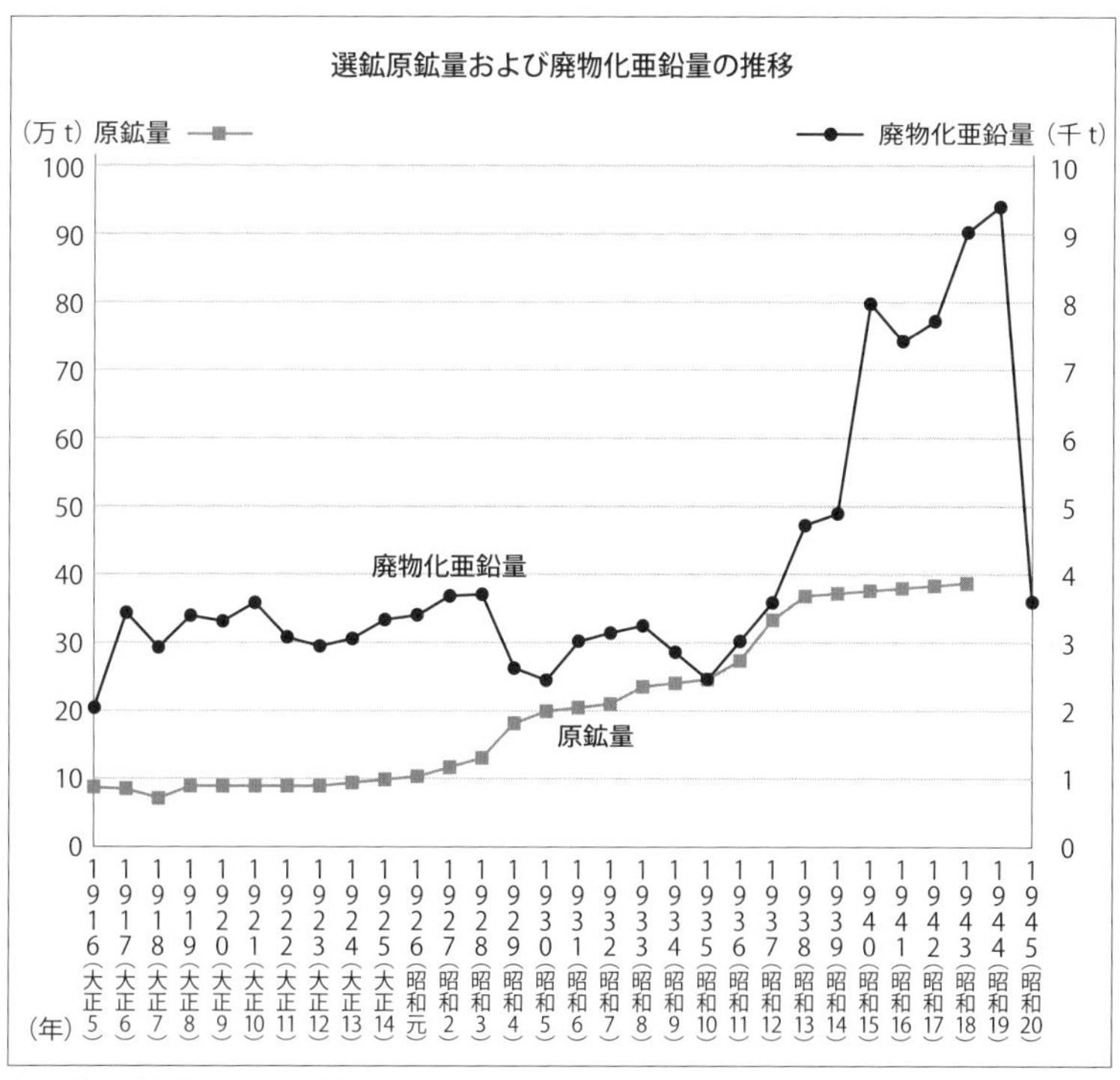

出所：神通川流域カドミウム被害団体連絡協議会委託研究班『イタイイタイ病裁判後の神岡鉱山における発生源対策』 1978

大量解雇の実数と減少率

	労働者	職員数	合　計
1924(大正13)年	1,884	273	2,157
1931(昭和 6)年	848	88	936
減少率(%)	45.0	33.2	45.4

出所：神岡地区労働組合協議会『神岡地区労史(鉱山の町に働く者の活動記録)』 2003

一、一九三二（昭和七）年三月、鉱山地元の吉城郡・大野郡水産会の金子伝次郎が鉱山監督局に「神岡鉱山の有害物の故意の投棄により一五〇〇名の会員すこぶる救恤におちいる」[3]として鉱毒放流防止について申請を行った。

二、同年一二月には富山県水産会長から、翌年三月には、富山・上新川・婦負の三水産会長から鉱山廃滓毒防止設備拡張改善の件として「神岡鉱山から廃棄された鉱滓・毒汁の為、下流の水質が極度に汚濁して魚類の繁殖率が大減退し、神通川流域の漁労者二八〇〇名が損害を蒙っているので根本的防除設備をせよ」[4]と要請した。

三、一九三三（昭和八）年四月一五日、鉱害防止期成同盟会長・富山県杉原村長他が抗議し、「廃滓沈澱池の板製のセキをコンクリート改造せよ」と要求した。また、同年五月には富山県水産課技手・水産副会長が訪れ「板ゼキを夜取り外して廃滓を放流している」と抗議した。同年五月、富山県庁は神岡の責任者を呼び出して事情を聴取した。同年八月、鉱山は高原川筋漁業組合へ一〇〇円寄付をする。同年九月、鉱害防止期成同盟会長・杉原村長他が現場を視察した。[5]

四、一九三四（昭和九）年一月、富山県宮川村役場が鉱毒流下の抗議をした。同年七月、漁獲量極めて少なく、水産業者は鉱毒が原因とし、船津町長から鉱山に注意した。同年一〇月、岐阜県庁から視察がある。同年一一月、鉱山の傍系会社である神岡水力電気事務所長から「鉱山において夜間故意の鉱砂放流のため（発電）機械の破損はなはだしい」との苦情があった。[6]

一九三二（昭和七）年から三年間の記録をあげただけでも、毎年のように苦情や抗議が三井に対して続いている。新聞による鉱毒記事も次々と登場するが、参考までに一九三二（昭和七）年のいくつかの記事を拾ってみる。

四月八日付け『北陸タイムス』には「神岡鉱山の鉱毒流出　近年殊におおくなる」との見出しで、農漁業被害の拡大について各自治体の長がこぞって知事に陳情しているし、五月一日付け『富山日報』には、灌漑用水や飲料水に被害を蒙っているため、近く水質検査をして直接、神岡鉱山へその害毒を示したいとの記事もある。同じ『富山日報』は、六月一七日付けの紙面で、「神通川の鮎を毒し水田に大被害の鉱毒」との記事を掲載、すでに神通川下流の両岸住民と水産会が提携して「神通川鉱毒防止期成同盟会」を組織して、現場調査に向かうことを伝えている。

このあと、九月四日付け『富山日報』には、「岐阜県吉城郡の山林も枯れ、高原川には鮎も岩魚も棲息しなくなった。この上は、岐阜県も富山県側に合流して本格的な猛運動を展開することを決定した」との記事がある。

一九三一（昭和六）年、三井は鹿間谷に廃滓堆積場、さらに増谷堆積場を建設したが、岐阜県・富山県の農漁民による鉱毒への激しい抗議活動にもかかわらず、鉱害防止投資を節約、急激な増産体制の中で廃滓は河川へ放出された。次の表（一〇四頁）は船津町・阿曽布村・袖川村といったいわば神岡鉱山の地元への対応だが、目前の一時的な見舞金や寄付でその場を切り抜けていた。

満州事変勃発をきっかけに、いわば軍需インフレの様相を呈していた日本経済にあって、一九三

神岡鑛山の鑛毒流出

近年殊に多くなる

農業、漁業上影響甚大

本縣關係町村長知事へ陳情

岐阜縣吉城郡神岡鑛山三井鑛業所より流出する鑛毒は近年ますく多くなりために隣接する富山縣婦負郡附近一帯にわたつて農作物漁業上に及ぼす被害が甚大なるものあり これがため同郡杉原、熊野、鵜坂、大澤野、大久保等の各町村長及び關係水利組合長水産組合關係者等十餘名が四日午後婦負郡宮川村[illegible]旅館において集合、對策協議の結果鈴木富山縣知事に對し 岐阜縣へ鑛害を流出せしめざる様嚴重交渉方陳情 することに決しその一切の方法は大澤野、大久保、新保各町村長に一任し午後四時散會した

1932（昭和7）年4月8日付け『北陸タイムス』

神通川の鑛毒

どの程度か水質檢査

縣衛生課技師一行近日調査

神通川上流高原川へ三井神岡鑛山が鑛毒を流下するため下流沿岸民が灌漑、飲料水に大なる被害を蒙り衛生上大問題であるとこし上新川、婦負兩沿川民は縣當局へ去る二十六日陳情書を出したのであるが、更に兩岸町村當局は三井鑛山側に直接その大害毒ある實況を示して不當處置の改變を迫ること丶し近日中に縣衛生試驗場技師數名をして神通川上流笹津附近の外四ヶ所で水質檢査を行ひ、この分拆表をつくり更に灌漑水が農作物を害する程度をも表とし內務、商工兩省へも陳情することにした

1932（昭和7）年5月1日付け『富山日報』

鑛毒問題

岐阜縣富山側に合流

いよく本格的猛運動

上流山林枯れ鮎も岩魚も居ない

神通川上流三井、神岡鑛山の不逞なる鑛毒放流問題は富山、上新川婦負の一市三郡被害三十數ケ市町村民の奮起により生命線を護る死活問題だけに硬化、既報の如く五日上京陳情する事になつたが

岐阜縣　吉城郡上寶村及び阿曾布村でも林産等に大損害を蒙り大損害を見てゐるので今日迄持久的軟弱な折衝で三井鑛山側の自覺を促してゐたけれ共、一向にその効果がないといふので三井、神岡鑛山に強硬に迫りつゝある富山縣側に合流して本格的猛運動をやる事と決定した、前記阿曾布、上寶兩村の山林は神岡鑛山の鑛毒から一部分全然不毛の地となり、更に

高原川　の岩魚、鮎等溯り又は棲息しなくなつたといふのであるが、神通川の鑛毒防止運動は岐阜、富山兩被害民の共同で重大化して來た

1932（昭和7）年9月4日付け『富山日報』

神通川の鮎を毒し

水田に大被害の鑛毒

三井神岡鑛山神通の水を汚し

下流農村水産會糾彈

神通川上流高原川へ三井神岡鑛山が多量の鑛毒を流下させ、殊に最近その弊が甚だしくなつたゝめ下流左右兩沿川民の灌漑水及び飲水漁業に大打撃を與へたので對策協議中の處、大澤野、新保、大久保杉原、熊野、宮川外六ケ町村では水産會と提携して神通川鑛毒流下防止期成同盟會の組織を了し、將來の活動資金等の捻出方法を整え『吾等の原始産業を護れ！』と生活權擁護の眞劍な活動を進めてゐるが、三井神岡鑛山側では今尚流水がおびたゞしい變色する迄に鑛毒を流し田植を終つたのみの田や解禁迫る名物鮎漁には甚大の被害あるものとあつて、代表町村長及び期成同盟會幹部二十數名は大擧し、近日中に現場調査に登る事とし、一方縣衛生試驗所に鑛毒含有流水を提示し、その分析を依頼するもこれを拒まれたので愈々硬化し、富山藥專校又は他縣衛生試驗場へ依頼し水質檢査をして生々しい毒流の状況を目前に示さねばならぬと輿論が沸騰してゐるが、期成同盟會では飽迄目的達成のほぞを固め注目されてゐると

1932（昭和7）年6月17日付け『富山日報』

一（昭和六）年に施行された「重要産業統制法」は、さらに三井をはじめとする財閥の支配力を強めることにつながった。すなわち、財閥による強力なカルテル組織を通じて生産制限を実施してきた産業部門では、物価の騰貴で、さらに利潤の増大に転じていた。

そして一九三七（昭和一二）年の盧溝橋事件勃発による日中戦争の開始、鉛・亜鉛の需要増大により神岡鉱山は軍需工場に指定された。船津町ではすでに一九三四（昭和九）年に「国防婦人会」が結成されていたが、神岡鉱山でも軍需工場に指定されたこの年に「国防婦人会」が発足した。翌一九三八（昭和一三）年、「国家総動員法」が公布され、日本全体の臨戦態勢が推し進められていった。

また、鉱業関係では、一九三八（昭和一三）年に「重要鉱産物増産法」が制定され、政府が重要鉱産物の増産を図るため、必要と認めた時には、鉱業権者に対し、その事業着手、あるいはその事業の継続を命じることができるようにした[7]。実は当時「アメリカ、カナダ、オーストラリア、ビルマなどからかなり低廉な原鉱・製品が輸入さ

賠償金・見舞金支払一覧（1927～1944年）

支払年	補償金額		町村名	備　考
	農林関係	漁業関係		
1927（昭和2）	2,250		船津町、阿曽布村、袖川村	救恤金、要求額の56%
1928（昭和3）	2,535			見舞金、要求額の51%
1930（昭和5）	6,392			320戸へ支払う。
1933（昭和8）		100		
1934（昭和9）		200		寄　付
1935（昭和10）		100		寄　付
1937（昭和12）		1,200		養魚開発援助のための寄付
1944（昭和19）	3,085			**見舞金**

出所：神通川流域カドミウム被害団体連絡協議会委託研究班『イタイイタイ病裁判後の神岡鉱山における発生源対策』 1978

れていたため、鉱山会社自体も鉛・亜鉛事業に本格的にとりくまず、神岡・細倉（引用者注：宮城県栗原市にあった、鉛・亜鉛・硫化鉄鉱を主に産出した三菱の鉱山）などの鉱山があるのみで、鉛・亜鉛の自給率は低く、戦争突入時においても、鉛は国産一割、輸入九割、亜鉛は輸入六割、国産四割であった。しかし、日中戦争の拡大によって、弾丸、蓄電池用としての軍需、化学工業用の鉛管、鉄板の軍需の増加、兵器類、その他、軍需用としての亜鉛合金、真鍮などの消費が拡大し、鉛・亜鉛が不足するにいたった」[8]とのことである。

こうした事態に対応するため、神岡鉱山では主要生産物である鉛・亜鉛の生産拡大が強行され、主として三井などの財閥に対する戦争遂行のための重工業化が、国の手厚い金融的・財政的保護・補助政策のもとに進められていった。参考までにこの当時の神岡鉱山における増産体制を簡単に述べておく（資料は、『イタイイタイ病裁判後の神岡鉱山における発生源対策』[9]、『神岡鉱山写真史』[10]）。

採鉱部門

一九三五（昭和一〇）年、第一次増産計画九五〇トン／日

一九三八（昭和一三）年、第二次の増産計画一四〇〇トン／日

一九三九（昭和一四）年、第三次増産計画二一〇〇トン／日

一九四〇（昭和一五）年、　戦時増産として第四次増産計画二八〇〇トン／日

選鉱部門

一九三六（昭和一一）年、第一次増産計画三五〇トン／日

一九三九（昭和一四）年、第二次増産計画二八〇〇トン／日

昭和時代（戦前）の神岡鉱山における鉛・亜鉛・銀の生産量を概観できるグラフを掲載するが、日中戦争時からの亜鉛の生産量増大が飛びぬけている。

採鉱、選鉱だけでなく、製錬部門でも生産の拡大が強行されていったが、これらの増産体制は、日中戦争から太平洋戦争開戦以降もさらに強化されていった。一九三一（昭和六）年の満州事変以降、太平洋戦争敗戦に至る一五年戦争下の戦時増産体制における最大の問題は、廃物の増大そのものにあったが、これはイタイイタイ病発生史のなかで特に検証すべき問題として後述したい。

実は二〇二二（令和四）年二月、太平洋戦争が始まる前の日中戦争下、神通川中流域の大沢野町で少年時代を送っていた追本武雄から筆者（金澤）に貴重な情報がもたらされた。早速、追本のご自宅まで出かけ少年時代の話を聞いた。

追本は一九三二（昭和七）年生まれだが、小学校五～六年生の頃、夏の暑い盛りに友人と神通川へ泳ぎに出かけたところ、川水が真っ白になり、白い泡があちこちに浮いているのに驚き、あわてて泳ぎを中止した。その後、三～四日過ぎて、再び神通川へ出かけたところ、今度は川底に沢山のアユが死んでいるのを見つけ、急いで身につけていた三角ふんどしにアユを詰められるだけ詰め小枝にひっかけて持ち帰ったという。当時は「神岡の鉱毒がながされてきたぞー」という話は聞いたが、全く気にしなかった。大沢野町はどちらかというと山手に近く、海の魚は簡単に手に入らないため、神通川のアユは大変なご馳走だった。

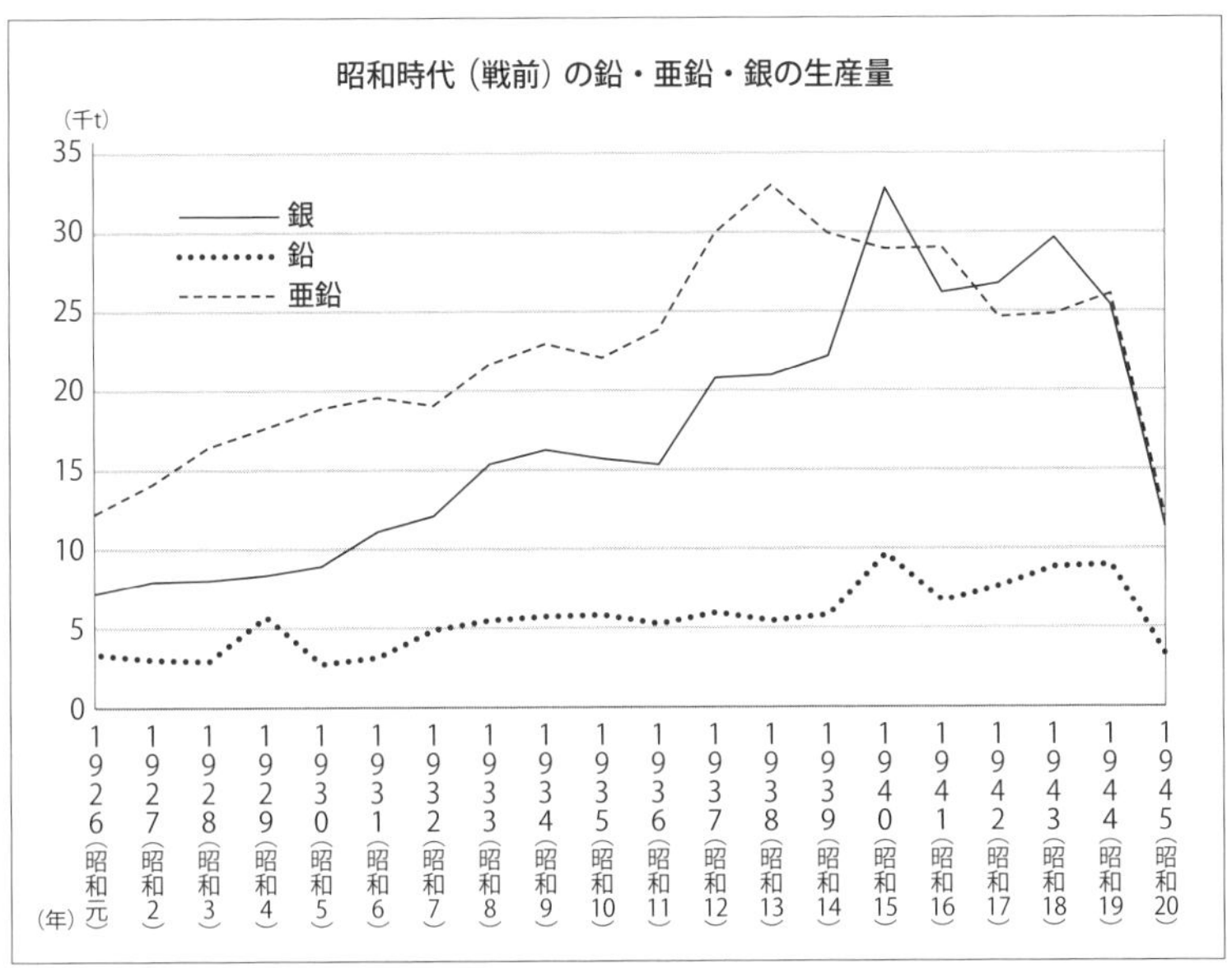

出所：飛騨市教育委員会『神岡町史　通史編Ⅰ』　飛騨市教育委員会、2009

追本武雄さん　　　2022年4月　金澤敏子撮影

掲載した挿絵は追本自身が当時の記憶を辿って描いたものだが、神岡鉱山の廃物の増大を象徴するような神通川のまっ白い流れの記憶が鮮明に残っていたようだ。

追本は残念ながら、その後、二〇二二（令和四）年七月に亡くなった。貴重な情報をいただいたことに感謝したい。

昭和10年代の神通川の記憶　　追本武雄さん挿絵

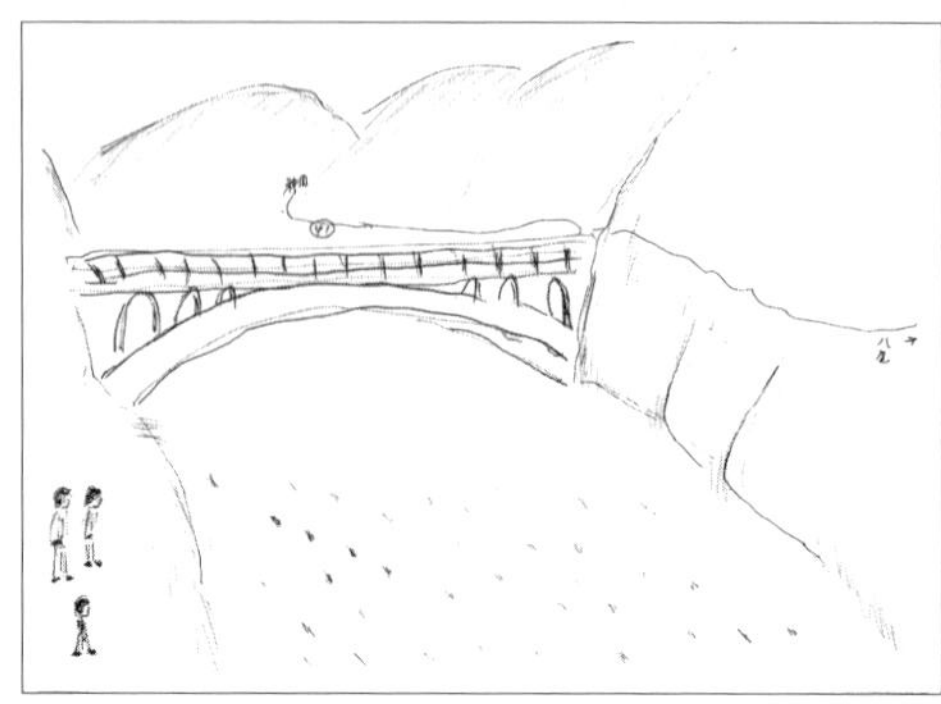

神通川に大量の白い泡が浮かぶ

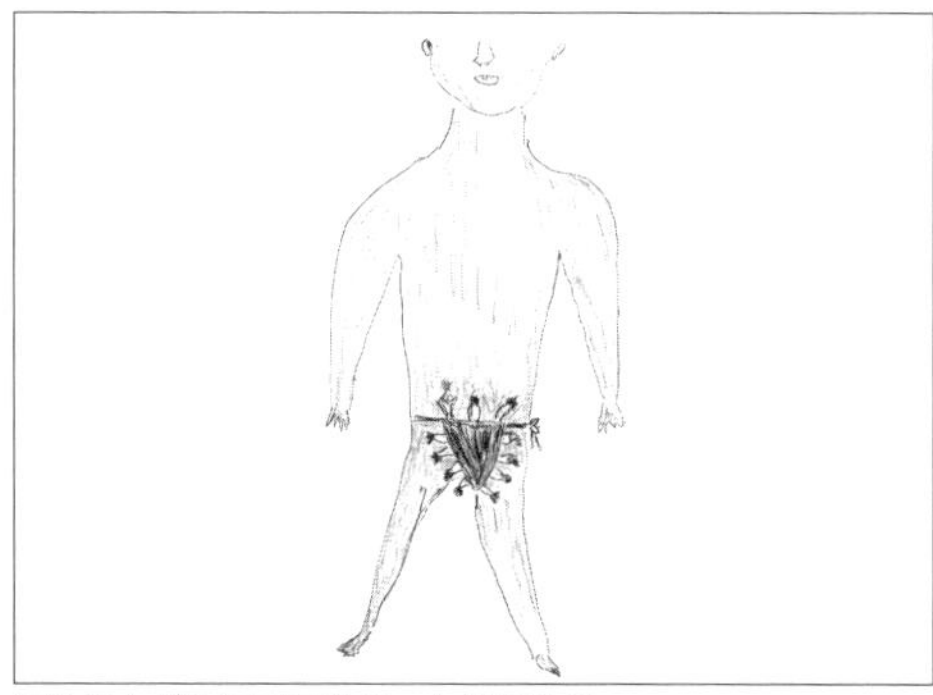

三角ふんどしにアユをぎっしり詰める

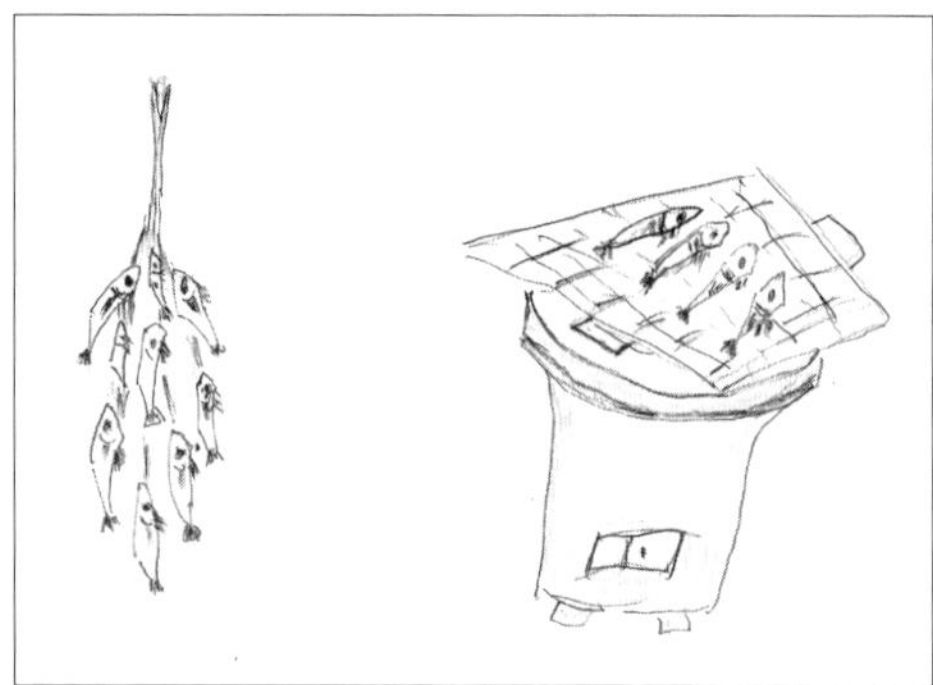

神通川のアユは大変なご馳走

神岡鉱山の主要生産物である鉛と亜鉛は、鉄とともに重化学工業にとっては欠かすことができないが、それだけに陸軍・海軍の兵器生産には必須であった。満州事変が起きた一九三一（昭和六）年から太平洋戦争開戦時の一九四一（昭和一六）年までの兵器生産額を表にしてみた。なんとこの間の兵器生産額は四四倍にも膨張していることに驚くのである。

一九四一（昭和一六）年一二月八日、太平洋戦争開戦、日本は当時、日中戦争を戦っていたが、同時に一九三九（昭和一四）年にヨーロッパで始まっていた第二次世界大戦に組み込まれるように太平洋戦争が始まった。ここでは第二次世界大戦という呼び方をせず、日中戦争に続く太平洋戦争という表現を使っていく。ただ、太平洋戦争開戦まで日本は中国との戦争を戦っていたので亜鉛の生産が急増していた。この頃神岡鉱山では亜鉛の生産が昭和の初めに比べると二倍に達していたが、それでも他の石油や金属資源も輸入が必要で、かなりの部分を国内だけでな

兵器生産額の推計　（単位：100万円）

年次	陸軍				海軍						総計
	兵器	航空機	計	（うち民間）	艦艇	（うち民間）	兵器	飛行機	計	（うち民間）	
1931（昭和６）	31.4	11.3	42.7	(21.8)	19.9	(13.3)	8.1	16.2	44.1	(35.8)	86.8
1932（昭和７）	57.2	16.9	74.1	(31.6)	228.2	(99.3)	13.6	22.4	264.2	(130.8)	338.3
1933（昭和８）	88.6	25.2	113.8	(38.6)	51.4	(8.6)	26.5	28.7	106.6	(51.6)	220.4
1934（昭和９）	114.8	35.3	150.0	(76.5)	46.5	(24.5)	38.9	33.5	118.9	(74.5)	263.9
1935（昭和10）	146.1	46.6	192.7	(120.3)	115.6	(33.0)	46.8	42.9	205.4	(93.0)	398.1
1936（昭和11）	172.8	60.5	233.2	(160.8)	34.5	(23.9)	61.4	56.0	151.9	(101.2)	385.2
1937（昭和12）	296.0	75.6	371.6	(195.6)	256.8	(132.2)	87.6	65.5	409.9	(230.7)	781.5
1938（昭和13）	748.0	151.2	899.2	(337.2)	141.0	(86.8)	121.5	143.3	405.8	(276.7)	1,305.0
1939（昭和14）	990.9	304.0	1294.9	(631.3)	175.8	(95.4)	181.7	150.7	508.2	(312.7)	1,803.1
1940（昭和15）	1362.1	347.4	1,709.8	(976.9)	362.2	(145.9)	293.7	214.7	870.6	(451.5)	2,580.4
1941（昭和16）	1,388.3	689.4	2,077.7	(1,342.5)	872.1	(366.2)	489.9	371.1	1,733.2	(924.3)	3,810.9

出所：利根川治夫「15年戦争下における鉱山公害問題」『国民生活研究』第17巻第4号、1978

く輸入にたよっていた。ところが太平洋戦争開戦により、日本は東南アジアにも侵攻し、アメリカ・イギリスなどとの開戦により、これまでの輸入が途絶状態になり戦時経済は大きく姿を変えることになった。

一五（一九四〇）年以降の亜鉛の需給は一変した。一四（一九三九）年には六万トンにも達していた輸入が、一五（一九四〇）年には二万一〇〇〇トンに急減し、一六（一九四一）年には六〇〇〇トンと事実上ゼロになってしまった。最大の輸入先であったアメリカ・カナダ・オーストラリアが禁輸したからである。これに対応するために国内亜鉛の増産が図られたが、従来の輸入分を補うことはとうていできず、亜鉛供給量は一四（一九三九）年の一一万八〇〇〇トンをピークにしてみるみるうちに急減し、対米・英開戦後は昭和八（一九三三）年の水準に戻ってしまった。それだけに最大の亜鉛鉱山である神岡鉱山への増産の期待は大きかったのである。[11]

このようにアメリカ・カナダをはじめ、ヨーロッパからの輸入の道が閉ざされた日本にとって鉛や亜鉛の神岡鉱山頼みが異常に高くなった。次の表は一九二六（昭和元）年から太平洋戦争終結までの神岡鉱山採鉱産出高を示したものだが、栃洞坑、茂住坑ともに、太平洋戦争直前の一九四〇（昭和一五）年から採鉱が急増している。例えば採鉱の要である栃洞坑では、一九四四（昭和一九）年が八八万四八九一トンまで達し、また茂住坑では一九四三（昭和一八）年に六万八六八〇トンと、それぞれ戦前・戦中最高の採鉱となっている。

このような増産に次ぐ増産に対応するにあたって当然のことながら最大の問題は労働力不足であった。働きざかりの鉱山労働者は次々と徴兵され生産に支障をきたす段階となっていた。「一九四一（昭和一六）年以降は、総動員法に基づく勅令として、徴用令（ちょうようれい）による勤労報国隊（きんろうほうこくたい）や女子挺身隊（ていしんたい）の応援で、一九四四（昭和一九）年三月現在の従業者は六四四五名（うち出征者八一二名）とふくれあがった。しかし、作業未熟の商人や老人・女子の作業員が多かったので一人当たりの生産はすこぶる低調であった」[12]とされるが、神岡鉱山は作業に不慣れな町民や学生、女子

神岡鉱山採鉱産出高　（単位：t）

年度	栃洞坑	茂住坑	下ノ本坑	計
1926（昭和１）	86,409	31,848	2,356	120,613
1927（昭和２）	118,110	38,696	2,078	158,884
1928（昭和３）	137,096	28,596	2,368	168,060
1929（昭和４）	155,138	28,923	2,490	186,551
1930（昭和５）	171,795	28,470	2,495	202,760
1931（昭和６）	175,092	29,560	2,429	207,081
1932（昭和７）	180,006	30,785	1,061	211,852
1933（昭和８）	201,603	35,350	2,430	239,383
1934（昭和９）	207,486	35,240	2,618	245,344
1935（昭和10）	208,615	35,100	2,603	246,318
1936（昭和11）	269,987	32,490	2,389	304,866
1937（昭和12）	329,425	36,120	2,602	368,147
1938（昭和13）	440,877	36,470	2,616	479,963
1939（昭和14）	451,407	38,660	2,721	492,788
1940（昭和15）	751,820	55,740	2,335	809,895
1941（昭和16）	700,415	44,570	2,117	747,102
1942（昭和17）	729,810	51,538	1,551	782,899
1943（昭和18）	850,532	68,680	733	919,945
1944（昭和19）	884,891	63,700	622	949,213
1945（昭和20）	322,585	31,570	187	354,342

出所：三井金属鉱業株式会社修史委員会『続神岡鉱山史草稿　その四』 1978

を含む人々の根こそぎ動員が行われ、未熟練鉱員による戦時動員が日常化していた。

一九四三（昭和一八）年、船津実科高等女学校四年生が鉱山の仕事に従事した時の様子を語った女学生の手紙の一部には「砲弾や銃弾の原料となる鉛を製造するため、栃洞選鉱場で働いた。同級生四〇名は、和佐保の光円寺で寝泊まりした。八畳の部屋に六～七人が寝起きし、朝五時起床で夜八時半に寝る毎日だった。工場から帰って寝るまでが一番楽しい」[13]と書かれている。栃洞ではこのほか、学校報国隊として、高等科の男子や女学生が勤労奉仕を行ったり、茂住では小学校五年生以上の学童が勤労奉仕を行った。一方でまた、神岡鉱山から産出される鉛・亜鉛への増産督励がひっきりなしに続いた。一九四二（昭和一七）年には、当時、東條英樹内閣の商工大臣を務めていた岸信介が直接、神岡鉱山へ来山していることに驚く。岸は戦後、第五六代・五七代内閣総理大臣を歴任したが、神岡鉱山は国策としての増産督励の優先順位が極めて高いことを物語っている。いずれにしても、戦時下は、官僚の来山、三井本店からの幹部の来山と、現場はこれら督励・激励でやってくる来山者の対応に追われた。

太平洋戦争中、栃洞手選鉱場で働く女子作業員
出所：三井金属鉱業株式会社修史委員会事務局『神岡鉱山写真史』 三井金属鉱業株式会社、1975

戦局の悪化につれて銃後の守りも必死となった。船津町では焼夷弾攻撃に対する消火訓練や食料増産のための開墾、鉱山選鉱剤として使用する松根油作りが次第に加わってきた。船津町における婦人会活動として特筆すべきは、全町民の献金によって戦闘機二機を陸海軍に献納したことがあげられる。大日本国防婦人会船津支部では、一九四三（昭和一八）年頃から射撃場での訓練を始めたが、鉱山の町・船津では鉱山および町民が一丸となって銃後の守りに取り組んだ。

このように神岡鉱山の麓の町では、鉱山の増産に対する町民の大量動員や銃後の守りに追われた

船津町民の献納した陸軍機「飛騨船津号」
出所：三井金属鉱業株式会社修史委員会事務局『神岡鉱山写真史』
三井金属鉱業株式会社、1975

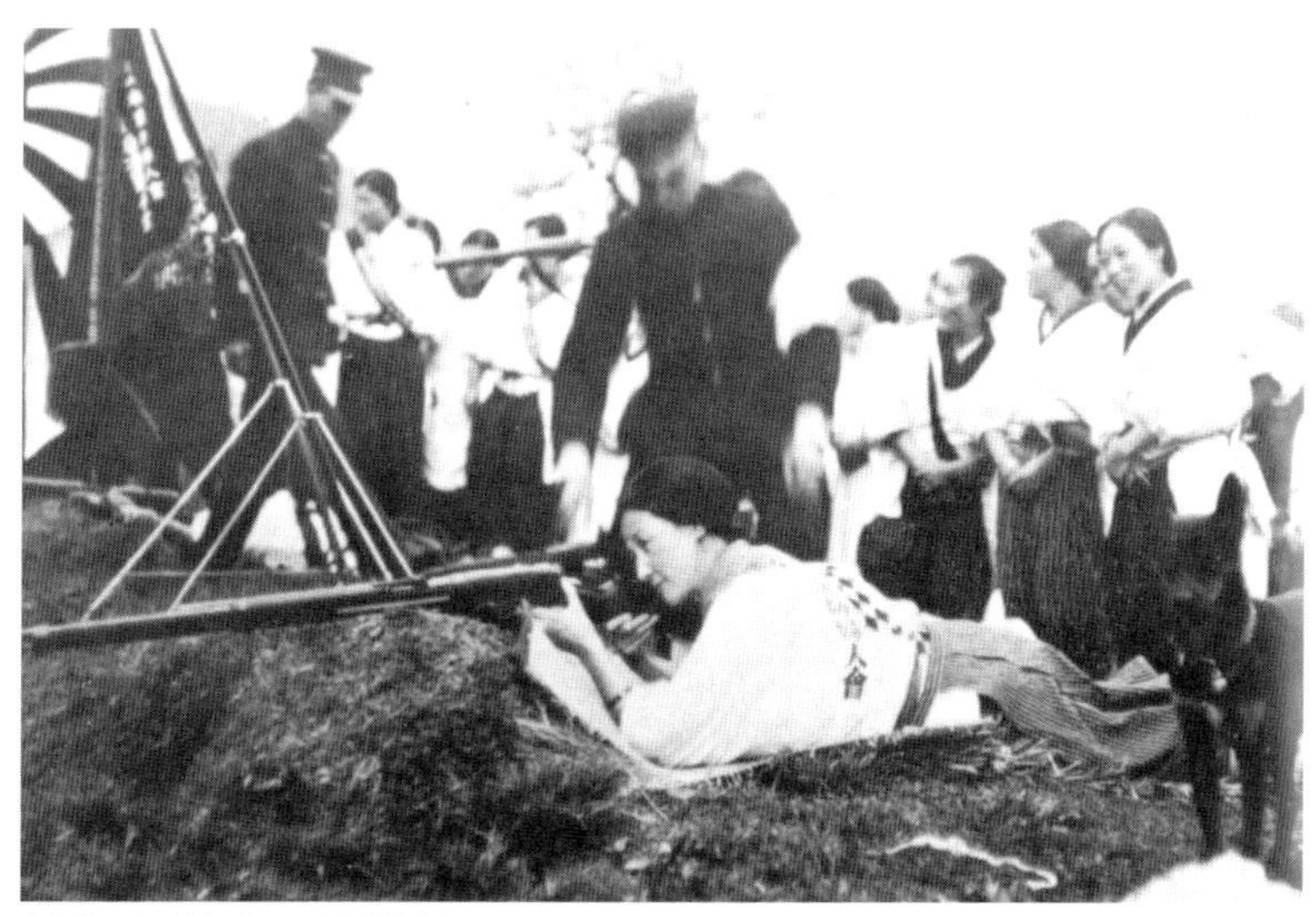

射撃場で訓練を受ける国防婦人会（1943年頃）
出所：三井金属鉱業株式会社修史委員会事務局『神岡鉱山写真史』　三井金属鉱業株式会社、1975

日々が続いた。ここに一九四三（昭和一八）年に操業を開始した神岡鉱山亜鉛電解工場の「工場日誌[14]」がある。当時の操業状況を労働事情の面から関連する部分を掲載してみる。

一九四三（昭和一八）年
四月　一日　大詔奉載日（たいしょうほうたいび）。詔書読式挙行。亜鉛製錬雇傭員並ニ養成工全員集合ノ上。
四月一八日　養成工一九人本日ヨリ電解ニ受取教育ヲ始メタリ。
五月　一日　串木野鉱業所ヨリ転籍者二四名本日ヨリ入所ス。
五月一七日　半島従業員入所式、於Ｃｄ室。
五月二八日　製煉選鉱半島人従業員代表懇談会。
六月一六日　本日ヨリ煉鉱へ半島人一〇名応援ニ貸ス。
九月二九日　新入半島人夫三二名本日ヨリ作業ニ従事セリ。
一〇月一六日　古川勤労報国隊員一〇名本日ヨリ本工場ニテ作業開始ス。
一二月二五日　焼鉱運搬半島勝手ニ仕事ヲ中止セルニ依リ労務古田係員ニ説諭シテ貰フ。

一九四四（昭和一九）年
七月　四日　本日幼年工二八名午後ヨリ見学及手伝ス。
七月　五日　幼年工四一名応援作業ス。
七月　六日　幼年工四三名。

七月一〇日　七月一一日ヨリ学徒報国隊員ハ作業ニ関シテハ従業員ト同様トシ夫々担当箇処ニ於テ一人ノ仕事ヲ遂行セシム、但シ夜勤ハ今後一ヶ月行ハシメズ。伍長ソノ他一般従業員ニ対シテモ学報隊員ノ意アル処ヲ伝エ遠慮ナク応援ヲ受クル様伝ヘラレタシ。

七月二一日　七月一一日ヨリ俘虜就業スルニ付承知アリタシ（当分昼丈）
昼。電解、俘虜操作モ概ネ良好ナリ。電気炉清掃ス。二番方ヨリ高山勤労隊員五名ヲ入レル、精品産出ノ増強ヲ計ラントス。
夜。電気炉、高山勤報五名夜勤ニ入ル。

七月二九日　昼。電解、俘虜操作非常ニ熟達シタ。俘虜挙動特記スベキ事ナシ。
電気炉、俘虜操作状態・俘虜挙動特記スベキ事見受ケズ。

八月　九日　夜。電炉、人員不足ノタメ産出上ガラズ（半島九時ヨリ病気ノタメ休、俘虜六名）

九月二三日　昼。電気炉、英国俘虜電解ニテ使用セシメ電炉米系兵ニテ作業サスモナレザルタメ産出少シ。
夜。電気炉、人員不足ノタメ勤報隊ニテ作業サスモ作業ニナレザルタメ産出少シ。

一一月　四日　夜。電解、勤報隊再三再四指導各人ニ付キテ指導スル状態ナリ。

一九四五（昭和二〇）年
四月　二日　夜。本日昼頃半島従業員二一名帰鮮ノ途上ツク。

四月　四日　Cd工場ニ作業中ノ女子挺身隊ハ本日退所式挙行、明日帰郷ノ筈。
四月　五日　昼。新女子学徒挺身隊ノ入所式本朝挙行。
四月一三日　昼。青年学校生徒現場実習ノ件
　爾今職業課ハ朝ヨリ現場実際作業ヲ以テ出席トナス由ニ付学校ヘハ一回／月　出席ノミトナル。
五月　四日　夜。従業員ノ欠勤極メテ多ク作業ニ支障来スコト大ナルニ依リ出勤率向上方御願ヒ致シマス。
七月一五日　俘虜使役能率上昇ノ件申送リヲ行フコト。
八月　二日　新養成工七名（先ニ受入セル鉛見習ノ組ニテ計一七名トナル）配属サル。五名ヲ溶解浄浄、二名ハボイラーヲ見習ハスコト。

以上、神岡鉱山亜鉛電解工場の「工場日誌」から、関連のない部分、判読不明部分を省いて紹介したが、これらの記録をみると、亜鉛電解工場には、一般の従業員の他に、養成工、串木野鉱業所（注：鹿児島県いちき串木野市にある三井系鉱山）休山に伴う転籍者、勤労報国隊（一般人）、幼年工、学徒動員、女子挺身隊などとともに半島人（朝鮮人）と俘虜という、所属だけでなく、年齢、体力も全く異なる未熟練労働力が次々と投入されていることがわかる。

こうした記録を見ると神岡鉱山の戦時増産を支えた未熟練鉱員の動員とは、すなわち前述した船津町の町民や学生、女子を含む国内労働力と、朝鮮人および俘虜労働者の酷使によるものであった。

まず朝鮮人の動員から説明したい。ここでいう「朝鮮人」とは、民族の総称を示すもので、南北朝鮮の国籍を示すものではない。日本による朝鮮半島の植民地支配は、一九一〇（明治四三）年、当時の大韓帝国を併合し、朝鮮総督府を置いて日本が統治したことに始まる。以後、朝鮮人に対し、「皇民化政策」を強化、日本式の名前にする創氏改名（そうしかいめい）を行った。一九二〇年代の神岡周辺では、トンネル工事を行っていた建設会社への朝鮮人の就労が確認されるし、朝鮮人が犠牲となる事故もあった。また、一九二九（昭和四）年〜一九三〇（昭和五）年にかけて富山と神岡を結ぶ飛越線工事をはじめ、道路工事や発電工事などに多数の朝鮮人が就労した。

神岡鉱山における朝鮮人の労務動員は、一九三七（昭和一二）年の日中戦争時から次第に戦時動員体制に組み込まれていった。当初は「募集」という形だったが、次第に強制性の強い「官斡旋（かんあっせん）」、さらに「徴用」となっていった。

『続神岡鉱山史草稿その四』[15]には、朝鮮人労働者の雇用について詳しい説明があるので、まず、この内容に沿って説明する。

朝鮮人の雇用は、三井鉱山としては一九三七（昭和一二）年頃からまず石炭鉱業関係で始まり、神岡鉱山では国の労務動員計画に沿って始められた。政府は一九三九（昭和一四）年七月、国家総動員法に基づいて一九三九（昭和一四）年度「第一次労務動員計画」を策定、移入朝鮮人は八万五〇〇〇人（動員全体の七・五％）が割り当てられた。これに従って「朝鮮人労務者内地移住に関する件」が出され、植民地住民、朝鮮人の日本本土への「移住」という労務動員の政策ができた。

一九四一（昭和一六）年までの朝鮮人労務動員は、雇用主の直接募集という方式で、事業主（三井鉱山全山ではなく事業所が単位）から朝鮮総督府に労働者募集許可申請書を提出、事業所から募集人が渡鮮して募集業務を行った。この時期に神岡にきた朝鮮人は、一九四一（昭和一六）年末までに四九二人だった。

国内での労働力逼迫（ひっぱく）に伴い、一九四一（昭和一六）年八月には第一回の徴用が実施されることになり、一九四二（昭和一七）年には朝鮮人の動員方式も強化された。すなわち、この年に「半島人労働者活用に関する方策」が閣議決定され、朝鮮人の労務動員が「官斡旋」の段階に入った。官斡旋とは、従来、個別事業所単位に行われていた募集業務を朝鮮総督府のもとに設置された朝鮮労務協会（一九四一・昭和一六年設立）が朝鮮の職業紹介所の協力のもとに代行することであった。一九四二（昭和一七）年四月からはさらに日本国内への「計画輸送」も実施された。雇用契約は従来二年であったが、やがて再契約または雇用期間の延長がはかられ、神岡でも、直接募集によって来山した朝鮮人の大部分が雇用契約を延長したほか、官斡旋によって移入された者が加わったので、朝鮮人は増加の一途をたどり、一九四三（昭和一八）年には一三五七名となった。このほか、一九四三（昭和一八）年には、金山整備令によって金山が閉鎖されるに至り、三井鉱山の串木野金山で働いていた二〇〇人近くの朝鮮人が神岡に加わった。これら朝鮮人は、協和寮と称した施設に集団で居住し、茂住、栃洞の両鉱山に分散して働いた。

以上は『続神岡鉱山史草稿その四』による説明であるが、『証言　朝鮮人強制連行』などによれば、「太平洋戦争中の労働力不足を補うために当時、「朝鮮各地では〝募集〟〝官斡旋〟〝徴用〟という、形態が異なっているかのようにみえる方式は、いずれも国家権力を背景とした実質的な朝鮮人強制連行で、巧妙な〝人狩り〟であった[16]」と述べている。

文献によって若干数字は違うが、中央協和会の「移入朝鮮人労務者状況調」によると神岡鉱山には、一九四〇(昭和一五)年度三五〇人、一九四一(昭和一六)年度三〇〇人の朝鮮人の動員が承認されているのでこれに近い人数が連行されたと考えられる。

また、一九四六(昭和二一)年六月一七日、岐阜県が厚生省に「朝鮮人労務者に関する調査の件」を報告しているなかで、以下の人々が「官斡旋」として「雇入」されている。

すなわち、一九四〇(昭和一五)年〜一九四五(昭和二〇)年の六年間で二三四五人が神岡鉱山に連行されたことになる。一九四二(昭和一七)年〜一九四五(昭和二〇)年の一六九五人についてはその名簿が現存している(実際には一六三九人分で五六人分足りない)。すべて「官斡旋」である。

一六九五人中、逃亡者四〇二人、死亡者二八人である。逃亡者は全体の二四%におよぶ。[17] この関連については、次の第三章その一で、引き続き記述したい。

神岡鉱山では朝鮮人とともに、太平洋戦争開始以降は、俘虜(ふりょ)の使役も行われるようになった。神岡鉱山では、こうした労働力構成はどのようなものだったのだろうか。

まず、佐々木亨「神岡鉱山における俘虜労働」『三井金属修史論叢』第二号の資料をもとに利根川治夫が整理した資料がある。

移入朝鮮人労務者数　(単位：人)

年	人数
1940(昭和15)年	350(承認数)
1941(昭和16)年	300(承認数)
1942(昭和17)年	309
1943(昭和18)年	575
1944(昭和19)年	448
1945(昭和20)年	363

出所：朝鮮人強制連行真相調査団『朝鮮人強制連行真相調査の記録―中部・東海編―』柏書房、1997

神岡鉱山終戦時在籍者　(単位：人)

	全　山	採　鉱
内地人(男)	2,011	838
内地人(女)	797	164
勤報隊	78	71
女子挺身隊	74	
学　徒	274	10
組夫(内地人)	104	
組夫(半島人)	253	214
移入半島人	1,414	896
白人俘虜	919	530
計	5,924	2,723

出所：利根川治夫「15年戦争下における鉱山公害問題」『国民生活研究』第17巻第4号、1978

この表では神岡鉱山全体と採鉱の部門に限って分けているが、まず全山では、朝鮮人と俘虜労働者の割合が四三・七％であるのに対し、採鉱では六〇％を超えている。日本人の分類別でも勤報隊や女子挺身隊、学徒など、全くの未熟練労働者が鉱山の第一線の現場で働いていた。神岡鉱山の労働力構成は、全体で六〇〇〇人近く、このうち俘虜が九一九人、移入された朝鮮人が一四〇〇人余りで相当な部分を朝鮮人や俘虜に依存していたことがわかる。また、特に採鉱部門では、内地人女性、つまり日本人女性が一六四人動員されている。つまり戦時下の神岡鉱山は、朝鮮人や俘虜に加えて日本人女性が採鉱をはじめとする鉱山業務に携わっていたという事実が明らかになる。実はこうした戦時下の神岡鉱山の実情について貴重な聞き取り記録が残っている。それは一九四三（昭和一八）年から神岡鉱業所労務課労務係長として神岡鉱山の労務を担当していた石川秀雄が、一九六八（昭和四三）年五月に三井金属鉱業本店で語ったもので、『三井金属修史論叢』第二号に佐々木亨がインタビュー形式で収録している。その一部を掲載する。

――山で作っていただきました人事の統計を見ますと、だいぶ人が一八年（引用者注：昭和一八年・一九四三年）にふえているんですけど、坑内、坑外合わせますと五千人こえているようなんですね。神岡全体ですね。

石川　それはおもに俘虜と・・・。

――一八年にもう俘虜来ていますか。

石川　ええ、私が行きましたころは俘虜が来ていましたですよ、栃洞に。

――栃洞に何人ぐらいですか。

石川　俘虜は当時、昭和一七年の暮れには、三〇〇人はおったと思いますね。最終的には千人ぐらいになったんです。終戦時には千人ぐらいおりました。その俘虜の種類は、英・米・それから豪・蘭（蘭というのは蘭領インドネシア、今のインドネシア）の四種類おりましたよ。

――三〇〇人のうちでどこがいちばん・・・。

石川　だいたい等比率じゃなかったかと思いますね。豪が少なかったかもしれません。米はやはり多かったですね。

――一七年に石川さんがおられたときには、もう来ていた・・・。

石川　そのときは、私が行ってからも入れたんですけど、もう当時昭和一七年の暮れには来ておりました。

――それは、山のほうで足りないから人をよこせという要請を出すわけですか、軍から割り当てがくるわけですか。

石川　あれはけっきょく人が足らない、それから軍需工場に指定されるときは、潜水艦のバッテリー関係が足らなかったんじゃないかと思いますがね。もちろんご承知のように亜鉛は銅と合金にしまして真鍮作りますから、薬莢（やっきょう）とか亜鉛を相当使ったでしょうけれども。おもに鉛が重要視されていましたですね。鉛基板というんですか、潜水艦のバッテリーに使ったんで、そのほうをやっぱり大いに鉛を生産しろという要請が強かったろうと思うんですね。それにはやはり労働者が坑内労働者が足らないんで、まあそれまでは一般的にはいわゆる半島労務者というのでカバーしていたわけですな。だけどもその半島労務者、それから山東クーリー（引用者注：クーリーとは元中国やインドの下層労働者の呼称として使われた言葉で、中国・山東省のクーリーを山東クーリーと表現していると思われる）、それからしまいには俘虜と、もう半島労務者も底をついてきたわけですね。山東クーリーは石炭山で入れましたけど、神岡では入れませんでした。

——それには理由があるんですか。

石川　これは私どもが行きましたら、当時の山田所長さんと話して、入れようか、入れまいかというせとぎわへ立たされたわけです。だけど、どうも栄養失調みたいなのが多い。歩どまりが悪いんですな。向うで百人連れてきても、こっちへ来るときは船中で死んだり、来て病気したりして、非常に歩どまりが悪いということ、炭鉱方面のデータが示すもので、これは感心しないということで、クーリーは一名も入れませんでした。それで、陸軍俘虜収容所規則というやつが、当時国家の規則でありました。そして申し込めというようなことだったんだと思います。もう私が一七年の暮れに神岡へ行きましたときは来ておりましたから。三〇〇人ぐらいおりましたけどね。米だったですな。

——その俘虜のほかに、半島労務者もいたんですね。

石川　半島労務者もいましたですよ。半島労務者は茂住に二〇〇、鹿間に二〇〇はいたし、それから栃洞に三〇〇近くいたと思いますね。

——その俘虜が来て、どういう仕事をしたんですか。

石川　俘虜は私が来ましたときは、坑内作業オンリーでした。栃洞のですね。茂住にはこれは使っておりませんでした。

――俘虜は栃洞だけですか。

石川　いや、はじめです。最初一七〜一八年ごろまでは、坑内作業オンリーでした。

――栃洞の坑内作業？

石川　さようです。だんだん人が足らなくなりまして、はじめの三〇〇人ぐらいの俘虜を最終的には千人ぐらいにふやしたんですが、選鉱には使っておりませんね。鹿間で鉛製煉、それから亜鉛電解、焼鉱硫酸というようなところに・・・。鹿間のほうがしまいには多くなりましたね。栃洞にもふやし、さきほど申し上げましたように、最初私が行ったころは三〇〇人くらいのところが、栃洞で五〇〇、鹿間でもこういう製煉関係で五〇〇ぐらいになりましたですね。（中略）

――そういう俘虜というのは、特殊な労務管理をすると思うんですけど、たとえば俘虜つきの憲兵なんか来て・・・。

石川　そうです。これは俘虜を私どもが使うが、俘虜収容所長は陸軍の管轄（かんかつ）なんです。それでそれから労務の提供だけ受けるわけですね、こちらが。しかし、あれは収容所規則かなんかにあったんだと思いますけれども、住居、いわゆる俘虜収容所は設備はこちらでしなければいけないというわけですね。建物などは提供しなければいけないわけですね。それから賃金ー労務の代価は陸軍に払うわけですね。住はこちらが提供すると、賃金は陸軍に払うと。

で、衣と食は陸軍がまかなっていたんじゃないですか。

――憲兵は何人ぐらい来ていたんですか。

石川　憲兵じゃございませんで、普通の予備役の、あるいは予備におった人が現役にとられた、少尉が所長になりましたです。あれはなんていうんでしょうか、神岡俘虜収容所というような名前になっていたんでしょうね。陸軍の職制かなんかで。（中略）

それで俘虜収容所長の古嶋さんが戦犯Ｃ級かなんかに問われたのは、脱走した俘虜を連れてきて虐待したということで、戦犯に問われたわけです。私もその軍事法廷に立ったことがありますけどね。八名かなんか死亡させているんですね。まあ向うでいうと虐待ですな。

――捕虜が亡くなるということはそうなかったんですか。

石川　病気ではあまり死ななかったですね。しかし、よく死にました、からだが弱っちゃってですな。やっぱり一五～一六人死んで、焼いて、やっぱり埋めたですな。それは軍のほうで全部やりましたから、その詳細については私どもはむろん知らないんですが。[18]（後略）

軍部からの過重な命令に応えようとこうした俘虜や朝鮮人を酷使した神岡鉱山、鉱山労働の暗い歴史もあった。その典型的な例が朝鮮人労務者に対する暴力とそれに対する朝鮮人の抵抗であった。神岡鉱山では三井系の炭坑から労務係を連れてきて、タコ部屋的労務管理によって連行された朝鮮人を統制していた。ある時は逃亡者を捕らえて殴りつけたり、またある時はリンチを加えるという暴力的なものだった。神岡鉱山における最大の暴動は、一九四三（昭和一八）年五月一〇日に発生した朝鮮人徴用者の事件である。当時の神岡鉱山人事係・若田恒雄の証言である。

当夜、一九四三年五月一〇日、私は当直だったので、比較的良く覚えているのですが、朝鮮人徴用者が手に手に棒切れや鉱山用具等を持ち、労務掛かりの事務所の板壁を激しくたたく音と怒声や叫び声が入りまじり聞こえてきました。泉平の独身寮にいた約三〇〇人ぐらいの朝鮮人徴用者が〝闘争〟を起したんです。（中略）

朝鮮人徴用者の〝暴動発生〟の報告に、会社側は最初、力で抑えつけようし、神岡署に連絡し、神岡署の警察力で抑えつけようとしました。しかし、とても神岡署の警察力だけでは抑え切れない状況だとわかってきました。それに、朝鮮人徴用者の〝暴動〟が日本人鉱夫にも波及しそうな状況だったのです。（中略）会社側としては、〝暴動〟が全山に波及するのを極度に恐れたんです。それに、当時、連合軍俘虜が数百人いましたから、彼らも〝暴動〟に加わることになると大変なことになると判断し、朝鮮人徴用者の要求を聞くことにより〝暴動〟を収拾しようとしたのです。[19]

暴動の直接の原因は、反抗的な態度をみせた朝鮮人徴用者を労務係の連中が事務室に引き込み、殴りつけたりしていたのを目撃した同僚たちが怒ったことから始まった。暴動が起こったのは、こんなリンチを中心とする労務管理に対する朝鮮人徴用者の怒りが鬱積（うっせき）していたのと、食事等、待遇に対する不満が爆発点に達していたのであろう。

三日間のストライキで朝鮮人徴用者が会社側に要求したのは、朝鮮人徴用者は食事の量と質を改善し、生きていけるだけの食事を保証しろ、労務係のリンチをやめさせろ、日本人鉱夫と同じ条件で働いているところでは、同じ賃金を支給せよ、配給物資のピンハネをなくせなどであった。

この暴動の結果についてははっきりしないが、『特高月報』一九四三(昭和一八)年五月分の記録に、次のような「騒動の原因と経過」並びに「騒動の処理」についての記述がある。

騒動の原因と経過

(イ)朝鮮人労務者某は所用の為外出し、帰寮時間を遅延し補導員より時間厳守を諭示さるるや、却って反抗的態度に出でたる為其の不心得を諭示したる処、更に反抗的態度に出でたるを以て右労務係員は之を殴打したり。然るに事務所外にて之を目撃し居りたる同僚朝鮮人労務者約二〇〇名は石、棒切、薪等を以て事務所を急襲し、之を破壊し、補導員等に暴行を加へたり。

岐阜県当局に於ては直ちに之を鎮撫すると共に主謀者一〇名を検束せるが、彼等は更に大挙(二五〇余名)して所轄警察署の所在地に下山し、警察署附近を徘徊喧騒して検束者の釈放方を要求せり。

(ロ)一方前日より寄宿舎に一三〇名集合し、喧騒したり。

騒動の処理

岐阜県に於ては

(イ)に付ては、二五〇名全員検束し翌一三日全員に対し、厳重説諭の上(主謀者一五名を除き)職

岐阜
吉城郡所在 三井神岡鑛業所 發生　五月十日 解決　五月十三日
一、〇〇〇
約四〇〇
(イ) 朝鮮人勞務者某は所用の爲外出し、歸寮時間を遲延し補導員より時間嚴守を諭示さるるや、却つて反抗的態度に出でたる爲其の不心得を諭示さるゝや、却つて反抗的態度に出でたる爲其の不心得を諭示したる處、更に反抗的態度に出でたるを以て右勞務係員は之を毆打したり。然るに事務所外にて之を目撃し居りたる同僚朝鮮人勞務者約二〇〇名は石、棒切、薪等を以て事務所を急襲し、之を破壞し、補導員等に暴行を加へたり。 岐阜縣當局に於ては直ちに之を鎭撫すると共に主謀者一〇名を檢束せるが、彼等は更に大擧(二五〇餘名)して所轄警察署の所在地に下山し、警察署附近を徘徊喧騷して檢束者の釋放方を要求せり。 (ロ) 一方前日より寄宿舍に一三〇名集合し、喧騷したり。
岐阜縣に於ては、 (イ)に付ては、二五〇名全員檢束し翌十三日全員に對し、嚴重說諭の上(主謀者十五名を除き) 職場に復歸せしめたり。 (ロ)に付ては主謀者七名を檢束し、他を說得就勞せしめたり。 檢束者中一七名は目下暴力行爲等處罰に關する法律違反事件として取調中なり。

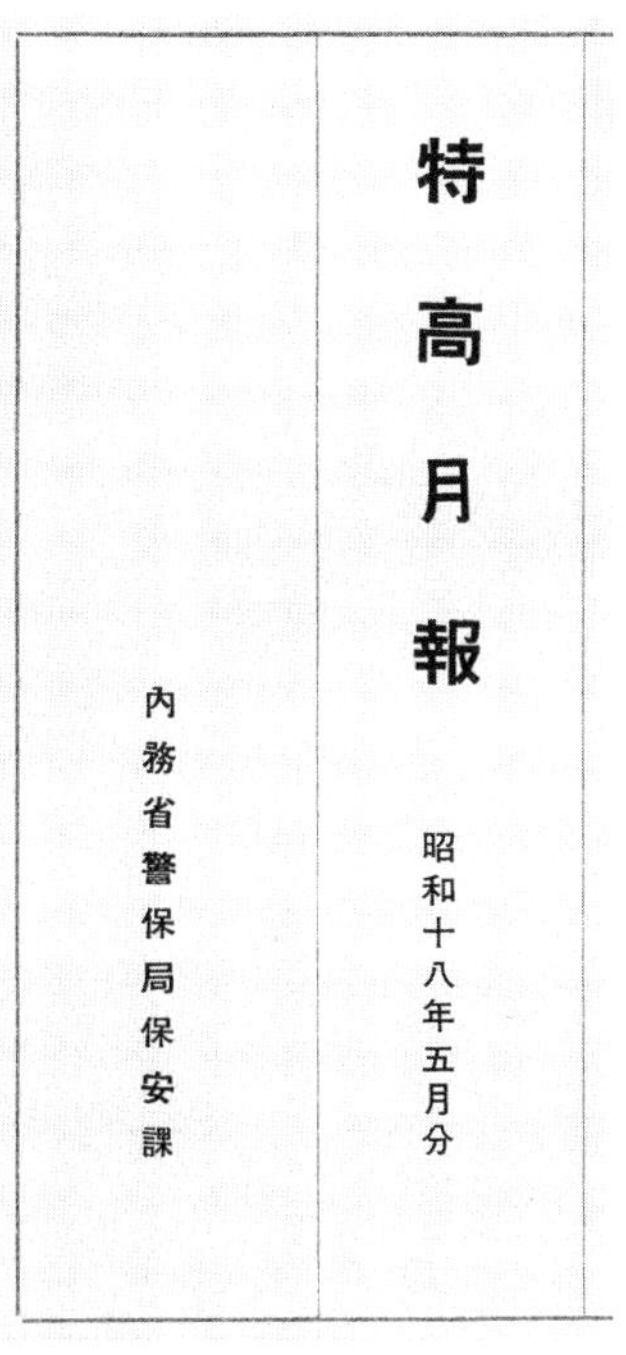
特高月報

昭和十八年五月分

內務省警保局保安課

『特高月報』1943（昭和18）年5月分

場に復帰せしめたり。

（ロ）に付ては主謀者七名を検束し、他を説得就労せしめたり。

検束者中一七名は目下暴力行為等処罰に関する法律違反事件として取調中なり。[20]

『特高月報』を見る限り、多数の朝鮮人徴用者が検束されたことは間違いないだろう。いずれにしても軍部は、身体壮健な男子を召集令状一本で、軍需工場から引き抜いたために、女子、学徒、朝鮮人や俘虜を鉱山などの生産現場に注ぎ込んだのである。トラブルが起きるのは当然だった。

このように移入した朝鮮人一四〇〇名や俘虜九〇〇名余を酷使し、さらに内地人女性、つまり日本人女性八〇〇名近くの大動員によってかろうじて支えられた神岡鉱山の増産は、乱掘を強要した。それに従い、増産に伴う廃物化の亜鉛量も激増した。後年、イタイイタイ病対策協議会が制作した記録映画『イタイイタイ―神通川流域住民のたたかい―』には、当時、神岡鉱山で働いていた人の生々しい証言がある。

私は戦争時中働いていました。大雨が降ると真夜中に命令がくるのです。「今だ！カスを流せ！」私はずぶぬれになってスコップをふるいました。戦争中に工場を拡張して、カスは溜（たま）るばかりで捨て場がなかったのです。川はたちまち白く濁って流れていきました。[21]

恐るべき証言である。高原川に捨てられたカスにより、川はたちまち白く濁り、それが下流の神通川へと流れ込んだ。

一九三七（昭和一二）年の盧溝橋事件をきっかけに始まった日中戦争以来、鉱毒報道はしばらく新聞から消えていたが、太平洋戦争が近くなって生産の拡大・増強の影響が一気に広がっていた。軍需への生産増強体制の一方では、当然であるが、戦時体制を支える農業生産力の増大も大命題である。神通川流域の農民も農業生産力の増強には鉱毒被害対策が欠かせないと富山県当局に対策を迫っていた。全国的にも鉱工業による農業被害が拡大していったので、農林省は各地の試験所に、被害軽減に関する試験研究をさせた。

一九四〇（昭和一五）年頃〜一九四二（昭和一七）年頃の農作物被害の状況とその原因をなす神岡鉱業所の工場廃液の実態を調査した農林省調査官の復命書、いわゆる報告記録がある。この農林省調査官とは、のちにイタイイタイ病カドミウム説に貢献した小林純（当時は農事試験場技師）と農林小作官補の石丸一男である。

神岡町茂住地内を流れる高原川　　2022年9月　金澤敏子撮影

一九四〇（昭和一五）年、一九四一（昭和一六）年　神岡鉱山神通川沿岸鉱毒被害状況

（単位：反）

年次	一九四〇（昭和一五）年					一九四一（昭和一六）年				
町村名	被害総面積	収穫皆無七割以上	七割ヨリ五割以上	五割ヨリ三割以上	三割以下	被害総面積	収穫皆無七割以上	七割ヨリ五割以上	五割ヨリ三割以上	三割以下
上新川郡										
下夕村	一三	—	—	一三	—	—	—	—	—	—
大沢野町	二、〇〇〇	—	四〇三	七九三	八〇〇	四、一二〇				
大久保町	三五一	一〇	二〇	一五二	三六九	三五一	—	—	六〇	四九一
新保村	一、五六九	三五	八二	三〇四	一、三四八	一、九六九	—	一一七	一七〇	一、六八二
婦負郡										
熊野村	六二八	四三	二四二	一四一	二〇〇	三〇〇				三、〇〇〇
富川村	八三四	二三四	一二〇	二四〇	二二〇	二、四四六				二、四四六
杉原村	二、一二四	一三七	八七	一〇〇	一、八〇〇	一、二三〇				一、二五〇
八幡村	一三三	—	—	—	一三三	—				—
長岡村	二〇	—	七	一二	二	四〇				四〇
婦中町	一、五四〇	三〇〇	二六〇	四〇二	三七〇	一三四				一三四
富山市										
旧神明										
金屋										
計	九、六四二	七八一	一、二三一	二、一六九	三、四六一	一三、三二〇		一一七	二三〇	九、〇四三

出所：イタイイタイ病訴訟弁護団『イタイイタイ病裁判　第4巻　判決資料』総合図書、1973

一九四二（昭和一七）年度　神岡鉱山神通川沿岸鉱毒被害状況

郡町村名	被害総面積	同上内容 皆無及七割以上減収見込面積	同上以上五割以上減収見込面積	同上以上三割以上減収見込面積	同上以下減収見込面積	減収見込石数	被害農家戸数
上新川郡	反	反	反	反	反	石	戸
下夕村	二三	—	—	二三	—	一七	一三
大沢野町	二、〇〇〇	—	四〇五	七九五	八〇〇	二、一六〇	五〇二
大久保町	五九一	一〇	二〇	一五二	五六九	四四二	二一六
新保村	一、九六九	三五	八二	二〇四	一、五四八	七八八	二一七
婦負郡							
熊野村	六二八	四五	二四二	一四一	二〇〇	二九二	一五二
宮川村	八三四	二五四	一二〇	二四〇	二二〇	一、〇〇一	一六四
杉原村	二、一二四	一三七	八七	一〇〇	一、八〇〇	三八九	二〇六
八幡村	一三三	—	—	—	一三三	四〇	三一
長岡村	四〇	—	七	一二	二一	一二	四五
婦中町	一、三四〇	三〇〇	二六八	四〇二	三七〇	一、二四四	二三五
富山市							
神明	一、五〇〇	—	—	—	一、五〇〇		
金屋	一、〇〇〇	—	—	—	一、〇〇〇		
計	一二、一四二	七八一	一、二五一	二、一六九	七、九六一	六、四八四	一、七七九

出所：イタイイタイ病訴訟弁護団『イタイイタイ病裁判　第4巻　判決資料』総合図書、1973

一九四〇（昭和一五）年頃では、被害総面積が九六四町二反（約九六四・二ヘクタール）だったが、太平洋戦争に突入した一九四一（昭和一六）年頃では被害総面積がさらに増えて、一三三一町（約一三三一ヘクタール）になっている。また、一九四二（昭和一七）年頃も前年と大きく変わらない。復命書では、被害問題の経過、鉱山操業の概要、被害地の状況、被害の原因、対策について順次、報告されているが、鉱毒流入防止の応急的施設を設置したことについては「用水の取入口に、当時、約六〇〇ヵ所の沈殿池をという砂だめを設置（面積は二坪、深さ三尺くらい）をしたけれど、四〜五日すればその沈殿池がヘドロでいっぱいになり捨場に困った[22]」と報告されている。

一九四一（昭和一六）年には流域の農村で四〇〇〇ヘクタールの稲がやられ、一〇〇〇トン弱の減収となる空前の被害を出したため、目を血走らせて鉱山へおしかけた農民を鉱山駐在の憲兵が「日本の生死がかかってるんだ。時局を考えろ」とサーベルをがちゃつかせながら、追っ払った。鉱毒被害の訴えはそのまま圧殺された[23]。本来は軍需の生産増強とともに、重要視されなければならない農業生産力は、例えば、一九四二（昭和一七）年の「神通川沿岸鉱毒被害状況」で見たように、被害農家一七七九戸、減収見込みは六四八四石（九七〇トン余り）に達した。吉田文和はこうした結果について「『耕地は全国、鉱物は極限』という論理によって、鉱業優先がつらぬかれ、農業生産力破壊が必然的におこり、この面で、戦時生産力の拡充ではなく、破壊ないしは、衰退をもたらさざるをえなかった。そして富山平野における被害の拡大は、農業のみでなく、すでに発生していたイタイイタイ病をも激化させ、農業生産力のみでなく、人間的生産の根源をもおそうにいたったのである[24]」と述べている。

戦争と鉱毒の下敷きとなった神通川流域にあって、鉱毒防止は必死の願いであった。当時の新聞報道を添付するが、まず一九四二（昭和一七）年七月二三日付けの『北日本新聞』は、「神岡鉱山汚毒水」の見出しで、被害水田が上新川六〇〇町歩（約六〇〇ヘクタール）、婦負七〇〇町歩（約七〇〇ヘクタール）にのぼっている[25]ことを伝えている。

一九四三（昭和一八）年七月一〇日付けには、「神通川の鉱毒水対策　県に委員会設置、防除研究」の記事が見える。この記事の中には、鉱山側の意見として「現下の非常生産を完遂するためには汚毒水の完全防除を期し難き状態にあるので[26]」との説明がある。

また、同年七月二三日付けには、「神通川の鉱毒対策検討　神岡鉱山に応急恒久両施設練る」となっているほか、同年一二月一七日付け『北日本新聞』には、「神岡の鉱毒防止　施設完備と技術的監視を決定」とある。また、一九四四（昭和一九）年二月六日付け『北日本新聞』には「鉱毒防止施設　苗代期までに措置」とある。いずれも「鉱毒防止」の見出しが目立つ記事が続くが、戦局悪化の中で、神通川流域の農民には空しく響いたのではないだろうか。

日本の敗戦が刻々と迫っていた。ここに敗戦のその日までの神岡鉱山における粗鉱生産量、亜鉛選鉱実収率、推定廃物化亜鉛量を示したグラフが

神岡鑛山汚毒水
縣から防止施設を要請

岐阜縣船津町の三井神岡鑛業所から流出する汚濁水のため神通川流域の水田一千數百町歩が被害を蒙るのでさきに沈砂、沈澱施設を完備されたき旨を關係地元民から要望されてゐたがその後も引續き汚毒水が流出するため[illegible]に相當の支障を來す憂ひがあるので、縣ではこのほど大阪鑛山監督局長にあて至急汚濁水防止の措置を講ぜられたいと陳情狀を發した、なほ同汚濁水の主成分は鉛と亜鉛、被害水田は上新川六百町歩、婦負七百町歩である

1942（昭和17）年7月23日付け『北日本新聞』

神通川の鑛毒水對策

縣に委員會設置、防除研究

岐阜縣船津町の神岡鑛山から流失する鑛毒水が神通川沿岸十數ケ町村の農作物に及ぼす被害は相當甚大なので縣ではさきに中山技師、川崎技手を同鑛山に派し、現地調査に併せて鑛山當局とこれが對策を協議した結果、鑛山側としては從來も極力防除の完備を期してゐるのであるが、現下の非常生産を完遂するためには汚毒水の完全防除を期し難き狀態にあるので、差當り灌漑最盛期の七月から三ケ月間、下流灌漑區域町村毎に二十名位をもつて青壯年監視隊を編成して一隊約二週間位づつ交替にて晝間、栃谷、茂住の各選鑛所に勤務せしめて防除設備の運轉狀況を監視させるとともに、作業上やむを得ず流失した場合は直ちに縣、地方事務所、郡農會へ速報して區域町村内の被害を最少限度にとどめるよう措置せしめることになつたが、さらにこれが恒久的對策樹立のため必要な調査研究と鑛山側との折衝の任に當るため神通川鑛毒對策委員會を組織、北經濟部長を會長に食糧、耕地、水産各課長、上新婦負地方事務所長、縣農試場長、縣農會、上新、婦負、富山郡市農會長、關係用水組合長、採鑛冶金に專門的學識を有するものを委員に任命して本格的に防除對策を練ることとなつた

1943（昭和18）年7月10日付け『北日本新聞』

神通川の鑛毒對策檢討

神岡鑛山に應急恒久兩施設練る

神通川上流神岡鑛山の鑛毒流失のため被害を蒙る沿岸水田は新保、大澤野、婦中、熊野、宮川、富山神明富山市など四千町歩に及び、其うち最も被害顯著と認められるのは九百六十四町二反であるが、農林省に於てもこれが被害防除の對策を樹立すべくこのほど石丸小作官補、小林技師を同鑛山に派して嚴密なる現場調査を行つたところ、鑛毒の正體は水中亜鉛と鉛であることが判明した、しかし幸ひにもこれは未だイオン化されてゐないものなので、被害は割方輕微である、なほ鑛山側の防除設備は相當完備してゐるが、それを活用されてゐない憾みがあるので、應急的の對策として十日目毎に午前十時、午後八時の二回放水試驗を行ひ、その結果を縣へ報告せしめることに鑛山側との諒解を得たがさらに恒久的の對策としては選鑛の機械化による鑛毒の夜間流失の防止などを考究されてをり、縣の對策委員會でも種々對策を練ることゝなつた

1943（昭和18）年7月23日付け『北日本新聞』

神岡の鑛毒防止

施設完備と技術的監視を決定

神岡鑛山の防毒施設完備に關する懇談會は十五日午前十時から縣經濟部長室において鑛山側から山田所長、小林事務長、縣側から北經濟部長、山口農務課長、石若水産課長ほか縣農業會、縣水産會代表など出席、先づ鑛山側から

廢滓バケツは十一月末までに五個の豫定のところ資材入手難のため現在まで二個しか設備されてないが、豫備用として〇、七トンに改造せるもの十五個を本月中に設備し、合計十七個をもつて廢滓を運搬することになつたから鑛毒の流出は完全防止出來得る

との報告あつたが、なほ索道の完璧をはかるため安全索道會社より技術者を常置せしめ運搬指導に當らせたいと縣側から要望、さらに

一、ラウテシツクナー（沈澱裝置）一台を三月迄に完備する事

一、オリバーフイルター（廢泥水分排除裝置）は現在五台設備されてゐるが三月末までに四台を増設すること

などを確約、明春早々縣からも技術官を常置せしめて鑛毒防止施設の技術的監視を嚴にすることに申合せて午後三時散會した

1943（昭和18）年12月17日付け『北日本新聞』

鑛毒防止施設

苗代期までに措置

神岡鑛山　請書提出

神通川上流神岡鑛山の鑛毒防止施設に關する縣當局と鑛山側の第二次懇談は五日午後二時から知事室にて行はれ、縣から坂知事、山口農務、石若水産兩課長、鑛山側から深川三井鑛山常務取締役兼總務部長、山田神岡鑛山所長、鳥井同庶務課長ほか技術者ら、特に東京鑛山監督局から雨宮鑛山官出席、かねて鑛山當局で計畫中の根本的防毒施設に對し縣から重ねて早急完備方を要望、おそくとも苗代期までには完全に流失せぬやう措置されたいと種々懇談した結果、鑛山側では萬難を排してその時期までに施設を完備する旨請書を手交して確約した、確約せるその施設内容は

一、索道架設地點における傾斜度の勾配を緩めるため約六百坪土砂を切取ること

一、排滓運搬用バケツ容量〇・七トンのもの十六個を三十六個に増設すること

一、グリツプおよびランナーを各現在の十六臺を三十臺に増設すること

一、シツクナーおよびオリバーフイルターを早急完備すること

なほ索道ロープも現在の徑三四ミリを六月までに三八ミリ、九月には五〇ミリのものと取替て耐久力を保全し、さらに北海道千歳鑛山から既設の鐵索を取寄せて轉用架設して排滓運搬の完全化を圖るべく鑛山側では誠意を披瀝して公約するところあつた

1944（昭和19）年２月６日付け『北日本新聞』

ある。

このグラフのキーポイントは廃物化亜鉛量にある。というのも廃物化亜鉛量の約二〇〇分の一がイタイイタイ病の原因であるカドミウム量であると考えられるからである。『三井資本とイタイイタイ病』は、廃物化亜鉛量について次のように説明する。

> 廃物化亜鉛量は、粗鉱生産量と粗鉱亜鉛品位および亜鉛選鉱実収率によって決まる。たとえば、一九三九～四〇（昭和一四～一五）年にかけて、粗鉱生産量上昇率ほど廃物化亜鉛量のそれが上昇していないのは、この期間、亜鉛品位の低下以上の率で実収率が増大したからである。この図から次の諸点が指摘できる。①一九三九～四〇（昭和一四～一五）年にかけての粗鉱生産量・廃物

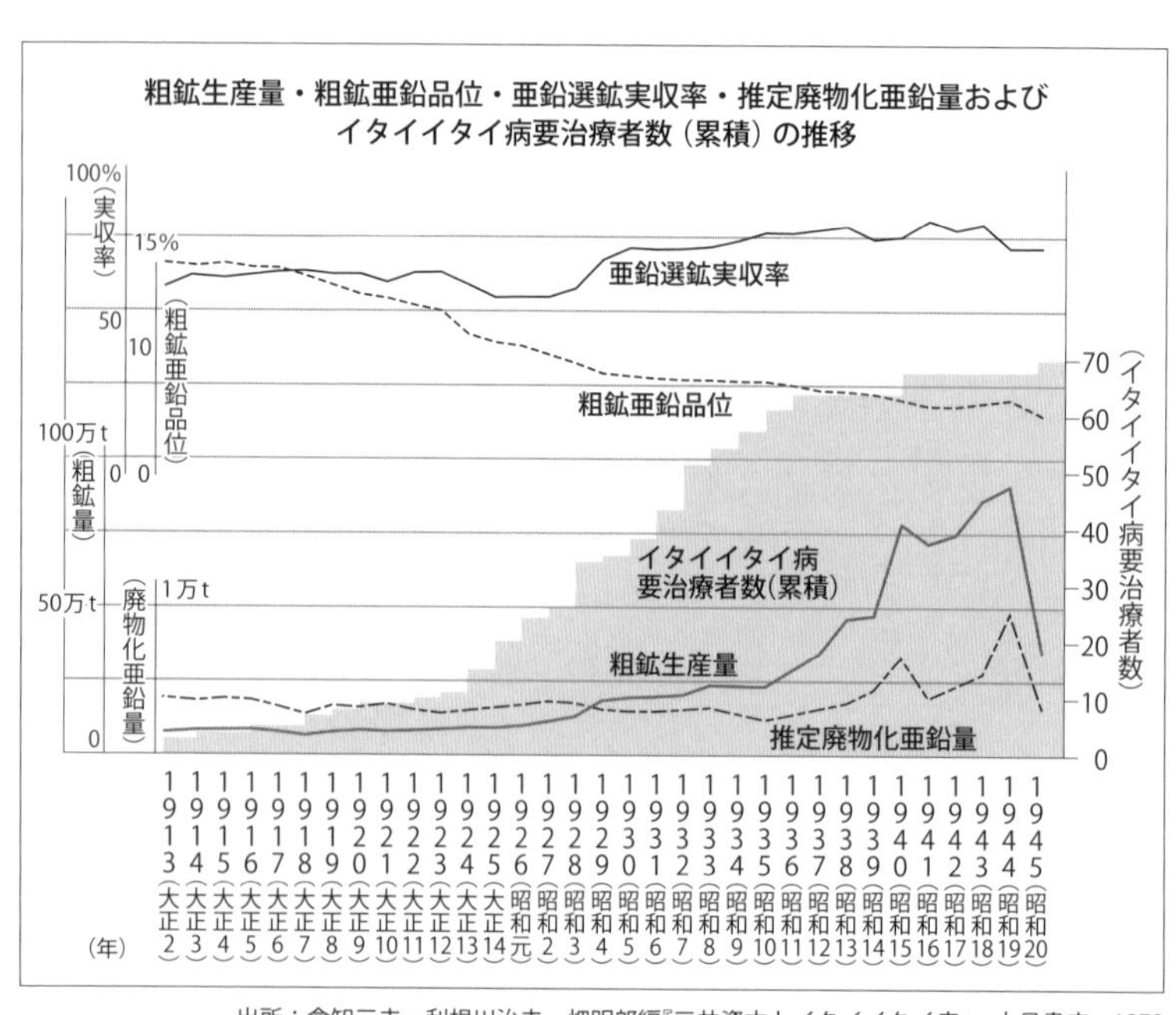

出所：倉知三夫・利根川治夫・畑明郎編『三井資本とイタイイタイ病』 大月書店、1979

化亜鉛量の著増が、農業被害を増大させ、農民に小型沈殿池を設置させるに至った。②粗鉱亜鉛品位は一貫して低下しており、一九四三（昭和一八）年頃、一部高品位鉱を採掘したとみられるが、③それは、すでに一九四〇（昭和一五）年を画期とする、採鉱部門における増産の限界をカバーするためになされたものと思われる。④他方では実収率の増大でそれに対応するが（一九四〇〜四一年の著増）、それもただちに限界につきあたり、一九四四（昭和一九）年には急減した。⑤粗鉱量が増大するなかで、農業被害が増大し、農民の力を背景とする富山県の追求の強化は、一九四一（昭和一六）年の太平洋戦争開始を画期としている。⑥一九二七（昭和二）年以降のイタイイタイ病患者の激増は、同年の全泥優先浮遊法の導入以後、廃物の量的・質的変化にともない蓄積されてきた病気発生要因が、この時期におけるカドミウム等の摂取量の増大と相まっておきたものと思われる。[27]

このグラフで比較すると、一九四四（昭和一九）年の廃物化亜鉛量は、一九三一（昭和六）年の三倍以上になっている。これに伴い、イタイイタイ病要治療者数も一気に増加している。繰り返しになるが、廃物化亜鉛量は粗鉱生産量の増大とともに亜鉛選鉱実収率がカギとなって決まる。この廃物化亜鉛量の増大こそ、イタイイタイ病患者の増加につながるのである。戦後の神通川流域には、奇病・風土病の名の下に、恐るべき人間被害の荒野が広がる。

それはまさしく地獄の荒野だった。次章からはイタイイタイ病という、あってはならない人間被害について検証する。

引用文献

[1] 三井金属鉱業株式会社修史委員会『続神岡鉱山史草稿その四』一九七八
[2]『男爵団琢磨伝　上』故団男爵伝記編纂委員会、一九三八
[3] 独占分析研究会「経営分析　三井金属鉱業株式会社（上）」『経済』一九七一年一月号　新日本出版社
[4] 独占分析研究会「経営分析　三井金属鉱業株式会社（上）」『経済』一九七一年一月号　新日本出版社
[5] 松波淳一『私のイタイイタイ病ノート』（覆刻版）、一九六九年発行、二〇一八年覆刻
[6] 松波淳一『私のイタイイタイ病ノート』（覆刻版）、一九六九年発行、二〇一八年覆刻
[7] 利根川治夫「一五年戦争下における鉱山公害問題」『国民生活研究』第一七巻第四号、一九七八
[8] 吉田文和「戦時下の鉱山公害問題」『経済論叢』第一一九巻第三号、京都大学経済学会、一九七七
[9] 神通川流域カドミウム被害団体連絡協議会委託研究班『イタイイタイ病裁判後の神岡鉱山における発生源対策』一九七八
[10] 三井金属鉱業株式会社修史委員会事務局『神岡鉱山写真史』三井金属鉱業株式会社、一九七五
[11] 三井金属鉱業株式会社修史委員会『続神岡鉱山史草稿その四』一九七八
[12] 三井金属鉱業株式会社修史委員会事務局『神岡鉱山写真史』三井金属鉱業株式会社、一九七五
[13] 飛騨市教育委員会『神岡町史　通史編Ⅰ』飛騨市教育委員会、二〇〇九
[14] 神岡鉱業所亜鉛電解工場「工場日誌」三井金属鉱業株式会社修史委員会『続神岡鉱山史草稿その四』一九七八
[15] 三井金属鉱業株式会社修史委員会『続神岡鉱山史草稿その四』一九七八
[16] 金賛汀編著『証言　朝鮮人強制連行』新人物往来社、一九七五
[17] 朝鮮人強制連行真相調査団『朝鮮人強制連行真相調査の記録―中部・東海編―』柏書房、一九九七
[18] 佐々木亨「神岡鉱山における俘虜労働」『三井金属修史論叢』第二号、一九六八
[19] 金賛汀編著『証言　朝鮮人強制連行』新人物往来社、一九七五

［20］『特高月報』一九四三（昭和一八）年五月分
［21］イタイイタイ病対策協議会記録映画『イタイイタイ―神通川流域住民のたたかい―』、一九七四
［22］山下潔「イタイイタイ病判決と清流の神通川」『前衛』二〇一八年一〇月号、日本共産党中央委員会
［23］一九七一（昭和四六）年一月六日付け『朝日新聞』岐阜版
［24］吉田文和「戦時下の鉱山公害問題」『経済論叢』第一一九巻第三号、京都大学経済学会、一九七七
［25］一九四二（昭和一七）年七月二三日付け『北日本新聞』
［26］一九四三（昭和一八）年七月一〇日付け『北日本新聞』
［27］倉知三夫・利根川治夫・畑明郎編『三井資本とイタイイタイ病』大月書店、一九七九

参考文献

1、向井嘉之『イタイイタイ病と戦争　戦後七五年　忘れてはならないこと』能登印刷出版部、二〇二〇
2、三井金属鉱業株式会社修史委員会『続神岡鉱山史草稿その四』一九七八
3、倉知三夫・利根川治夫・畑明郎編『三井資本とイタイイタイ病』大月書店、一九七九
4、神通川流域カドミウム被害団体連絡協議会委託研究班『イタイイタイ病裁判後の神岡鉱山における発生源対策』一九七八
5、神岡地区労働組合協議会『神岡地区労史（鉱山の町に働く者の活動記録）』二〇〇三
6、細田民樹『真理の春』中央公論社、一九三〇
7、竹内康人『調査・朝鮮人強制労働②財閥・鉱山編』社会評論社、二〇一四

第三章

棄民（きみん）の果てに　野辺（のべ）の葬列（そうれつ）

その一　何の因果やら、呻く流域

昭和二〇年（一九四五年）八月一五日（水曜日）、その日も太陽がジリジリと照りつけ、海抜四〇〇メートルから八五〇メートルの神岡の山はだにも、残暑は厳しかった。隣組を通じて予告されていた正午の重大放送というのは、国民が初めて聞く天皇の玉音放送であった。雑音がひどく、意味の聞きとりにくいものであったが、それは予想された「本土決戦・一億玉砕」の大号令ではなく、〝青天のへきれき〟ともいうべき「戦争終結」を静かに告げるのであった（中略）。八月一六日の亜鉛電解工場の日誌には、「全員の士気沈滞はなはだし」と書き込まれた[1]。

敗戦の日の神岡鉱山の空気が伝わってくる。空腹をかかえながら、その日まで乱掘に乱掘を重ね無理を強いてきた神岡鉱山、当時、鉱山には鹿間と栃洞の二ヵ所に俘虜収容所があり、約一〇〇〇人が収容されていた。

その様子を伝える貴重な記録がある。

終戦から送還されるまでの二三日間の俘虜の動向は、この地の住民に、山深い飛騨のどこよりも早く、どこよりもなまなましく、敗戦という事実を疑いもなく目の前で教えてくれた。
敗戦とともに主客は転倒し、収容所の衛兵には俘虜がとって代わり、「日の丸」の代わりに各国旗がへんぽんとひるがえった。俘虜は自由に戸外を歩き回り、日本人は小さくなって夜は早々に就寝した。（中略）収容所の屋根いっぱいに、米軍の要請で「P・O・W」（Prisoner of Warの略）の文字がペンキで書き込まれ、数日後にはそれを目標に、米機動部隊グラマン艦載機が飛来した。編隊は、峡谷すれすれに舞い降りて、みごとな旋回を繰り返しながら収容所の真上で翼を振り、解放された俘虜の歓声にこたえていた。[2]

八月一五日の敗戦とともに、神岡鉱山は軍需会社の指定を解除され、従業員は徴用解除、多くの勤労報国隊や女子挺身隊の人たちも故郷へ帰った。

九月六日、俘虜たちの帰国も開始された。ロコ（神岡軌道）に乗り、帰還兵士たちは用意された高山線の臨時列車で、猪谷（いのたに）駅から岐阜方面に向かい、帰国の途についた。猪谷駅のあった細入村の村史は兵士たちの帰還の様子を記している。

ＪＲ高山線　現在の猪谷駅　　2022年9月　金澤敏子撮影

帰還するために猪谷に下車した兵士たちは、さっぱりした服装で、チューインガムをかみ、チョコレートを口にして、しばらくの間、猪谷の村を散策した。この、行きと帰りの彼らの姿の雲泥の違いに、村人は敗戦の重みをひしひしと感じたのであった。

この日、村の女性たちは危険な目にあってはならないということで外出を控え、人々は緊張のおももちで兵士たちを遠くから眺めていたという。

兵士たちは、国鉄猪谷駅のプラットフォームで、楽器をうちならし、ダンスを始めた。どうみても手製の粗末な楽器であったが、その喜びあふれる姿から、自分たちの将来の暗雲を感じとった村人も多かったことであろう。[3]

一方、千六百人いた朝鮮人もすぐに祖国に帰された。というのも、第二章その二で記述したように、終戦前の一九四五（昭和二〇）年五月、約二五〇〇人が集団抗議行動を起こし、団体交渉で待遇改善を勝ち取ったことがあり、会社（三井鉱山神岡鉱業所）と警察は、「神岡の朝鮮人労働者は非常に危険だから早く送還したい」と占領軍に要請したという。[4]朝鮮人強制連行真相調査団によると、第二章その二で述べた逃亡者四〇二人、死亡者二八人以外はほとんどが、一九四五（昭和二〇）年九月一日付けで神岡鉱山を退所したことになっている。神岡での現地調査では、「光円寺では二二人の朝鮮人の遺骨があり、洞雲寺（船津）過去帳に六人（一九三六〜四〇年）、円城寺（船津）過去帳には五人の朝鮮人名が記されているが、全容は未解明である[5]」とのことである。筆者（金澤）は神岡の朝鮮人の消息を調べるため、三回にわたって神岡の各寺院を中心に聞き取り調査を行なった。

まず、当初、一二一人の遺骨を預かったが、その後、引き取りもあり、数人の遺骨があずけられたままとの[6]情報に基づいて、古くから歴史のある光円寺を訪れた。

光円寺は神岡鉱山の一つ、和佐保銀山があった二十五山（一一五三メートル）の中腹にあり、円空上人が安置した二十五菩薩像で知られるが、二十五山の名称はこの二十五菩薩像からきている。毎年七月二五日の一日だけ、境内にある二十五菩薩堂で開帳され祈祷祭が行われるというので、二〇二二（令和四）年七月、その祈祷祭に出かけてみた。

　猛暑のなか、四七一号線、飛弾市神岡町殿の交差点からくねくねした山道に入り光円寺をめざした。しばらく急坂を上ると神岡鉱山の残滓が乳白色に広がり、異様な和佐保堆積場が現れた。

　堆積場を過ぎるとバス停があり民家が一軒、二軒と見えてきた。地蔵堂の祠からほどなくポツンと建っている光円寺に着いた。

　光円寺は江戸時代初期に和佐保小糸洞に開創された

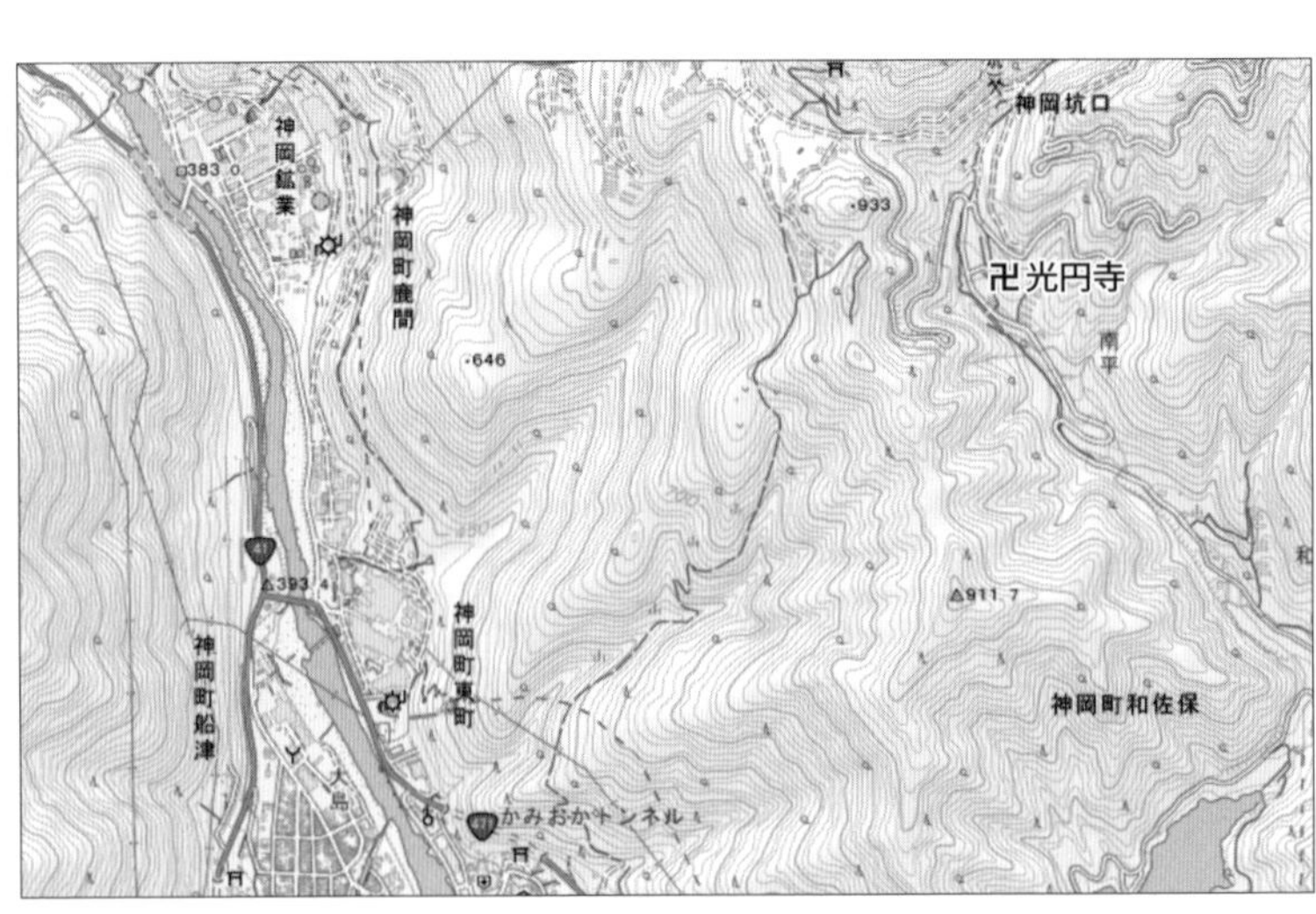

光円寺の位置　　出所：地理院地図（電子国土Web）飛騨市神岡町和佐保地区

神岡鉱山和佐保堆積場
2022年7月　金澤敏子撮影

飛騨市神岡町和佐保　光円寺（曹洞宗）入口　　2022年7月　金澤敏子撮影

菩薩堂内の円空作木像・
二十五菩薩像
2022年7月　金澤敏子撮影

が、宝暦年間（一七五一～一七六四年）に集中豪雨のために起きた山津波で和佐保銀山が壊滅したため、被害者の菩提を弔うために現在の地に移転した。この山津波では附近一帯の住民をはじめ、銀山の精錬所や飯場が一瞬にして壊滅したという。そもそも年一回の祈祷祭は山頂一帯によく濃霧が発生し農作物や養蚕などに被害が及び、住民が苦しんでいたところへ元禄三（一六九〇）年、円空上人が山を訪れ、二十五菩薩像を彫って祈願した結果、濃霧が止み、豊作が続いたことから農民たちが祈祷祭を行うことになったとのことである。筆者が参加した祈祷祭には光円寺住職をはじめ、五人の僧侶と一三人の門徒が参加、二十五菩薩像が開帳された。

ところで光円寺に預けられたという朝鮮人の遺骨のその後だが、寺の本堂・御堂の片隅にある六段の棚に置かれた五〇余りの遺骨箱を見せていただいた。

住職夫人に遺骨箱について尋ねてみた。「いつ頃からかわからないんですが、神岡鉱山で働いていた人で、身元のわからない人の遺骨をお預かりしているんですよ。何体あるのかしら。どこどこの誰とわかって引き取りに来られる人にはお渡ししてますし、名前と出生地が分った人は曹洞宗の宗務庁へお渡しししています。あたらしい遺骨もあって。今、ここにあるのは無縁の方の遺骨ですね。はい、韓国の方の遺骨もありますよ。二体ですね」と、丁寧に答えてくれた。戦後七七年になる今も、こうしてふるさとに帰れない遺骨が光円寺に安置されているのである。

帰り際に山の頂上に近づくと、深く抉られた露天掘りの跡が目に飛び込んできた。

九月に入ってまだ残暑が厳しかったが、再び神岡町の寺院を訪ね歩いた。

和佐保にはいわば神岡鉱山の主要坑があり、太平洋戦争中に捕虜収容所があった和佐保栃洞坑の一

光円寺本堂
2022年7月　金澤敏子撮影

鉱山で亡くなった人たちの
遺骨箱(光円寺本堂・御堂横)
2022年7月　金澤敏子撮影

二十五山の露天掘り跡
2022年7月　金澤敏子撮影

角、前平と呼ばれる地区にはかつて曹洞宗・神岡寺があった。神岡寺の周りは鉱山労務者の社宅が立ち並び、朝鮮半島から出稼ぎにきた家族持ちの人も多かったという。神岡寺は一九八一（昭和五六）年に建物が潰れて廃寺となったが、その際、寺に残された労務者の遺骨などを引き継いだのが、現在、神岡町船津にある曹洞宗・円城寺である。

こちらは一二二一（承久三）年創建とのことだが、神岡町には臨済宗妙心寺派の円城寺もあるため、地名を冠して船津円城寺とも呼ばれている。町の中央を流れる高原川沿いに建つ円城寺の大西道隆住職に聞いてみた。

「鉱山には戦後もですね、たくさんの朝鮮半島から来た人たちが働いていましたよ。前平には一〇〇〇戸あまりの家に四〇〇〇人を超える人が住んでいたそうです。もちろん子どもさんもいたでしょう。廃寺となった神岡寺から譲り受けた遺骨がたくさんありまして、過去帳を調べました。こ

飛騨市神岡町船津　円城寺（曹洞宗）　2022年9月　金澤敏子撮影

れまでに朝鮮半島の方と思われる人のお名前と出身地の確認が取れた一八人の方の遺骨は、すべて曹洞宗本庁（宗務庁）へお送りしました。一番古かったのは明治三七年一二月二七日に亡くなった二四歳の男性、新しいのは昭和四四年六月一六日死亡の四三歳の男性。現在お寺でお預かりしているのは日本人の方のみです。三〇体余りの遺骨があります」と話したあと、本堂の一隅に保管されている遺骨を見せていただいた。白い布に包まれた大きさがまちまちの四角い木箱。大西住職の許可を得て、六体の遺骨箱を手に取った。想像以上に軽い。遺骨は死亡してから五〇年待って、受取人の名乗りがない時は寺で供養するという。

このあと、過去帳には六人の朝鮮人の記名があるという神岡町船津の洞雲寺を訪ねた。「達磨のお寺」として親しまれており、先ほどの船津円城寺からも近い。洞雲寺は応永年間（一四〇〇年前後の室町時代）に開創された曹洞宗のお寺で道から四〇〜五〇段もあるだろうか、石の階段を上りつめて境内に立つと、神岡の町を広々と見渡すことができる。

第二章その一に書いたが、大正の初め頃、神岡の農漁民が激しい煙害に抗議して集会を開いたと言われるのがこの洞雲寺であった。

住職夫人は「朝鮮半島の人の遺骨は三体預かっていましたが、二〇〇〇年過ぎてだったと思うんですけど、厚生省が遺骨調査するというのでお渡ししました。調査をしたうえで祖国へ渡られたと聞いていますよ」とのことだった。

境内には四メートルもあるかと思うひときわ目立つ供養塔が建っていて、「神岡鉱山亡者墓」と書かれている。墓の側面には、明治二〇年三月一〇日に神岡鉱山で発生した雪難による死者を供養するもので、雪難から二年後の明治二二年九月に神岡三井組が建立した、と記されている。雪難とは春の雪崩事故によるものだろうか、会社のどの部分が被害を受けたのか、さぞたくさんの人びとが亡くなったのだろう。

こうして神岡町内の各寺院を訪ねてみたが、わずかな情報を聞くだけでその全容はもちろん不明である。しかし俘虜にしろ、朝鮮人にしろ、故郷への帰国もままならず、神岡の地で果てた多くの人々がいたことは今後も記録し、伝えていく必要がある。

神岡鉱山雪難の供養塔
1889(明治22)年9月建立　金澤敏子撮影

飛騨市神岡町船津　洞雲寺(曹洞宗)　2022年9月　金澤敏子撮影

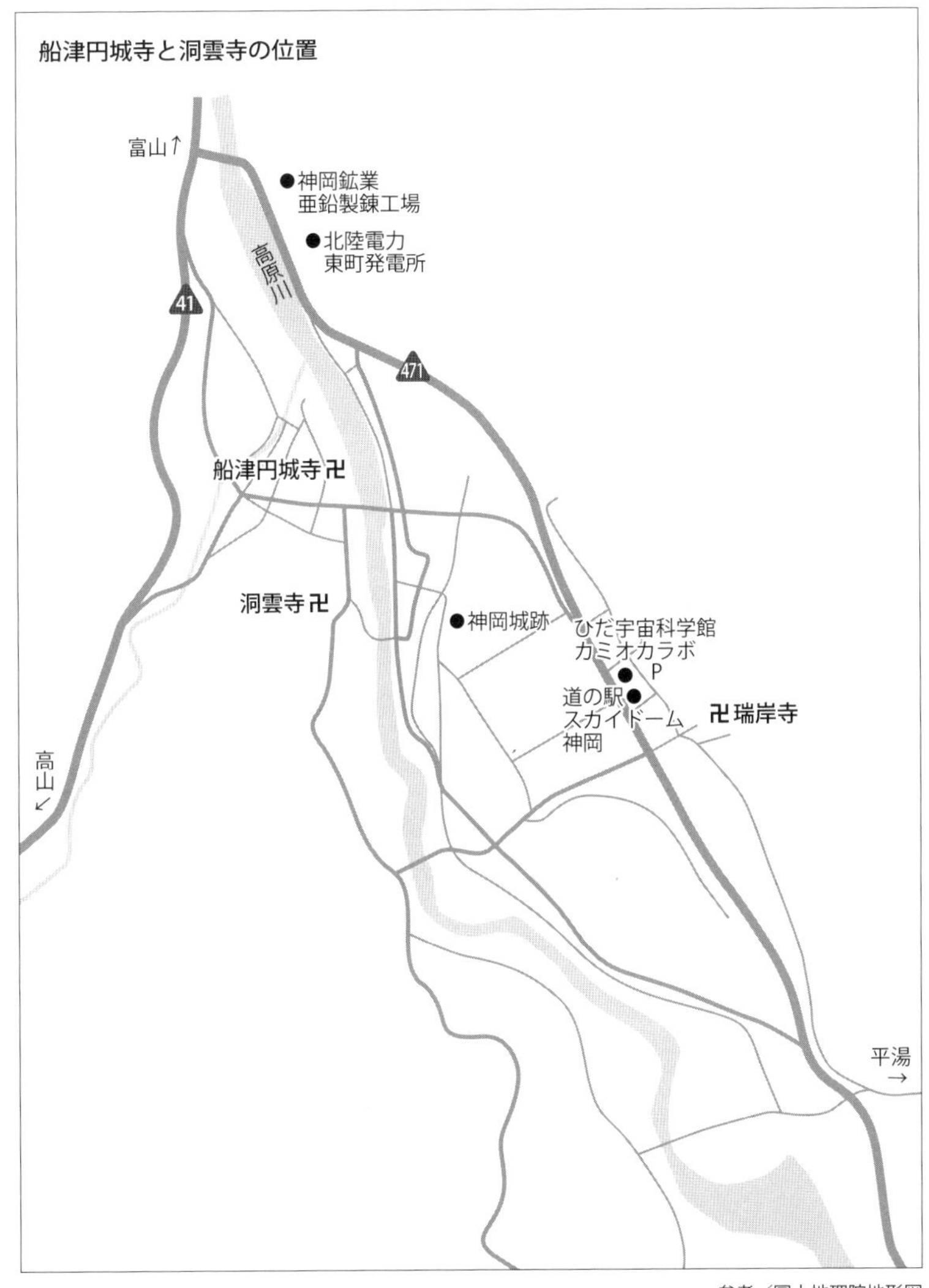
船津円城寺と洞雲寺の位置
富山↑
神岡鉱業
亜鉛製錬工場
北陸電力
東町発電所
高原川
41
471
船津円城寺卍
洞雲寺卍
神岡城跡
ひだ宇宙科学館
カミオカラボ
P
道の駅
スカイドーム
神岡
卍瑞岸寺
高山↙
平湯
→

参考／国土地理院地形図

敗戦直前までに六五〇〇人いた神岡鉱山の在籍者はこうしてあっという間に激減した。

ところで、第一章その一で紹介した北飛騨・高原郷の豪族・江馬久右衛門の菩提寺で、江馬修の墓がある瑞岸寺に神岡で亡くなった俘虜の名簿があると聞いて、都竹(つづく)清隆住職に俘虜の戦後について教えてもらった。それによると死亡した俘虜の名簿を残したのは瑞岸寺の檀家総代だった小川堅一で、小川は太平洋戦争時に役場の兵事係をしていて多くの若者を戦場へ送り出してきたという。船津町役場で助役となった小川は、敗戦直後から二〇余年をかけて戦没者および出征将兵の克明な記録を残していて、俘虜の戦没者も調査、八三名の死亡を確認した。一人ひとりの国籍、年齢とともに死因も書きとどめている。

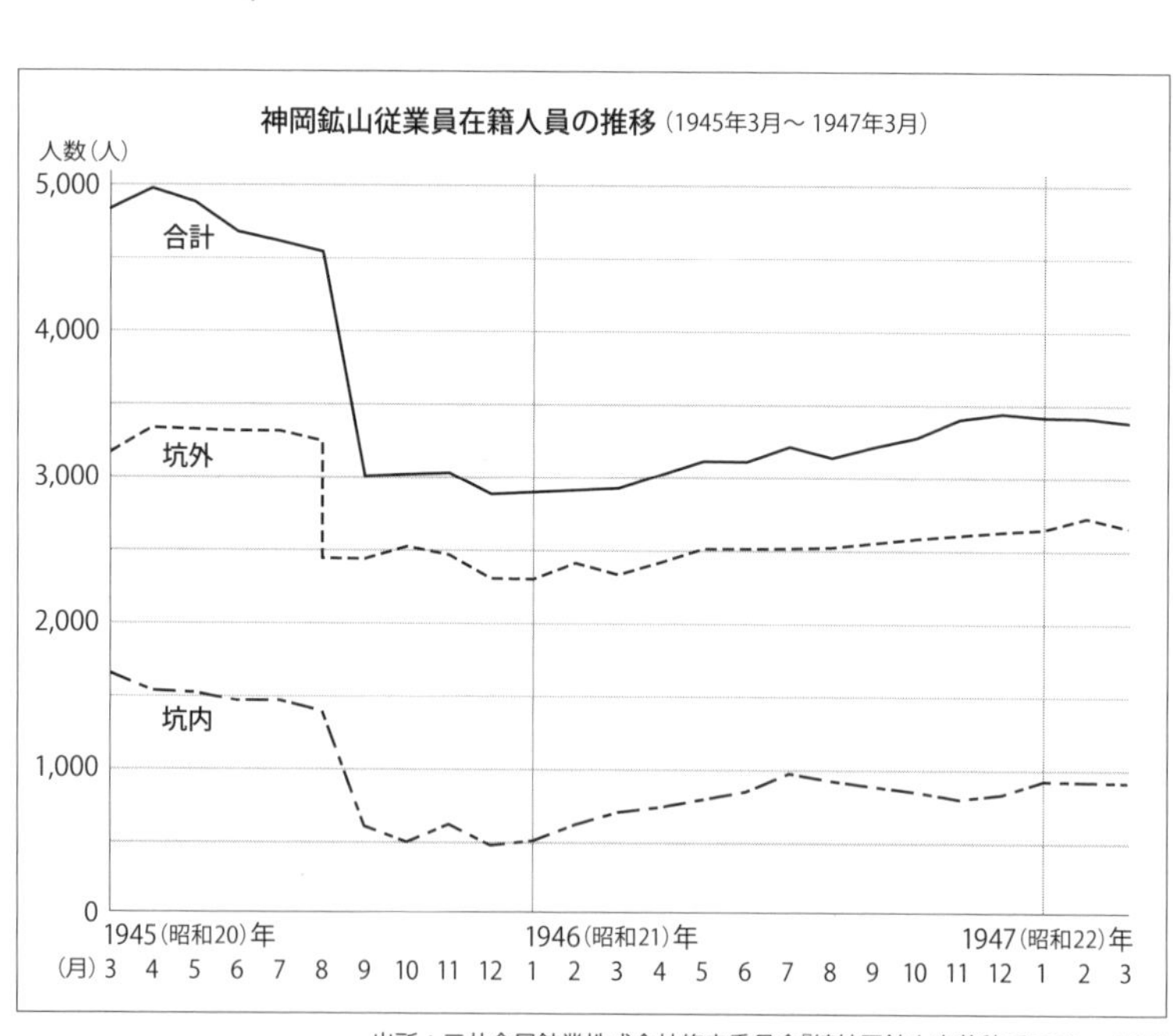

出所：三井金属鉱業株式会社修史委員会『続神岡鉱山史草稿 その五』 1978

都竹住職は「小川さんは檀家さんの総代やったし、調査もほぼ終えたこともあって、一九八二（昭和五七）年の七月に、病死した俘虜の追悼法要したんやわ。そして次の年の一九八三（昭和五八）年やった、町の戦没者の慰霊法要をしようという時に、檀家さんたちからの呼び掛けで、戦争で亡くなった人はどこにでもたくさんおる、俘虜の人も含めて一緒にやろうということになって、七月に『彼我病没者戦没者慰霊法要』を営んだわけね、何年間、慰霊法要しただろうかね。そしたら神岡町の役場と神岡鉱山は、法要することに積極的でないんね。〝寺での法要はやめてほしい〟という切実な要望があってね。やめたんだわ」と話す。

一九九七（平成九）年、境内に俘虜の慰霊碑「神岡俘虜分遣所殉難病没者各霊位塔」が建立された。高さ二メートルほどの細長い石塔で、寄贈者は小川堅一と都竹清隆の名前が刻まれている。

話を再び敗戦直後の神岡鉱山に戻したい。

従業員の激減も大変化だったが、敗戦後の最大の変化は財閥解体と組合の結成だった。

財閥を日本の軍国主義と封建主義の象徴とみていたGHQ（連合国軍総司令部）は、日本の敗戦から三ヵ月も経たない一九四五（昭和二〇）年一一月六日、三井・三菱・住友・安田の四大財閥解体の覚書を発表した。そして翌年一九四六（昭和二一）年以降、財閥解体の手続きを進め、三井鉱山株式会社は一九五〇（昭和二五）年

瑞岸寺に建立された俘虜の慰霊碑
（1997・平成9年）

には、石炭部門と金属部門に分離、金属部門は「神岡鉱業株式会社」と社名変更した。

一方、もう一つの大変化である労働組合の結成は、敗戦のショックでどちらかと言えば経営に無気力になっていた鉱山経営者に比べ、これまでの厳しい上から抑えつけられてきた労務政策からの解放を求めて、神岡鉱山労働組合結成の準備が進められ、一九四六（昭和二一）年二月一日、職員・従業員一本のいわゆる職従による単一組合、神岡鉱山労働組合が結成された。組合員数は四四二〇人であった。

結成当時の労働運動の柱はまず生産復興闘争であった。神岡労組では「労働者の最低生活を維持するためには、鉱山復興が不可欠であり、困難に耐えても闘い続ける」をスローガンに食料確保も労働運動と、組合員の生活維持が最優先であった。

前述したように財閥解体・企業整備法による石炭と金属の分離により、あらたに「神岡鉱業株式

組合結成当時の鹿間集会の様子。会場も大正座 → 船津劇場 → 福祉会館と移り変わった。

出所：神岡鉱山労働組合『鉱山と共に50年』 1999

会社」として再出発したが、資本金六億円で当初は赤字会社として放り出された苦しい出発だった。

ところが会社発足直後の一九五〇（昭和二五）年、神岡鉱山に神風が吹く。朝鮮戦争が勃発したのである。太平洋戦争が終わってまだ五年というのに、朝鮮戦争が勃発したのである。

これは、一九四八（昭和二三）年に成立したばかりの朝鮮民族の分断国家である大韓民国（南朝鮮、韓国）と朝鮮民主主義人民共和国（北朝鮮）の間で生じた朝鮮半島の主権を巡る国際紛争で、朝鮮半島全土を戦場とした三年間にわたる戦争であった。

一九五〇（昭和二五）年六月に北朝鮮が事実上の国境線となっていた三八度線を越えて韓国に入り朝鮮戦争が始まった。その影響から非鉄金属の価格は異常に高騰した。鉛一トンあたり八万八一〇円が二四万円に、亜鉛は一トンあたり五万八〇三〇円が二五万円となった。[7] 鉛は三倍、亜鉛にいたっては五倍くらいの高騰で、金属産業は莫大（ばくだい）な利益を得た。

この結果、神岡鉱山は次のような利潤を得た。

第一期（一九五〇・昭和二五年上期）利益金　五億　五〇〇〇万円　株式配当は三割
第二期（一九五〇・昭和二五年下期）利益金　一六億一八〇〇〇万円　株式配当は五割
第三期（一九五一・昭和二六年上期）利益金　一八億　五〇〇〇万円　株式配当は五割[7]

1951（昭和26）年に建設された組合本部
出所：神岡鉱山労働組合『鉱山と共に50年』 1999

北鮮、韓國に宣戰布告

京城に危機迫る

38度線総攻撃 侵入軍 臨津江突破

責任はソ連側に

ダレス顧問 マ元帥会見

東海岸からも上陸

臨津江西方全域失う

開城・甕津陥落

金浦飛行場を爆撃

勝敗の分岐 十二時間内

動乱の現地の様相 国際電話に聞く（京城・本社）

戰車十台を撃破 韓國側は必勝を信ず

38度線視察のダレス氏

1950（昭和25）年6月26日付け『朝日新聞』

神岡ニュース社（飛騨市神岡町）
2019（令和元）年10月
向井嘉之撮影

神岡鉱山は一九五三（昭和二八）年まで続いた朝鮮戦争の特需で、再び息を吹き返した。当時の神岡町の様子を地元のローカル紙『神岡ニュース』は次のように書く。

> 朝鮮動乱を機に一躍儲かる会社に浮上してきた神岡鉱業は、それまでの心配はたちどころに霧散してしまい、たとえば東町末広の北端にあった河原に船津の人が目を丸くして驚くような神岡会館を大成建設に発注するほか、おもしろいようにころがり込んでくる亜鉛・鉛の売上金により、所内や社宅街の拡充整備に乗り出した。
>
> 巨大な神岡会館正面にとりつけた真紅の緞帳真正面に金モールでKの字を配したマークを縫いつけるなど、特需景気によって神岡鉱業株式会社はつい先日までの杞憂は消しとび、上々のすべりだしをしたのである。[8]

借金を背負った赤字会社から出発した戦後の「神岡鉱業」は、朝鮮戦争による思わぬ特需であっという間に安定経営路線に転じた。会社側では一九四八（昭和二三）年からの復興五ヵ年計画を立て、技術革新も行いながら順調に計画を遂行していった。

一九五〇（昭和二五）年、財閥解体時に分離したばかりの「神岡鉱業株式会社」は、分離時の固定資産があっという間に一〇倍になり、資本金も六億円から一二億円に増やした一九五二（昭和二七）年一二月の講和条約発効とともに、社名を「三井金属鉱業株式会社」と改めた。

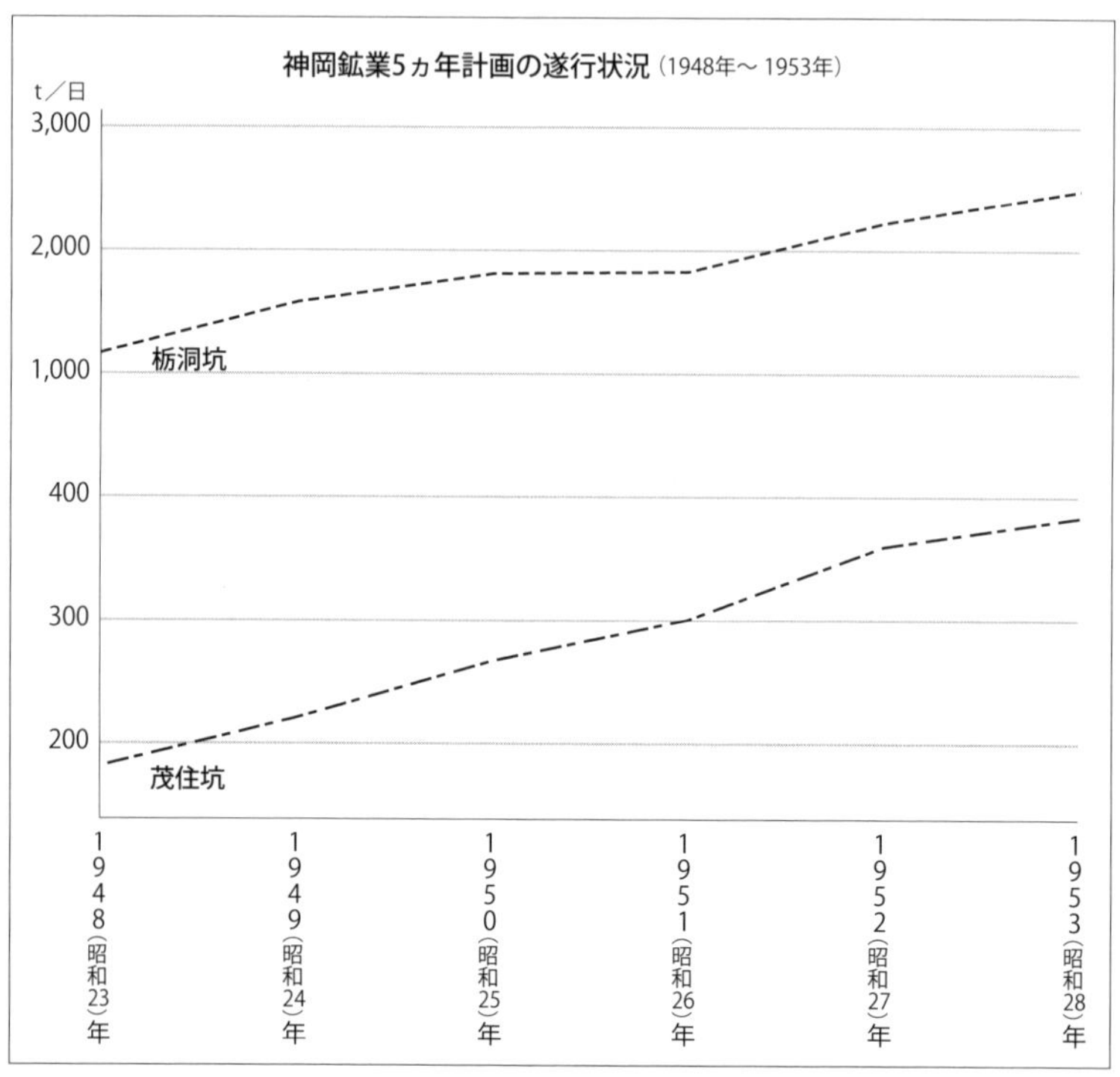

出所：三井金属鉱業株式会社修史委員会『続神岡鉱山史草稿 その五』 1978

この時期までの会社側の文献『続神岡鉱山史草稿 その一～その五』[9]を熟読したが、イタイイタイ病のイの字はもちろん農業鉱害に関する文言は一切見つけることができなかった。

戦前から戦中にかけて、会社側により放置された農業鉱害は、もちろん戦後になっても流域農民にとって死活問題だった。神通川は朝鮮戦争の特需もあり、さらに有毒な廃液・廃滓で汚染され続けた。

敗戦直後の神岡鉱山と農業鉱害の関係について一覧にしてみる。

一九四五（昭和二〇）年一〇月、豪雨のため、鹿間谷堆積場決壊、四〇万立方メートルの鉱滓流出。

一九四六（昭和二一）年、神通川流域農家で補償金を要求しようとの動き活発。

一九四八（昭和二三）年、富山県神通川流域七ヵ町村の人々は、神通川鉱毒対策協議会を結成し、鉱山と交渉を始める。

一九四九（昭和二四）年、神岡鉱山は見舞金という名目で富山漁業協同組合に対し、金二〇万円を支払い、以後、一九六八（昭和四三）年に至るまで二〇～二五万円を毎年支払い続ける。

一九四九（昭和二四）年、富山県大沢野地区にも神通川鉱毒対策協議会結成。

一九五〇（昭和二五）年三月、右記の一九四八（昭和二三）年結成の神通川鉱毒対策協議会と大沢野地区神通川鉱毒対策協議会が合体して、神通川鉱毒対策協議会となる。[10]

この中で特筆したいのは、一九四八（昭和二三）年六月、当時の婦負郡宮川村長・清水徳義の呼びかけにより、神通川流域の七ヵ町村による「神通川鉱毒対策委員会」が結成され、神岡鉱山への抗議運動が再開されたことである。対策委員会はその後、被害水田面積二五〇〇町歩（約二五〇〇ヘクタール）を含む農民の組織に発展、一九五〇（昭和二五）年、三井財閥の神岡鉱山は初めて、一〇万円の調査費を出し、翌一九五一（昭和二六）年に三〇万円の調査費を計上、これらの調査費を基に対策委員会では富山県当局との交渉・斡旋を経て、一九五二（昭和二七）年以後、年間、二六〇万円から三〇〇万円の「見舞金と生産奨励金」を神岡鉱山から出させることになった[11]。

こうした活動にその組織づくりをはじめ、中心となって活動したのが当時、婦中町の鵜坂農業共済組合長であった青山源吾である。青山は鉱毒対策委員にも選ばれて農業鉱毒の問題に日夜奔走した。青山は一九〇七（明治四〇）年、婦中町生まれであるが、本章その二で詳しく紹介することになる。

いずれにしても戦後の一九五〇（昭和二五）年前後からの新聞を調べてみると、例えば、一九五一

農民運動に立ちあがった頃の青山源吾さん（前列中央）　青山康子さん提供

（昭和二六）年の新聞には、神通川にアユが浮かぶという記事があり、「流域の住民はこれらのアユをバケツで拾い、アユの争奪戦を演じている」[12]とあるし、一九五二（昭和二七）年には、「神岡鉱業所側は、調査の結果、鉱毒による被害程度は全くとるに足らない微細なものであるとし、流域農漁民の要求額を引き下げることにした」[13]との記事がある。

戦後になっても農業鉱毒は相変わらずで、神岡鉱山は見舞金や生産奨励金でお茶を濁しながら、農民の抗議に正面から向き合おうとしなかった。特に悔やまれるのは、農業鉱害の科学的解

神通アユ全滅か

神岡鉱山の毒水が原因？

十七日早朝から十八日午後にかけて神通川上流の上新、岩木堰堤附近から富山大橋までの間に白い腹を見せて数万とみられるアユが浮んで流れてくるため、沿岸住民はバケツで一杯、二杯と拾うなどのアユの争奪戦を演じているが、一部では神通川のアユが全滅したのではないかと心配している向きもある。この原因について富山漁業会と神岡鉱山側の調査員が調査中であるが、岩木地内の人人は水が少ないため鉱毒の反応が大きかつたのではないかといつている。

1951（昭和26）年8月19日付け『北日本新聞』

鉱毒問題に微妙な動き

神岡鉱山

補償料引下げ決定

調査で被害僅少と主張

（高山支局）毎年神通川沿岸七ヵ町村農漁民と、神岡鉱業所間のけい争の種となつている鉱毒被害補償金問題に関し、このほど農民側代表から鉱業所あてに二十七年度分として七百九十万円の補償要求が提出されたが、鉱業所側では、昨年一ヵ年間、行つた被害現地土壌調査の結果鉱毒による被害程度は全くとるに足らない微細なものであるとの結論を得たので、本年は右要求額を徹底的に切り下げることに方針を決定、近く富山県庁内で開かれる鉱毒対策委員会には前記調査にもとづく科学的論拠をひつさげ、かなり強硬な態度で臨むものと解される。

鉱山から流れる鉱滓が神通川沿岸田畑の土壌を変質させ、このため農作物は非常な減収を招くのみならず、漁族の繁殖にも多大の悪影響をもたらすというので戦前から沿岸農漁民と鉱山との間に意見れ対立、戦時中は一時下火となつていたが、終戦後再びこの問題が表面化するに至つたので、昭和二十四年その調停機関として富山県農林部長、関係県議、地方事務所長農事試験場長、関係農漁民および鉱山側代表を構成員とする鉱毒対策委員会を設置、問題処理に当つた。以来農漁民側の要求に応じて毎年鉱山側より補償金を支払い、二十六年度は三百五十万円の要求に対し三百万円（百四十万円は被害七ヵ町村一律に、百四十万円は被害面積に応じそれぞれ分配、残り二十万円は運営費に当てた）を支払つた。然し鉱山としてはおなじ補償金を支払うのなら実際の被害程度を厳密に調査し、それに応じた額を決定すべきであるとの建前をとり、昨年一ヵ年間、専門家多数を招き、ポット試験その他の精密な科学的調査を実施したところ、鉱滓の農地ひいては農作物に与える被害は極めて僅少、大部分が冷水使用ならびに焼岳その他より流れて来る土砂の作用によつて減収を来すもので、前年度のように三百万円も支払わねばならぬ理論的基礎は全然なく、したがつて今後鉱毒被害問題に関しては根本的に考え方を変えなければならぬという事がわかつたものである。右のような鉱山側の強硬意見にたいし七百九十万円もの要求を出した農民側がどう態度をきめるかは大いに注目されている。

1952（昭和27）年3月10日付け『北日本新聞』

明が進まなかったことである。農業鉱毒と人間被害との関係が依然として断絶したままであった。

しかし、推測するに、この時期、神通川流域一帯では、寝たきりでほとんど身動きもできない患者が多数いたのではないかという悲惨な状況が考えられる。

ここにイタイイタイ病に関する過去の健康被害を推測させる二つのデータがある。一つはイタイイタイ病対策協議会・神通川流域カドミウム被害団体連絡協議会・イタイイタイ病弁護団発行のニュースレター『イタイイタイ病』（第五四号）が伝えたものである。

一九八四（昭和五九）年七月、富山市で開催された社会医学研究会において、富山医科薬科大学（現・富山大学）・公衆衛生学教室が発表した「富山県神通川流域のカドミウムによる健康被害の実態」と題する報告に注目した。一九八三（昭和五八）年以前の過去にさかのぼり、一九二五（昭和元）年まで、神通川流域の公害対策協議会に加盟する一四〇四世帯（農家世帯）を対象にイタイイタイ病類似死亡者（女性）数を年次別に表したデータである。この調査によれば、「体のあちらこちらを痛がり、簡単に骨折したことがあるのに加えて、歩くのが不自由でよく床についたり座ったりしていた。寝たきりでほとんど身動

亡くなった患者の野辺送り 林春希さん撮影　富山県立イタイイタイ病資料館提供

きできなかった」などいわゆるイタイイタイ病類似死亡者は、イタイイタイ病認定制度（一九六七・昭和四二年）発足以前に多数存在していたことがわかる。この調査では、汚染地におけるイタイイタイ病類似死亡患者は、三九四名で、内訳は男九一名、女三〇三名で圧倒的に女性が多かった。もちろんイタイイタイ病類似死亡患者が直ちにイタイイタイ病患者と断定できないが、このグラフにあるように特に一九四五（昭和二〇）年〜一九五五（昭和三〇）年の類似死亡患者がピークとなっている。このことからも当時の神通川流域の悲惨な状況が推測できる。[14]

もう一つのグラフは次章、第四章で紹介する「イタイイタイ病に対す

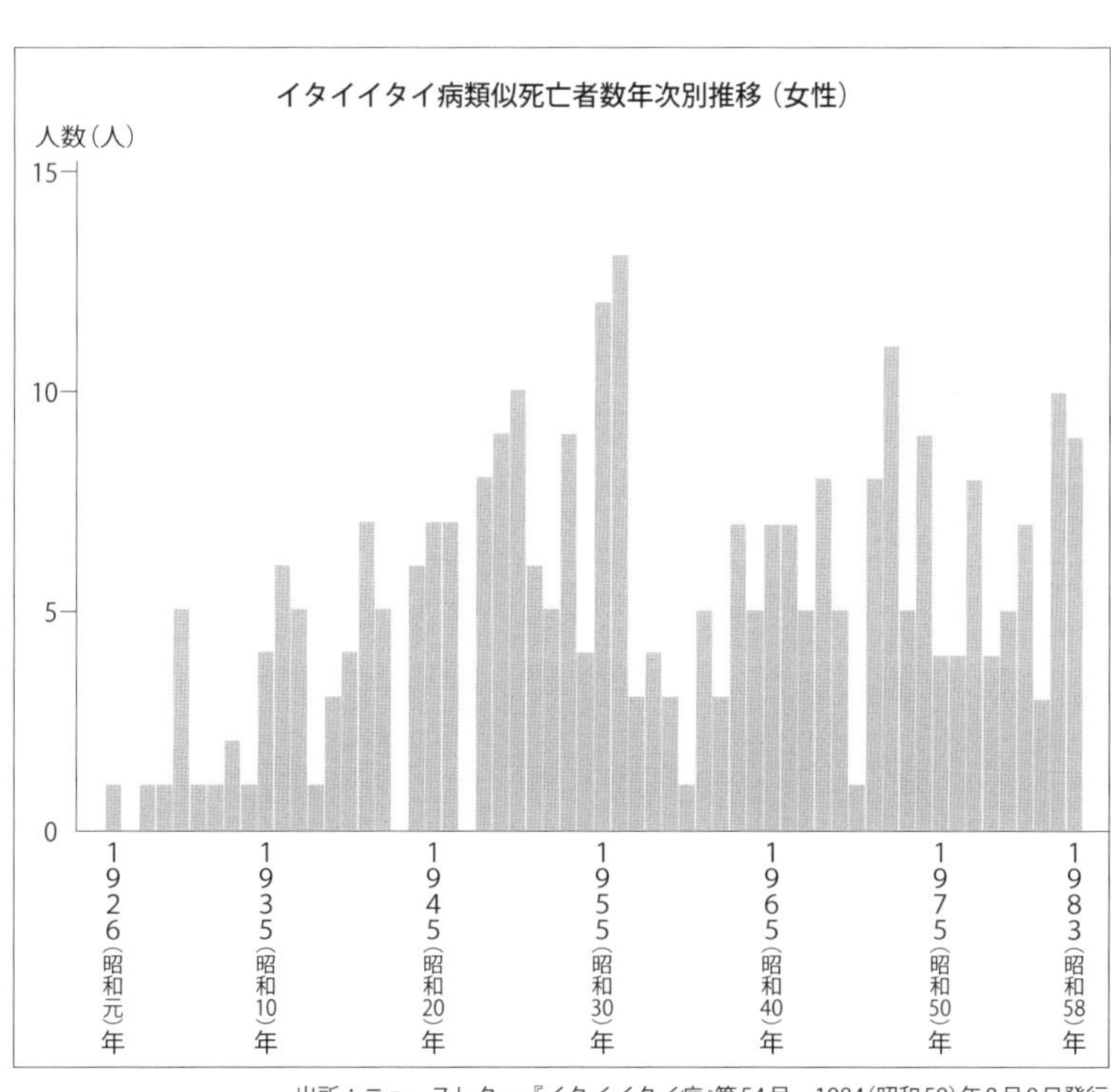

出所：ニュースレター『イタイイタイ病』第54号、1984（昭和59）年8月9日発行

る厚生省見解」附属資料として発表されたものである。

この附属資料は「イタイイタイ病要治療者発病推定年次集積グラフ」と題するもので、富山県地方特殊病対策委員会、厚生省医療研究イタイイタイ病研究委員会ならびに文部省機関研究イタイイタイ病研究班の三者により統一された診断基準のもとに、富山県が一九六七（昭和四二）年度に実施した集団検診の結果にもとづいてイタイイタイ病要治療者の発病年次を推定したものである。このグラフでは最初のイタイイタイ病患者の発生を一九一一（明治四四）年と推定している。発病した可能性のある年代を同一グラフ上に記入していくと、一目瞭然といおうか、一九三五（昭和一〇）年頃から一九六〇（昭和三五）年頃にかけての約二五年間に発病の可能性が最も多く集積を示し、一九四六（昭和二一）年から一九四七（昭和二二）年頃が最高となっている。[15]

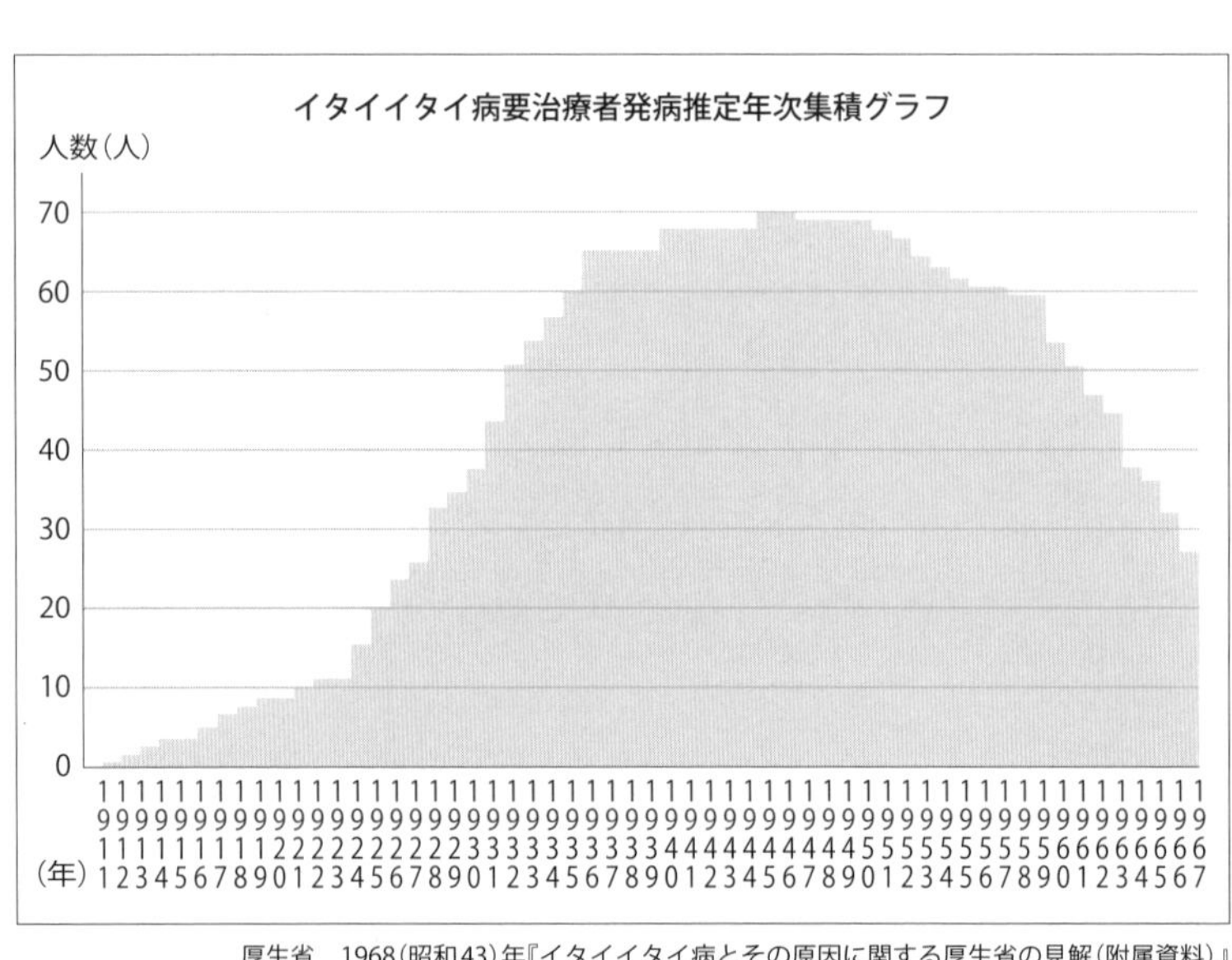

厚生省　1968（昭和43）年『イタイイタイ病とその原因に関する厚生省の見解（附属資料）』

この二つのグラフは、神岡鉱山の鉱毒による人間被害の激甚被害期が太平洋戦争前後であったことを示していると言える。

当時、こうした人間被害の激甚被害期に婦中町近辺で患者と接していたのは、萩野病院のみであった。萩野病院は明治時代から続いている地域の開業医で、戦後は一九四六（昭和二一）年、軍医だった萩野昇（一九一五―一九九〇）が復員し、四代目院長として萩野病院を継いだ。三代目の萩野茂次郎は太平洋戦争中の一九四三（昭和一八）年に亡くなったため、しばらく院長不在で他の医師に診療を依頼したこともあったが、病院を閉鎖していたところへ萩野昇が復員したのである。

三代目の萩野茂次郎も神通川流域の奇病と川水の関係に素朴な疑問をもっていたらしい[16]が、のちにイタイイタイ病の発見者となる萩野昇の著作『イタイイタイ病との闘い』には次の記述がある。

昔からこの土地において農耕の用に供する畜産馬が、二〜三年以上これを飼育すると、骨軟化症で死亡するため、毎年のようにこれを飼い替えたり、また農繁期だけ自宅で飼育し、農繁期が終わるとすぐに遠隔の地に預けるのである。これは明治以来、農作馬を骨軟化症で失った農民の学問によらない生活の知恵というものである[17]。

これまで神通川の鮎など魚類への影響は報じられてきたが、こうした哺乳類への言及は富山県側の資料では見かけなかった。おそらく萩野医師が神通川近辺で育った子どもの頃、このような話を地元で聞いていたのであろう。人間への被害を予感させる記述である。

戦前からの廃滓処理のずさんさ、そして太平洋戦争中の乱掘増産による汚染物質の激増で、萩野医師の研究にもかかわらず、戦後の神通川流域は、激甚被害の影響を受けて野辺の葬列が続いていた。

神岡鉱山には戦前、廃滓処理のための鉱毒防止設備として、増谷堆積場、鹿間谷堆積場が設置されたが、鉱毒除害の機能は不十分なうえに、一九三六（昭和一一）年、一九四五（昭和二〇）年の集中豪雨時に鹿間谷堆積場の堰堤（えんてい）が決壊、四〇万立方メートルという大量の廃滓が流出した。それ以前の日中戦争下では廃滓が堆積場に運搬されずに河川へ直接放流されたこともあった。[18]

戦後は朝鮮戦争への対応をはじめ、技術革新や合理化が進み、特に選鉱部門では大量選鉱で廃滓量が増大したため、一九五四（昭和二九）年、和佐保堆積場が造られた。この堆積場ができれば少しは鉱毒汚水が減ると期待していた農民に、またも災難が降ってきた。翌年一九五六（昭和三一）年五月一二日、和佐保堆積場・鉱毒沈殿池の円底部が決壊、幅四〇メートル、高さ一五〇メートルの鉱毒汚水まじりの泥、約三〇〇〇立方メートルが流出、数時間

和佐保（廃滓堆積場の水が上昇し村へ迫っている）
1954（昭和29）年頃、神岡鉱山労働組合蔵
出所：飛騨市教育委員会『神岡町史　写真編』 2010

神岡鉱山の諸施設、休廃坑、旧廃石、カラミ捨場

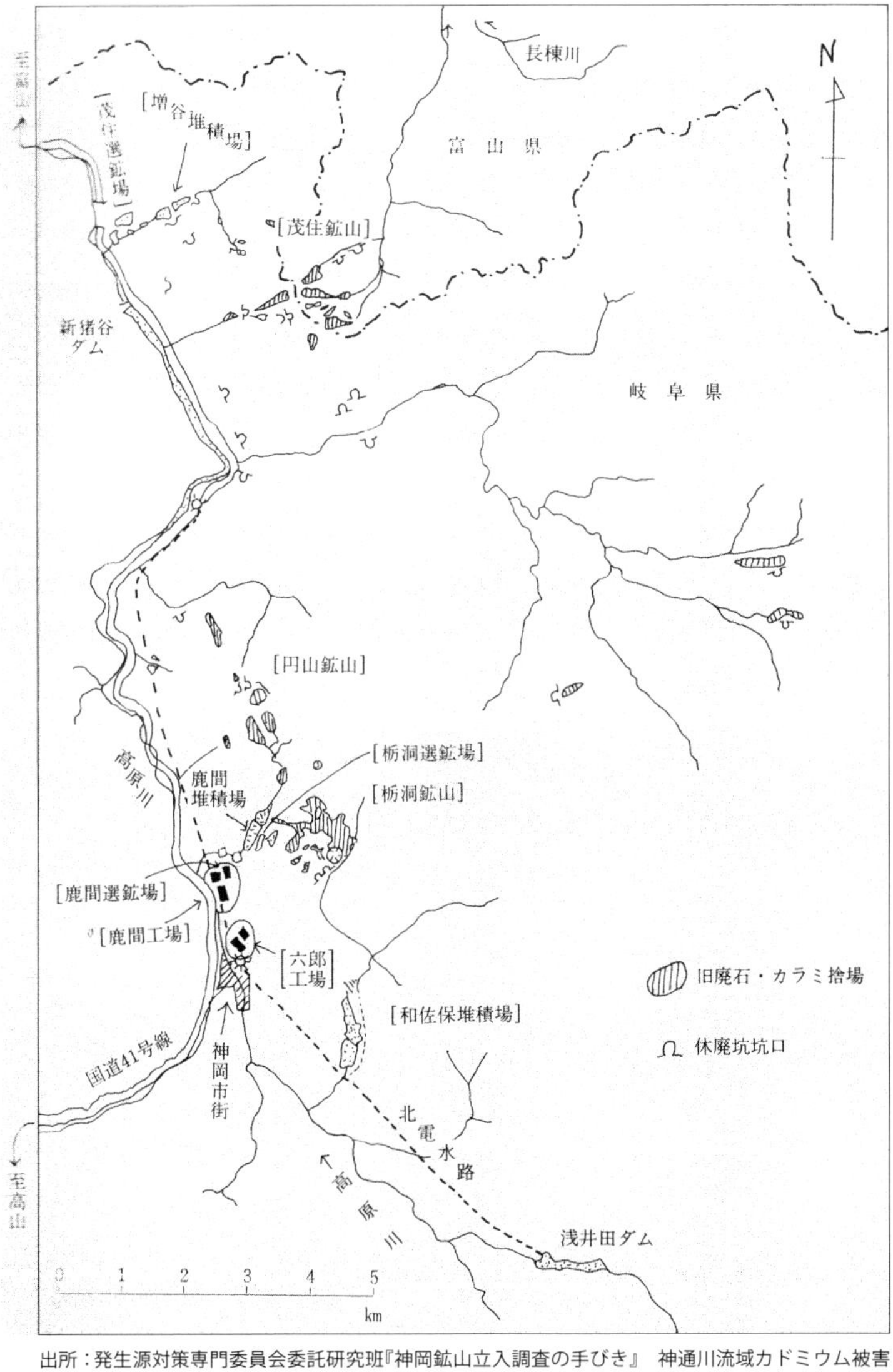

出所：発生源対策専門委員会委託研究班『神岡鉱山立入調査の手びき』 神通川流域カドミウム被害団体連絡協議会、1978

にわたって高原川が濁流と化したため、稚アユ、マスが全滅した。

また、かつてない規模で鉱毒汚水が下流の水田に流入したため、流域の稲苗も枯死した。[19]

鉱毒流出に驚いた神通川下流域の婦中町の『婦中町報』は「『神通川鉱毒対策協議会』及び『県鉱害対策委員会』では、早速役員一行を急行し調査、鉱山側に対し、今後の根本的処置を強く申し入れるとともに、名古屋通産局鉱山部に対し厳重なる監督を要望するとともに今後の結果を注視している」と報じた。[20]

高原川の稚アユ、マス全滅　神岡の鉱毒

流域の稲苗も枯死

損害一千万円にのぼる

岐阜県吉城郡神岡町、三井金属神岡鉱山の鉱毒汚水が神通川支流高原川に流れ出し、放流したばかりのアユ、マス、ウグイなどの魚類はほとんど全滅して浮き上り、その流域の田畑では芽を出したばかりの苗代も枯死するという事件が発生、下流の富山県神通川流域にも大きな被害があるものと心配されている。

十二日午前四時半ごろ吉城郡神岡町三井金属神岡鉱山和佐保鉱じん採場で鉱滓沈でん池の円底部が決壊。同地にためられていた幅四十㍍高さ百五十㍍の鉱毒汚水まじりの泥やく三千立方㍍が流出、数時間にわたって高原川一面を灰色の濁流となって流れ出した。この汚水は亜鉛、鉛、硫酸など毒物を含んでいるため下流の稚アユ、ニジマス、ウグイ、イワナ、コイ、フナなどの淡水魚は全滅し損害は一千万円と推定されている。高原川漁協組（理事長井上敬夫氏）は緊急理事会をひらき同鉱山に厳重抗議するとともに対策を協議しているが、神岡町でもこの川水がかんがい用水に使用されているため同町の苗代に相当被害があるものとみて隣接富山県にも連絡、損害程度を調べている。なお神岡鉱山和佐保鉱ちん採場は一昨年、同鉱山が工費やく五億円で建設したもので汚水流出の原因は工事の不備ではないかとみて応急工事を施している。

配電線盗まる　十二日午前十一時半ごろ北電氷見営業所所員が同市窪地内の配電線百㍍が盗まれているのをみつけ氷見署に届出た。

1956（昭和31）年5月13日付け『北日本新聞』

鹿間谷堆積場は第一、第二、第三堆積場まで拡張され、栃洞・鹿間両選鉱場からの廃滓を堆積してきたが、一九五六（昭和三一）年に堆積を完了している。和佐保・増谷堆積場はまだ使用中であり、堆積完了時には三堆積場で約四〇〇〇万立方メートルに近い堆積が予定されている。[21]

東京ドーム二二個分にのぼるという広大な和佐保堆積場は、このところの気候変動による相次ぐ集中豪雨で決壊の不安を指摘する人もいる。また、地震時の構造安定性は大丈夫なのだろうか。極めて憂慮すべきこれからの課題である。和佐保堆積場については最終の第五章「人類史への教訓」で詳しく触れたい。

引用文献

[1] 三井金属鉱業株式会社修史委員会『続神岡鉱山史草稿 その五』一九七八
[2] 三井金属鉱業株式会社修史委員会『続神岡鉱山史草稿 その五』一九七八
[3] 細入村史編纂委員会『細入村史　通史編（上巻）』細入村、一九八七
[4] 岐阜県『岐阜県史通史　続・現代』二〇〇三
[5] 朝鮮人強制連行真相調査団『朝鮮人強制連行真相調査の記録―中部・東海編―』柏書房、一九九七
[6] 朝鮮人強制連行真相調査団『朝鮮人強制連行真相調査の記録―中部・東海編―』柏書房、一九九七
[7] 飛騨市教育委員会『神岡町史　通史編二』二〇〇八
[8] 一九八〇（昭和五五）年七月三日付け『週刊　神岡ニュース』
[9] 三井金属鉱業株式会社修史委員会『続神岡鉱山史草稿 その一～その五』一九七三～一九七八
[10] 平田貢「イタイイタイ病をめぐる住民のたたかい」『議会と自治体』一九六八年七月号
[11] 松波淳一『私のイタイイタイ病ノート』（覆刻版）、一九六九年発行、二〇一八年覆刻
[12] 一九五一（昭和二六）年八月一九日付け『北日本新聞』
[13] 一九五二（昭和二七）年三月一〇日付け『北日本新聞』
[14] ニュースレター『イタイイタイ病』第五四号、一九八四（昭和五九）年八月九日発行、『神通川流域住民運動のあゆみ』イタイイタイ病対策協議会、神通川流域カドミウム被害団体連絡協議会、一九九一

[15] 厚生省　一九六八（昭和四三）年「イタイイタイ病とその原因に関する厚生省の見解（附属資料）」
[16] イタイイタイ病対策協議会『鉱害裁判』第一〇号、一九七〇（昭和四五）年一〇月二四日発行
[17] 萩野昇「イタイイタイ病との闘い」朝日新聞社、一九六八
[18] 畑明郎『イタイイタイ病』実教出版、一九九四
[19] 一九五六（昭和三一）年五月一三日付け『北日本新聞』
[20] 一九五六（昭和三一）年六月一〇日付け『婦中町報』
[21] 畑明郎『イタイイタイ病発生源対策五〇年史』本の泉社、二〇二一

参考文献

1、向井嘉之『イタイイタイ病と戦争　戦後七五年 忘れてはならないこと』能登印刷出版部、二〇二〇
2、神岡鉱山労働組合『鉱山と共に五〇年』一九九九
3、畑明郎『イタイイタイ病』実教出版、一九九四
4、畑明郎『イタイイタイ病発生源対策五〇年史』本の泉社、二〇二一
5、倉知三夫・利根川治夫・畑明郎編『三井資本とイタイイタイ病』大月書店、一九七九
6、吉村功「イタイイタイ病鉱毒説の追及」『科学』三八巻一一号、岩波書店、一九六八
7、飛騨市教育委員会『神岡町史　通史編二』二〇〇八

その二　農業鉱害ありしところに　人間鉱害あり

戦後まもなくの神通川流域には、「地獄の絶頂」と言わしめた被害地農民の声があった。もちろん、まだ人間被害は明らかになっていなかったが、「イタイイタイ」の呻き声が神通川流域を襲っていた。この頃、流域各町村では、農業鉱害に苦しみぬく農民から三井神岡鉱山糾弾の声があがり、流域七ヵ町村では「神通川鉱毒対策協議会」が結成され、三井に対する抗議運動が再開された。この運動の中心になったのが、本章その一で紹介した鵜坂農業共済組合長・青山源吾である。ここではその青山源吾の母のことに触れていくが、まず、青山自身の略歴を簡単に紹介しておきたい。

一九二一（大正一〇）年、高等小学校卒業　農業に従事
一九四七（昭和二二）年　婦中町町議会議員選挙に当選
一九四八（昭和二三）年　鵜坂農業協同組合常務理事、鵜坂農業共済組合役員から組合長に
農業共済組合は婦中町と合併、婦中町農業共済組合長（一九六七・昭和四二年まで約二〇年間農業共済組合長、この間農業委員となり農業委員長も歴任）

一九四八（昭和二三）年　神通川鉱毒防止対策協議会に学識経験者として参加
一九四九（昭和二四）年　神通川鉱毒対策協議会（町村の共済組合長で組織された委員会）委員
（一九六九・昭和四四年当時、神通川左岸第二土地改良区理事長、婦中町東部土地改良区理事長）

ここに青山源吾の手記がある。その一部を紹介しよう。

私の母は、私を産み落とすと虚弱な体に腎臓病を患い、ブラブラしている間に足腰が痛み出し、私が三歳のときに病身となって実家に戻り、以来「イタイイタイ」の連続で病床に呻吟（しんぎん）する身となった（中略）。私は小学校三年生の頃、人に誘われて母に会いにいった。その時の母はすっかり全身不随になって、手は曲り足もあぐらのような奇形の座り方で動くことさえできず、背後には何枚も布団を重ねてそれによりかかり、その上髪をすっかり落して坊主になっていた。私は母を知ったが、そのあまりの姿に情けなく悲しかった。私は母のことは誰にも話さなかった。あわれな母が何か恥であるように心にまつわりついていた（中略）。夜、寝床に病人を横たえる祖母の仕事は大変で、少し動かす度

農作業に励む青山源吾さん　撮影年不明　青山康子さん提供

に「イタイイタイ」と泣き叫ぶ母の声が、恐ろしいほど私の胸をしめつけた。そんな母を「ここか、ここか」とさすり続ける祖母が、よく「おれもいっしょに泣くちゃ」と寝床で泣いていたのを覚えている（中略）。その祖母は私が二〇歳の頃死んだ。病母の始末が問題になったようだが、結局、母の末弟の嫁がそれをみることになった。だが、その嫁（叔母）も昭和一七年（引用者注：一九四二年）に死んだ。再び病母の始末が問題になり、親族会議の結果、とりあえず同じ集落にいた姉が引き取ることになった。そして間もなく母方の叔父が二度目の嫁を迎えると母は再び実家に戻ることになった（中略）。

　私の父は昭和二〇年（一九四五年）六月に死亡した。（中略）。

　昭和二五年（一九五〇年）三月、私は家族とも話し合い、叔父とも相談して病母を引き取ることにした。母をリヤカーに乗せて家へ運んだが、母は四〇年ぶりで道を懐しがり、家々の呼び名も忘れずに覚えていて幸せそうであった。

　昭和二八年（一九五三年）一月三日、ふとした風邪がもとでこの病母もついにこの世を去った。私に「抱えてほしい」というので、後へ廻って母を膝の上に据えると「ありがとう、いい気持になった」といっていたが、三〇分あまりでそのまま眠るように息を引き取った。入棺の時、私が手伝って姿勢を直したが、この時はまだ体が硬直しておらず、体を動かす度に、ボキボキと音をたてて骨が折れ、亡骸とは知りながら痛ましさに心を刺される思いであった。

　こうして母は二一歳の若さで発病以来、廃人となり、業病として医者からも人からも見放され、その家族までが世間から不具者の家族として眉をひそめられ、四〇数年間も苦しみ続けた末、この世を去ったのである[1]（後略）。

母をイタイイタイ病に奪われた青山源吾の手記である。一九五三（昭和二八）年に亡くなったとのことだから、カドミウムによる人間被害が社会的にまだあきらかになっていない頃である。

一九八一（昭和五六）年一二月、粉雪というにはあまりに冷たい雪が舞う師走の初め、筆者（向井）は、現在は富山市に合併された婦中町の農道を近くに住む青山源吾（当時七四歳）と一緒に歩いていた。テレビ・ドキュメンタリー『公害は死んだのか―小松みよの三〇年[2]』の取材であった。この様子は『一一〇万人のドキュメント[3]』で一部紹介した。

時折、粉雪が風に乗って、横に吹きつけ、頬を伝う。目的の場所はこの農道の先にある墓地の横にある古い火葬場である。青山の案内で一〇分ほど歩き、レンガの煙突のある、今にも崩れそうな老朽化した古い火葬場に着いた。窓ガラスが破れた火葬場の屋根には二〇センチくらいの雪がすでに積もっている。

一九五三（昭和二八）年、青山はこの火葬場で母親・宮田コトの骨をひろった。鉄もすっかり錆びた火たき口をあけるとぎしぎしと唸るようにたき口が開いた。

向井「こりゃもう、そのままですか？この火葬場は」

青山「そのままです、はい」

向井「ここで青山さんはお骨をひろわれたわけですね」

青山「そうです」

向井「どんな風な？」

青山「まぁ、まぁ、骨いいましてもね、もうあの、鉄板の上にあの、骨が残るわけですが、その骨がまあ、実に少ない。もうそれこそ極端にいってひとつまみですわ」

向井「ほう」

青山「全くあの、紙のような骨になってしまってね。全く生きた地獄ですわ、まぁまぁ。一生治らない、どういうことをしても、こりゃまぁ、助かる見込みのない、そしてイタイイタイだけで死んでいく、そういうまぁ、惨めな病気、こんなひどい病気というのは世の中にあるもんだろうか。これだけ医学が進歩している中で、この病気が治せない、この病気がこのままにして放置されなければならない。そういうことは何という残酷なことだろうというふうに、私はまぁ、実に世間を恨みました」

破れ窓から、一段と強くなってきた雪が火葬場の中に吹き込んできた。火葬場の腰板や桟にからみつく蔦にも雪が降り注いでいる。

青山さんは、喉の奥から振り絞るように声を発した。

青山「亡くなった日、急に私にね、あの、わたしだっこしてもらいたい、だっこしてくださいというもんだから、そうかい、そんならいうて、後へ回って、そしていつも大小便をする時のように、そおっと私の膝の上へ乗せて、そして私が体を抱えておりましたら、ああ〜、楽になった、ああ〜楽になったということを二声いいましたよ。そしてそのあとまもなくに、もう一〇分程で息をひきとってしまいました」[4]。

今から四〇年以上以前の取材であるが、この日のことは今も忘れられない。青山のあのしわがれた、ふりしぼるような声が耳元に残っている。

青山源吾の母がイタイイタイ病で亡くなってから二年後に実はイタイイタイ病が新聞のスクープによって初めてその存在が明らかになる。ただ、青山の手記にあったような悲惨なイタイイタイ病患者や家族の痛ましさは決して特異なものではなく、神通川流域では働きざかりの婦人が、ある日突然激痛を訴えたり、身動きできなくなって床につく例はあちこちで見られた。当時、神通川流域の婦中町近辺を担当していた保健婦の堀つやの証言がある。

青山源吾さん　青山康子さん提供

私は昭和二七年（引用者注：一九五二年）八月、富山県婦負郡熊野村（引用者注：現在の富山市婦中町熊野）に招かれ保健婦として勤務した。当時、家庭訪問して驚いたことは、今まで富山の病院で見たこともない患者が同じ集落に多数病床にいることであった。しかも重症軽症の差はあるが自覚症、症状はほとんど同一であり、なんと不思議な病気かと思った。患者は訪問のたびに、「保健婦さん、何か良い薬があったら知らせてください」と手を合わせて懇願する有様を見るたびに、何とか救う方法はないものかと考えた。家庭訪問を続けていたなかに、神通川の堤防の下に添島という集落がある。そこには多数の重症患者がいた。その中のMさん（五七歳）という主婦の症例について述べてみよう。私は一見してこの人は生きた人間かと驚いた。体は萎縮して小さくなり、両足はあひるのようにくにゃくにゃに曲り、肋骨ばかりが見えて、両手はまったく動かすことはできず、患者はそのとき悲しげに、「顔に蠅がとまっても追い払うこともできません」と語った。のちにX線検査で判明したが、何と全身七二ヵ所の骨折があったとのことである。[5]

堀つやさん
出所：「富山のイタイイタイ病を見る」『ナース』1968年3月1日号、山崎書店

堀は日頃の保健婦の活動を通じて、この病気はこの地区特有の不思議な病気だが、しかし、これは大変な病気なのではないかという予感がしていた。

堀は一九五四（昭和二九）年六月一〇日、保健婦の研究発表大会で熊野村における婦人の神経痛の原因について発表した。「熊野村には重症で病床にある者は現在一三名、うち、四名は杖または這うなり、壁によりかかってかろうじて便を達するくらいであり、残りの九名は起居動作ほとんど不能な状態であります[6]」。実はこの発表で堀は重要な指摘を行っている。それは次の七点である。

1、この病気は男より女の方が多いこと。
2、神通川に近い集落に多いこと。
3、耕作田地が多く、労働時間が長く、みな過重労働なること。
4、概して出産回数が多いこと。
5、産後の休養が短いこと。
6、患者の半数の家庭には姑が同病で病床にあること。
7、野外作業中、携行飲料水の欠乏により川水を飲むこと。[7]

堀はこの病気を重症の神経痛と考えていたようであるが、しかし、当時の保健婦の記録としては適格な調査報告であったと言える。堀は、容易ならざるこの病気について富山県当局や熊野村長にも直接報告したと証言している。「二八年（引用者注：昭和二八年・一九五三年）に、県の医務課長に、この奇病のことを報告したのだけど、実にそっけなくあしらわれた。その前年に熊野村（当時）の村長に話した時も『ああ、それ、神岡の鉱毒じゃないかな』といわれたっきり。数年後、婦中町長に話した時も『鉱毒だよ』とはいうものの、自分では動こうとしなかった。『けれど証拠はないし、相手が三井だからね』ということを耳にしたことがある[8]」。

全く信じられないことだが、この時点で行政当局は、患者発生の事実を周知しており、しかも三井の鉱毒にまで言及しながら無視したのだ。一体、行政は誰のためにあるのか、これが公害に対する行政の基本姿勢である。

本章その一で紹介した地元の医師・萩野昇は復員後、金沢医科大学（現・金沢大学）第一病理学研究室の宮田栄教授と連絡を取りながら原因追及に努めたが、この研究の途中で宮田教授も亡くなり、治療法の見つからない近辺の膨大な患者群を調べながらも一〇年が過ぎた。

一九五五（昭和三〇）年五月、全く未知の医師、東京・河野臨床医学研究所長の河野稔らの突然の来訪を受けた。河野らは富山県のリウマチ調査に来富していたが、婦中町一帯に患者が多いと聞き、萩野病院も訪問したのだが、患者の多発とともに病状の異常さに驚き、八月に再び本格的な調査に来ることを萩野に約して帰った。

このことを含め萩野医師が神通川流域の患者群について新聞記者に語ったのが、一九五五（昭和三〇）年八月四日付け『富山新聞』の大スクープになった。イタイイタイ病、つまりそれまで全く知られていなかった人間被害が初めて社会的に明らかになったのである。

この記事は日頃から取材を通じて萩野昇医師と親しくしていた『富山新聞』の記者・八田清信（一九〇九―一九七八）が、悲惨な病気の存在を聞き、萩野の診察に同行し書いたものである。

このスクープ記事はイタイイタイ病の歴史の中で必ずと言っていいほど掲載され、筆者も拙著には

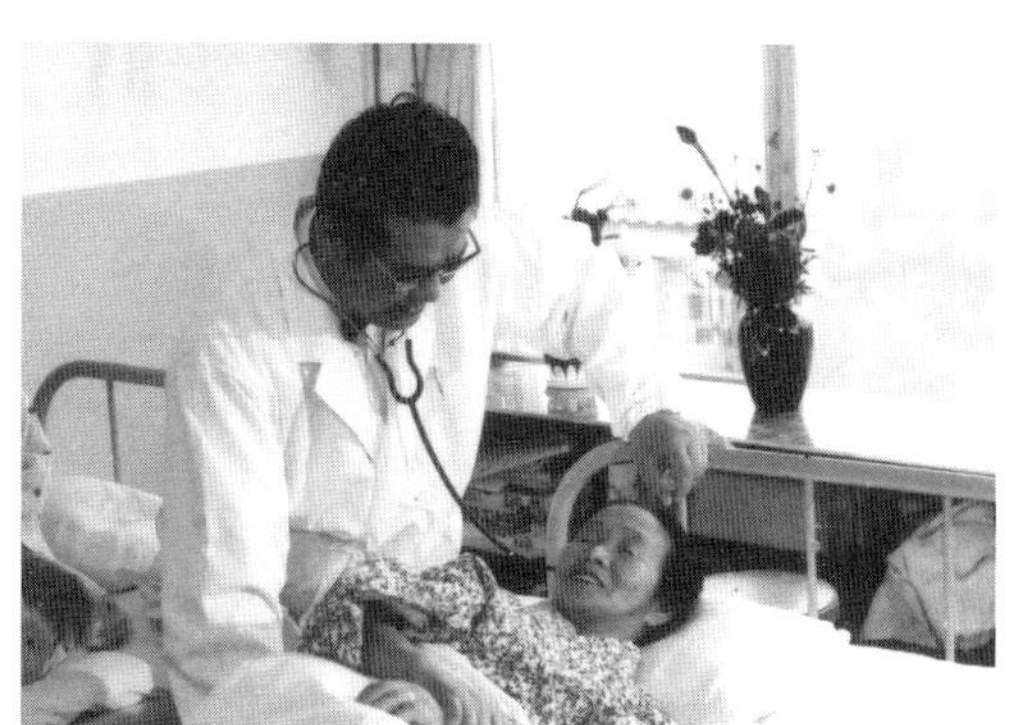

萩野昇医師（昭和40年代）　　向井嘉之撮影

ほぼ毎回掲載しているが、イタイイタイ病の歴史にとっても、公害の歴史においても人間被害の原点となった記事なので再度掲載しておきたい。

婦中町萩島・添島・蔵島の三地区(旧熊野村)に大正一二・三年ごろから「イタイ、イタイ病」といわれる病気にかかるものが多く、すでに一〇〇人余りが死亡、現在は重症者四二人、初期とみられるものが六三人おり、どうしてもなおらぬところから「業病」とあきらめている人さえいる。この病気は最初は神経痛のように体の一部分にはげしい痛みをおぼえ二年、三年たつと骨と筋肉が委縮して、そのあげく骨がもろくなり、わずかの力が加わってもポキリと折れてしまうこともある。しかも骨と筋肉がキリキリと痛むため患者はその苦しみにたえられず「いたい、いたい」と叫ぶところから「イタイイタイ病」といわれているもの。[9]

一九五五(昭和三〇)年八月一二日、約束通りに、前述した河野稔医師が細菌学の権威・細川省吾(当時東大名誉教授)らとともに来富、萩野病院で総合調査を行った。会場は二〇〇人の住民が受診、ごった返した。この様子については、『イタイイタイ病報道史　公害ジャーナリズムの原点』[10]、『イタイイタイ病との闘い　原告 小松みよ―提訴そして、公害病認定から五〇年―』[11]を参照願いたいが、二〇〇人が受診した中で、イタイイタイ病患者は初期・重症を含めて五二名で、このうち男性は三名のみ、残りの四九名は三五歳から六〇歳までの女性だった。ただ婦中町熊野地区には屋外に運ぶことの出来ない重症患者が、まだ六〇余名いるとのことだった。

婦中町熊野地区の奇病

「いたい、いたい」病にメス

骨と筋肉が痛み縮む

被病者百人余　大部分は三十一、二歳の女

近く細屋博士らが現地調査

これまで医学界に報告されていない奇病が婦中町熊野地帯に多数発生しているので日本医学界の権威たちが十二日ごろ大挙来県、正体究明のメスを入れることになった。

婦中町萩島、添島、蔵島の三地区（旧熊野村）に大正十二、三年ごろから「イタイ、イタイ病」といわれる病気にかゝる者が多く、すでに百人余りが死亡、現在は重症者四十二人、初期とみられるもの六十三人がこの奇病に悩まされており、どうしてもなおらぬところから「業病」とあきらめてさえいた。

この病気は最初は神経痛のように体の一部分にはげしい痛みをおぼえ二、三年たつと骨と筋肉が萎縮して、そのあげく骨がもろくなりわずかの力が加わってもポキリと折れてしまうこともある。しかも骨と筋肉がキリキリと痛むため患者はその苦しみにたえられず「いたい、いたい」と叫ぶところから「イタイイタイ病」といわれているもの。

最初の研究者
萩野博士

この病気を最初に研究したのは同地区唯一の病院である萩島病院長萩野昇博士で昭和二十一年、戦地から帰還後モルモット、ネズミ、ウサギなどの動物実験や、レントゲン全身透視など慎重な研究を続け、また数年前から金沢大学病理学室の協力を求めて各種試験を行っているが、依然として病源の正体は不明であり金大では萩野病とまでいっているほどである。そこで同博士の提唱により遠藤県衛生部長ものりだしてこの奇病に徹底的なメスをいれることになり浅野婦中町長らと協議の結果、多額の経費を投じ元東大病理学主任、現伝研細菌部主任細屋雄次博士やリウマチス研究の第一人者である元東大教授河野正治博士ほか十数名を迎えて十二日ごろから総合研究するという。

萩野博士の話　熊野地区の三部落に限られていること、患者が主として三十一、二歳の女で、男はわずか三名、しかも青少年期にはなく、また他町村から入婿した女はかゝらないなど注目すべき点が多い。学界不詳のロ過性病原菌がいるのではないかと思うが、原子検微鏡や多角的科学精査で正体をつかめれば世界的報告になるだろう。

遠藤県衛生部長の話　萩野博士がこの奇病をながらく研究され、貴重な記録を作っておられるがロ過性病原菌だとすると、多額の費用と時間がかゝるので斯界の権威に協力してもらって、一日も早く奇病を絶滅したい。浅野婦中町長も理解され積極的に後援されるのは有難い。調査団一行は十数氏、十二日ごろ来県二、三週間滞在の予定だ。

1955（昭和30）年8月4日付け『富山新聞』

当日は現地の会場に東京・富山を問わず、多くの日刊紙・月刊誌・週刊誌記者が詰めかけた。

午後、一行は寝こんだまま動かすことのできない、萩島の松岡チヨさん（六五）を往診した。五〇過ぎに発病、三年前から寝たきりというチヨさんは昨年暮れから骨がポキポキ折れ、今では二〇数ヵ所の骨折、足などはほうぼうで寄木細工のように折れ曲がり、生きながらえているのが不思議な惨状―「地獄絵図だ！」思わず研究員の一人がつぶやいた。[12]

これらの記事を読むと、否応なしに、本章冒頭で紹介した青山源吾の手記が重なってくる。一旦、イタイイタイ病という病で床についたものは、ひたすら「イタイイタイ」と泣きながら、骨は折れるがまま、痛ましいというにはあまりに悲惨な日々を送らねばならない。人間被害が明らかになってからイタイイタイ病の患者を長期に観察・研究した医師は、吉村功によれば当時、以下の四つのグループだった。

（一）萩野昇

（二）河野グループ

（三）富山県立中央病院グループ（村田、中川ら）

（四）金沢大学グループ（石崎、梶川、高瀬、竹内、豊田、平松など）

萩野は地元医師で最も多くの患者を観察、特に一九四六（昭和二一）年から一九五五（昭和三〇）年の間に死亡した人たちをイタイイタイ病患者として観察できた唯一の医師である。河野グループは一九五五（昭和三〇）年に現地調査を行い、さらに小松みよら二人の患者を東京に連れてゆき、症状の軽快まで治療した。しかし、満足できる病因論を確立できなかった（中略）。

富山県立中央病院は、地元で最も権威ある病院の一つで、イタイイタイ病発生地域とは比較的近く、萩野病院とは神通川の対岸にあるので、かなり前から診察を受けていた患者がいたのではないか。しかし、イタイイタイ病患者という認識をもって観察を始めたのは一九五五（昭和三〇）年以後である。金沢大学グループのうち、豊田、梶川などは一九五五（昭和三〇）年頃から少数の患者を診ているが、本格的な研究は一九六二（昭和三七）年の富山県イタイイタイ病集団検診の中心になってからである。[13]

吉村の分析を要約すれば、概ねこのような研究段階にあったようだが、やはり地元に近く日々患者に接している萩野が研究面でも一歩先んじた。

一九五五（昭和三〇）年、人間被害が社会的に明らかになってからの萩野の原因追及を要約すると、当初は萩野病院での初めての総合調査にやってきた東京・河野臨床医学研究所長の河野稔と萩野の共同研究で進むが、河野はイタイイタイ病の主な原因を「栄養説」におき、骨軟化症の一種としたが、萩野は一九五七（昭和三二）年の富山県医学会で神通川の川水による鉱毒説を発表したため、二人の共同研究は袂を分かつ。これを機にイタイイ

青山源吾さん（向かって右）
撮影年不明　青山康子さん提供

タイ病を巡る原因追及は萩野の神通川に流下する鉱毒説と河野の栄養説を中心とする二つの大きな流れに分かれた。もちろん萩野の鉱毒説は画期的なものであったが、鉱毒説でも特にカドミウムを明確に指摘する段階までいっていなかった。

こうした流れを決定的に変えるきっかけを与えたのが、イタイイタイ病に母を奪われ、被害地の農民として徹底的に農業被害と闘い続けていた青山源吾だと筆者（向井）は考える。それは当時、抗議活動に日夜奔走していた青山と岡山県の倉敷労働科学研究所の研究員だった農学・経済学博士・吉岡金市（一九〇二―一九八六）との出会いから始まった。

まず平迫省吾のルポ「毒を流す川」に次のような紹介がある。

> 昭和三三年（引用者注：一九五八年）九月のことです。岡山県に住む農学・経済学博士の吉岡金市氏が黒部川流域の冷水害調査にきました。当時、婦中町農業共済組合の組合長であった青山源吾氏がこのことを知って、組合としてこの吉岡氏を婦中町に呼び、鉱害と冷害の調査を依頼しました。その後、昭和三五年（一九六〇年）八月にも婦中町の夏季農業講座にふたたび吉岡氏を招き、鉱害調査を依頼しました。
>
> このとき吉岡博士は稲の根系を徹底的に調べることによってこの地域に鉱害が重ねられていることを確認し、この鉱毒がどこで生産されているかをたしかめるために神通川をさかのぼって神

吉岡金市博士
（1970年、金沢経済大学　学長時代）
出所：吉岡金市『日本農業の機械化』 農山漁村文化協会、1979

岡鉱山に至り、鉱山と製錬工場と廃滓処理場を実地調査して鉱毒の生産地と流下する経路を実地に確かめ、水を採集する場所を科学的に決定して水を採取し、それを分析した結果、大量のカドミウム、亜鉛、鉛などを検出することに成功しました。

吉岡博士はその後も毎月のように現地を訪ね、萩野博士とも会って意見の交換を行い、「農業鉱害と人間鉱害は不可分」であることを確認し合い、共同研究の態勢を強めることになりました。[14]

萩野昇医師と吉岡金市博士を引き合わせたのは、もちろん青山源吾である。イタイイタイ病を新聞スクープによって初めて社会に明らかにした八田清信はのちに『死の川とたたかう　イタイイタイ病を追って[15]』を執筆、この中に青山が吉岡を萩野に紹介する部分を詳しく描いている。

母をイタイイタイ病に奪われた神通川流域の農民が、その原因追及のために地域の人々とともに自ら走り回った。一時は「孤独の学説」とさえ言われ、三井神岡をはじめ、医学界からも批判を浴びていた萩野医師を地元の農民が必死に支えてきた姿に筆者（向井）は心を揺さぶられた。おそらく青山は日頃の農業を通じて、「農業鉱害ありしところに人間鉱害あり」を確信していたのではないだろうか。

吉岡が一九六一（昭和三六）年に発表した『神通川水系鉱害研究報告書―農業鉱害と人間鉱害―（イタイイタイ病）』の冒頭に研究の成果とその経過が記されている。平迫省吾のルポと重なるところがあるが、一部を引用したい。

わたくしが神通川水系の鉱毒問題が、科学的に未解決のままであることを知ったのは、昭和三三年（一九五八年）九月のことである。当時わたくしは黒部川水系の冷水害調査に来たついでに、神通川水系の冷水害の現地調査を行い、地元の人々から鉱害を訴えられたので、その際入手した富山県農業試験場の昭和二五年度神通川鉱害対策試験成績表、昭和二六年鉱害対策試験成績表・第一原因分離試験、昭和二七年度事業成績書を調べてみて、神通川水系には冷水害の外に鉱害があるのに、その農業鉱害さえ科学的に解明されていないのである。農業鉱害には人間鉱害—健康障害がつきものであるから、文献を調べてみると、神通川下流域には、イタイイタイ病という特殊な病気が戦後多発しているのにもかかわらず、そして昭和三〇年度来、学会で度々問題にされているにもかかわらず、その原因さえ解明されていないことに、二度驚かされたのである。これは私の神通川鉱害の予備的な研究時代のことである。[16]

このような経緯を経て、前述した一九六〇（昭和三五）年に婦中町の夏季農業講座に講師として招かれた吉岡は、青山源吾の案内で各地の水田を視察、萩野医師との出会いが実現する。このあと青山は直ちに一九六〇（昭和三五）年八月一日付け神通川鉱毒対策婦中町地区協議会長名の「研究依頼書」と、一九六〇（昭和三五）年八月二二日付け富山県婦負郡婦中町農業共済組合長名の「神通川鉱毒の科学的解明についてのお願い」を吉岡に送った。[17] この文書を写真版で掲載したが、吉岡が一九六一（昭和三六）年に発表した『神通川水系鉱害研究報告書—農業鉱害と人間鉱害—（イタイイタイ病）』は青山のこの依頼に対する報告書であった。

イタイイタイ病の原因であるカドミウム発見に至る過程を見ていくとやや大雑把（おおざっぱ）な言い方になるが、

昭和三十五年八月一日

神通川鉱毒対策婦中町地区協議会
会長　青山源吾

農学博士経済学博士
吉岡金市先生

依頼書

神通川流域の水田には、明治時代から鉱毒被害と称する水稲及び農作物の発育不全をもたらす障害があって、上流の岐阜県吉城郡神岡町に操業する神岡鉱山の鉛、亜鉛の廃滓流出に起因するものとして、下流農民から、しばしば抗議がなされたが、科学的根拠が薄弱であるとして理由たたず、戦前はすべてしりぞけられてきましたが、戦後の昭和三十三年、流域の町村が結集し、鉱毒対策委員会をつくり、神岡鉱業所と数次に渉る折衝の結果、同三十六年、金参百万円の水稲損害に対する協力費とのことで富山県庁を通じて支払われ、以来毎年この種名目による補償料が支払われては参りましたが、鉱山側の廃滓施設の強化とともに、該補償料も順次減少の傾向にあります。勿論終戦当時に比べて、農作物に及ぼす被害は若干軽減したかに思われますが、絶体に流れないという保証はどこにもなく、殊にひとたび水田に流入した鉱毒は容易に消えさらず、いまも水稲成育時には顕著な被害の様相を呈します。鉱毒とはなにか？　風説ではこの地方に、むかしから点々として発生する風土病「イタイイタイ病」にも深い関連があるとも伝へられます。果してそうか・鉱毒の正体を見究めてゆくことは、鉱毒問題の解決に不可欠の事柄であり、人心の疑惑に、こたへるみちであらうと存じます。

以上、神通川鉱毒問題の概況をおつたへ致しまして、これが科学的解明について御教示願いたく、御依頼申上ます。

以上

富山県婦負郡婦中町農業共済組合

婦農共発第号外

昭和三拾五年八月二十一日

富山県婦負郡婦中町速星九一七
婦中町農業共済組合
組合長理事　青山源吾

農学博士　経済学博士
吉岡金市殿

神通川鉱毒の科学的解明についてのお願い

ますます御健勝のこととお慶び申上ます。

さて、先般御来婦の折、かねてからこの地方の問題となっています神岡鉱山から流出する鉱毒の、農業被害の実情を、現地について御調査いただきましたが「この被害は単に水稲や農作物だけに止まらず環境を同じくする生物全体に被害が及んでいるに違いない」との御判断から、この土地に発生する原因不明の風土病「イタイイタイ病」との関連について、深い関心をおよせいただきましたことは、地域住民に大きな反響となってひろがっています。

かうした反響に対し、「鉱毒とは何者か」いまこそその正体を科学的に解明すべきときであると存じます。永い間、鉱毒に苦しめられてきた神通川流域住民のために、先生の鋭敏な学者的感覚をもって科学的な解明を願い、今後の対策のたすけを致したいと存じます。資料の蒐集その他必要な協力は、できる限り当方で致しますから、それ等の分析結果と鉱毒の及ぼす影響等について御報告いただけますなら幸甚と存じます。何卒お願い申上ます。

敬具

富山県婦負郡婦中町農業共済組合

青山源吾から吉岡金市への「農業被害の原因解明の依頼書」

出所：吉岡金市『公害の科学　イタイイタイ病研究』　たたら書房、1970

青山の仲介で萩野と吉岡が会ったことにより、まずその端緒が開かれたと言ってよい。以後、萩野と吉岡はイタイイタイ病患者の遺体、遺骨、毛髪をはじめ、三井金属鉱業神岡鉱業所からの廃水や廃滓、また青山らの協力によって農作物や泥土など広範囲にわたって資料を収集、科学的な研究を再開する。ただ、鉱毒中の重金属を検出するには、当時スペクトル分析器を持つ、この道の権威である理学博士・小林純に依頼する必要があり、ここに萩野・吉岡・小林のいわば共同研究が始まった。そしてさまざまな調査資料から共通してカドミウム、亜鉛、鉛が検出され、とりわけカドミウムが例外なく大量に検出された。吉岡は、疫学（Epidemiology）の手法を用い、イタイイタイ病の原因は神岡鉱山から流下してくるカドミウムであると推論した。

一九六一（昭和三六）年六月、札幌における日本整形外科学会で、萩野が吉岡・萩野の連名で「イタイイタイ病に関する研究」を発表、初めてイタイイタイ病のカドミウム原因説が公式に明らかにされた。

一九五五（昭和三〇）年、イタイイタイ病が社会的に明らかになって以来、原因究明をめぐってさまざまな医師、研究者がこれに取り組んだ。筆者が収集した新聞記事から、翌年一九五六（昭和三一）年から一〇年間の記事をざっと拾ってみると以下のようになる。

一九五六（昭和三一）年

一月一一日『富山新聞』「イタイイタイ病　牛乳で一掃しよう」

二月五日『毎日新聞』「イタイイタイ病不治の病にあらず」「東京・河野臨床医学研究所の努力実る」「地元の無理解が究明の妨げ」

五月五日『北日本新聞』「〝痛い痛い病〟はなおる」「ビタミンD大量投入」「重症患者が東京で全快」

一九五七（昭和三二）**年**

八月一六日『朝日新聞』「奇病の正体探る」「婦負農高の女生徒　実習にウサギ飼育」

一二月三日『富山新聞』「神通川の伏流水に原因」「溶けた亜鉛などを飲む」「イタイイタイ病　萩野博士の研究進む」

一九五八（昭和三三）**年**

四月一四日『北日本新聞』「来年で切れる補償　神通川の鉱毒」「近く契約の更新運動」「イタイイタイ病も調査」

九月二四日『富山新聞』「イタイイタイ病　神通川の水が影響――ウサギ二八匹で動物実験――」「県医学会席上　萩野博士（婦中）が定説に反論」

一九五九（昭和三四）**年**

一〇月八日『北日本新聞』「イタイイタイ病の原因わかる」「亜鉛による鉱毒」「萩野博士（婦中）が発表」

一〇月一〇日『北日本新聞』「亜鉛鉱毒説に疑問」「イタイイタイ病　神岡鉱業所側の見解」

一九六一（昭和三六）**年**

三月六日『北陸中日新聞』「富山の奇病イタイイタイ病」「萩野博士の研究で原因わかる」「神通川上流の鉱毒」「近く渡米、治療薬を研究」

五月一四日『富山新聞』「イタイイタイ病の原因は鉱毒」「患者の骨から検出　岡山大学小林教授

が発表」「亜鉛、鉛、カドミウム　神通川伏流水に多量に含む」
六月四日『読売新聞』「いたいいたい病　神通の奇病に新説」「神岡の鉱毒から」「吉岡、萩野氏の研究」
六月二四日『北日本新聞』「イタイイタイ病は〝鉱毒〟」「婦中町の萩野医博が研究」「患者から多量のカドミウム検出」「「きょう学会で発表」
六月二五日『朝日新聞』「神岡鉱山の抗毒素が原因か　婦中町一帯のイタイイタイ病」「骨が腐って折れる」「実った萩野博士の研究」
六月二五日『毎日新聞』「有毒重金属で骨が腐る　富山の〝イタイイタイ病〟」「日本整形外科学会萩野教授が原因発表」
七月五日『北日本新聞』「神岡鉱山　イタイイタイ病の病原に反論」「萩野学説に根拠なし」「カドミウムは骨に無害」
七月五日『富山新聞』「神岡鉱山論に反論　吉岡博士の見解」「婦中町のイタイイタイ病　尾を引く萩野学説」

一九六二(昭和三七)年

七月一四日『朝日新聞』「イタイイタイ病を総合調査」「白紙の立場で究明へ」「県の地方特殊病対策委」
八月八日『山陽新聞』「米政府から助成金」「小林岡大教授　水質の汚染調査に」
八月二三日『北日本新聞』「イタイイタイ病追放へ県厚生部　予防対策の検討始まる」「来月から

原因調査　移動保健所で早期治療も」

一九六三（昭和三八）年

六月一六日『富山新聞』「イタイイタイ病　鉱毒が原因か」「金大で初の合同研究会」

六月一六日『読売新聞』「鉱毒説めぐり対立」「イタイイタイ病初の研究会」

一二月一九日『サンケイ新聞』「イタイイタイ病に結論」「原因は有毒物含んだコメ」「吉岡博士が鉱害説裏づけ」

一九六四（昭和三九）年

二月二四日『毎日新聞』「富山県下の風土病〝イタイイタイ病〟重金属の鉱毒が原因」「小林博士、近く米で発表」

三月一五日『富山新聞』「深くイタイイタイ病にメス　ことし住民検診」「金大で研究員全体会議　早期発見を決める」

一二月四日『読売新聞』「男の疑似患者出る」「イタイイタイ病対策委で報告」「栄養療法でなおる例も」

一九六五（昭和四〇）年

一〇月二〇日『北日本新聞』「イタイイタイ病　鉱毒が原因」「ネズミでも立証」「婦中町萩野医博ら　近く学会で発表」

一〇月二三日『朝日新聞』「イタイイタイ病は鉱毒で」「公衆衛生学会　小林岡山大教授が発表」

一〇月二五日『朝日新聞』「補償問題再燃か」「小林教授、学会で鉱毒説発表」「婦中のイタイイタイ病」

一一月二八日『北日本新聞』「原因は明らかに公害」「婦中町訪問の小林岡山大教授　イタイイタイ病で語る」

一九六六（昭和四一）年

六月二七日『サンケイ新聞』「カドミウム性物質が原因」「神通川流域のイタイイタイ病」「水、食物と体内へ　骨軟化症起こす」

一〇月一日『北陸中日新聞』「研究調査打ち切り」「イタイイタイ病原因解明できぬまま」

一〇月九日『北日本新聞』「イタイイタイ病総合研究は続ける」「吉田知事　県労協に答える」

一〇月三一日『北日本新聞』「イタイイタイ病の元凶　カドミウム」「発生源は　地元か神岡鉱山か」「県が独自で究明へ」

一一月一六日『富山新聞』「イタイイタイ病で対策期成同盟会を結成」「婦中町熊野の一三集落」

一二月一一日『富山新聞』「イタイイタイ病神岡鉱山調査始まる」「鉱山側　問題ないと反論」[18]

神通川流域における人間被害が明らかになってからの一〇年、このように新聞報道を羅列すると、患者に関する記事はほとんど出てこない。記事の内容は、イタイイタイ病の原因に関する萩野・吉岡・小林らの学会発表、萩野らの見解に対する神岡鉱業所側の反論、厚生省・文部省による研究班の動き、富山県の動きなどである。せっかくのイタイイタイ病第一報がありながらジャーナリズムは、高度成長下にあって開発優先、産業政策優先で動く政府、行政に追随し、富山県のメディアもその方向にあった。鉱毒説と反鉱毒説の狭間で企業側に立つ学者や行政とのバランスを重視していた。報道を歓迎しない地元の閉鎖性があったかもしれないが、メディア独自の調査報道への取り組みなども見られなかったことは事実であろう。

後述する厚生省の公害病認定直後のことになるが、青山源吾は一通の手紙を吉岡に送った。「各界に配りました先生の貴重な文献が動かし難い力となり、その基礎の上にその後の研究が蓄積し発展したことは否めません。今日の成果は、先生の学者としての鋭敏な感覚がもたらしたものであることは、多くの知識人が認めているところです[19]」。

これに対する返信ではもちろんないが、吉岡は一九七九（昭和五四）年に著した『カドミウム公害の追求（ママ）』で次のように述べている。

公害先進国となった日本における公害の防止は、裁判でも行政でも、実現できない性質のものである。良心的な裁判官や行政官が、それをなげくのは、裁判や行政を通じて、その限界が体得されるからである。公害の防止が、正しい住民運動によってのみ実現出来ることは、アメリカでも日本でも同じように証明されているところである。住民運動は、自覚的であると否とにかかわらず、疫学をその立脚点としている。私益のあくなき利潤追及（ママ）が、人間の環境を破壊する――それによっておこる疾病の原因は、素朴な疫学的体験で、最もよく体得されるからである。医学者の疫学の「定義」や「方法」よりも、住民の素朴な疫学的に体得した経験が、公害の本質をよく把握しうるからである。それ故に、疫学的な調査研究は、被害者住民と共に被害者の立場に立って、すすめてゆくべきものであり、そうすることによって却って容易に、科学的真実を把握しうるのである。[20]

イタイイタイ病原因追及の歴史において、医師、科学者を支えてきた青山源吾は、その後、一九六八（昭和四三）年のイタイイタイ病裁判第一次訴訟で原告遺族として闘い、控訴審で完全勝訴を勝ち取った。イタイイタイ病訴訟についてはこのあと、第四章で取り上げるが、イタイイタイ病対策協議会の小松義久会長とともに訴訟の大きな精神的支えとなった。

その生涯はまさに波乱に満ち、その信念は常に弱者の立場に立ち、農業を愛し農民の地位向上、地域社会のために全力を傾注した。一九八四（昭和五九）年、七七歳で逝去した。

青山源吾が亡くなってから四〇年近くになるが、今、富山市婦中町上轡田（かみくつわだ）の青山家を守るのは、孫にあたる青山康子である。孫といっても、実は源吾の娘夫婦、朝枝・弘明夫妻には子どもがいなかったため、弟夫婦の子どもである康子が娘夫婦の養女として青山家に入り、結婚して源吾が愛した青山家の農業を受け継いでいる。

二〇二二（令和四）年六月、青山康子に会う。「私が青山家にきたのは源吾さんがずっと歳取ってからだったので、農業をしておられる姿はあまり知りませんが、とにかく勉強熱心で、農業のこと

青山康子さん　2022年6月　金澤敏子撮影

をいろいろ独学しながら近所の農家の人たちの相談にのっていたそうです」と、源吾への敬意が言葉の端々に感じられる話しぶりだった。

次の第四章では、いよいよ農民が「天下の三井」に立ち向かう住民運動、そして青山源吾らがカドミウム被害解決への礎(いしずえ)を築いた「イタイイタイ病裁判」と民衆の闘いを取り上げる。

引用文献

［1］平迫省吾「毒を流す川—富山県イタイイタイ病問題—」『議会と自治体』一九六八年四月号、日本共産党中央委員会

［2］一九八二（昭和五七）年六月二六日、富山地区ローカル放送（北日本放送）、一九八二（昭和五七）年七月一一日、NNNドキュメント'82で全国放送

［3］向井嘉之『一一〇万人のドキュメント—メディアの森の中で—』桂書房、一九八五

［4］向井嘉之『一一〇万人のドキュメント—メディアの森の中で—』桂書房、一九八五

［5］堀つや「イタイイタイ病の活動をかえりみて」『看護』二五巻八号、一九七三

［6］「富山のイタイイタイ病を考える」『ナース』三月一日号、山崎書店、一九六八

［7］「富山のイタイイタイ病を考える」『ナース』三月一日号、山崎書店、一九六八

［8］『週刊新潮』一九七一年二月一三日号、新潮社

青山家の水田（富山市婦中町上轡田(かみくつわだ)地内）

2022年6月　金澤敏子撮影

[9] 一九五五（昭和三〇）年八月四日付け『富山新聞』
[10] 向井嘉之・森岡斗志尚『イタイイタイ病報道史 公害ジャーナリズムの原点』桂書房、二〇一一
[11] 向井嘉之『イタイイタイ病との闘い 原告 小松みよ―提訴そして、公害病認定から五〇年―』能登印刷出版部、二〇一八
[12]『サンデー毎日』一九五五年九月四日号、毎日新聞社
[13] 吉村功「イタイイタイ病鉱毒説の追及」『科学』三八巻一一号、岩波書店、一九六八
[14] 平迫省吾「毒を流す川―富山県イタイイタイ病問題―」『議会と自治体』一九六八年四月号、日本共産党中央委員会
[15] 八田清信『死の川とたたかう イタイイタイ病を追って』偕成社、一九七三
[16] 吉岡金市『神通川水系鉱害研究報告書―農業鉱害と人間鉱害―（イタイイタイ病）』私家版、一九六一
[17] 吉岡金市『公害の科学 イタイイタイ病の研究―カドミウム農業鉱害から人間鉱害（イタイイタイ病）への追及―』たたら書房、一九七〇
[18] 畑明郎・向井嘉之『イタイイタイ病とフクシマ これまでの一〇〇年これからの一〇〇年』梧桐書院、二〇一四
[19] 吉岡金市『公害の科学 イタイイタイ病の研究―カドミウム農業鉱害から人間鉱害（イタイイタイ病）への追及―』たたら書房、一九七〇
[20] 吉岡金市『カドミウム公害の追求（ママ）』労働科学研究所、一九七九

参考文献

1、萩野昇『イタイイタイ病との闘い』朝日新聞社、一九六八
2、吉村功「イタイイタイ病鉱毒説の追及」『科学』三八巻一一号、岩波書店、一九六八
3、平田貢「イタイイタイ病をめぐる住民のたたかい」『議会と自治体』一九六八年七月号
4、畑明郎・向井嘉之『イタイイタイ病とフクシマ これまでの一〇〇年これからの一〇〇年』梧桐書院、二〇一四

第四章

「天下の三井」住民運動に屈す

その一　裁判官！　もうおわかりになったでしょう！

一九六〇年代後半、日本の社会には、まさに「住民運動」と呼ばれる民衆の闘いが渦巻いていた。「それでも人間か」、生きることの原点を問うさまざまな住民運動の先頭に立ち、時代をリードしたのが、「反公害」に立ちあがったイタイイタイ病の被害者たちだった。

「イタイイタイ病対策協議会」を立ち上げた小松義久(こまつよしひさ)の声が聞こえる。

イタイイタイ病対策協議会　小松義久会長
小松雅子さん提供

私たちがイタイイタイ病対策協議会を結成した主旨は、環境を破壊し患者を発生せしめた、三井神岡に対して、直ちに、たれ流しを止めさせ、そして今までの罪の償(つぐな)いを、三井の責任においてさせてゆくという主旨で結成いたしました。

結成当初は内部的には、患者あるいは、家族一人一人が被害者であるという意識に立つ、そして運動を進めていくという、そのことを口伝えに、体伝えに内部的組織を固めてきました。あるいは、その運動が発展するにつれて、外部では米が売れなくなる、あるいは嫁の出入りが閉ざされるとか、いろいろな中傷妨害がありましたが、大きな世論に支えられながら運動を進めてまいりました。

町や県、国に対して要請、陳情そして加害企業に対しての抗議、可能な限りの運動を進めてまいりましたが、何ひとつ解決をみることが出来ず、裁判以外には方法がないのではないかと思い、ちょうどその時、新潟水俣病裁判の裁判所による現場検証がありまして、ここに参加し、新潟水俣病を闘っておられる皆さん方との交流の中で私の方でも裁判以外にないという決意をし、新潟の地で裁判を決意してまいりました。

裁判は大変なことであります。万一負けた時に、戸籍をたたんでこの土地から出ていかなければならないという悲愴な決意でございました。[1]

当時の婦負郡婦中町（現・富山市）において、イタイイタイ病激甚被害地区の熊野地区をはじめとする一三集落をたばねてイタイイタイ病対策期成同盟会（のちにイタイイタイ病対策協議会）が結成されたのは、一九六六（昭和四一）年一一月一四日だった。

一九六八（昭和四三）年の厚生省見解が発表される二年前で、まだ新聞各紙には風土病、地方特殊病の表現が残っている頃であり、この年一九六六（昭和四一）年の一〇月一日の朝刊各紙では、一九六〇（昭和三五）年からイタイイタイ病の原因究明を続けてきた富山県地方特殊病対策委員会が、「原因はカドミウムと深い関係があるとしながらも、決定的な原因は不明」との結論で研究調査を打ち切ったことを伝えていた。こうした結果に地元婦中町の萩野昇医師をはじめ、被害者家族らが失望し、自ら被害者組織を結成すべきとの声があがり、一一月一四日の結成大会となった。

イタイイタイ病対策期成同盟会（以後、イタイイタイ病対策協議会と表記）の結成大会で「イタイイタイ病の原因は神通川上流の神岡鉱山（三井金属鉱業）の鉱毒によるものとはっきりしている」と確認し、小松義久を会長に選んだ。小松は一九二五（大正一四）年、当時の婦負郡熊野村の生まれ、母も祖母もイタイイタイ病で苦しんだ。この姿を見ていた小松は一九六四（昭和三九）年頃から萩野昇医師に請（こ）われて患者の家庭調査などに携わっていた関係で会長を引き受けることになった。

イタイイタイ病の住民運動がこの日をきっかけに動き出した。筆者（向井）はこの年の四月に富山県内の民間放送に入社したばかりだったが、のちの長い反公害運動の始まりとも知らずにイタイイタイ病住民運動の取材に加わることになった。

当時、国内では、高度経済成長の下、大気汚染や水質汚濁、悪臭などの公害が広がり、一九六七（昭和四二）年に、国民の健康を保護するとともに生活環境を保全することを目的とした公害対策基本法が制定され、イタイイタイ病が初めて国政の場で取り上げられた。

この年の一〇月、イタイイタイ病より一足早く裁判に踏み切った新潟水俣病裁判を視察した小松らは、前述の発言にもあるように、イタイイタイ病の救済は裁判しかないと決め、婦中町だけではなく、富山市新保地区にも声をかけ、いよいよ訴訟へ向けて動きだした。

当時の父・小松義久を、娘でまだ中学生だった次女の小松雅子（まさこ）はどのように見ていたのだろうか。

二〇一四（平成二六）年八月三〇日、富山市内で開催された市民団体「イタイイタイ病を語り継ぐ会設立記念講演」で、小松雅子は次のように語っている。

この頃の我が家は、父は家にいないのが、いつのまにか当たり前のようになっていました。父が実行していたのは、毎日患者さんたちの家を回ることです。一軒一軒回って患者さんを把握して、病状を把握していました。一軒一軒回るといっても父の住んでいる熊野地区はすぐわかりますが、違う地区のおばあちゃんたちのところには簡単に辿（たど）りつけれなかったようです。（中略）そして、裁判への理解・協力を伝えていました。回っていても、はい、わかりました、とはなかなかいかなかったようでした。裁判をしたら米が売れなくなる。嫁の来てがなくなるといった抵抗が強かったようです。

そして呼び出された先では、一〇人くらいに囲まれ、米が売れなくなったら責任が取れるのかと責められ、袋叩きにされそうになったこともあるようです。余った米をおまえの家の前に積む、補償せよ、とまで言われました。父はそんな時は、反論せず、じいっと聞き、そして「怒りはよくわかる、私も米作りの農家だ。安心して米を作れるよう、県や国に迫っ

記念講演「父・小松義久を語る」での小松雅子さん（富山県教育文化会館）　2014（平成26）年8月30日　大島俊夫さん撮影

ていこうや」と説得し、徐々にみんなの矛先(ほこさき)が行政の方向に向かいはじめていきました[2]。

一九六七（昭和四二）年の暮れから提訴までの間の動きは非常に激しかった。一九六八（昭和四三）年一月六日には、婦中町熊野公民館で初めてのイタイイタイ病原告団の集まりが開かれた。

この初会合には青年法律家協会（青法協）本部からの呼びかけで全国から駆けつけた若手弁護士と、地元富山や金沢の弁護士が参加した。この中にのちにイタイイタイ病弁護団長に就任することになる正力喜之助(しょうりききのすけ)がいた。自民党の大物国会議員・正力松太郎につながる名門、正力家からのイタイイタイ病弁護団参加は、弁護団の中でも驚きをもって迎えられた。

富山県内の公害被害者懇談会で挨拶する正力喜之助弁護士（1970年代）　富山県立イタイイタイ病資料館提供

初めてイタイイタイ病の被害地域へ足を踏み入れた正力喜之助は、弁護団に加わることになった決意を次のように書く。「被害地域へ来て萩野先生に会い、何回か患者や家族等の苛酷(かこく)な闘病生活を知り、なぜこんな悲惨な地獄のような苦痛が今まで放置されてあったのか、国や県は一体何をしてきたのか、被害者やその家族はどうして我慢してきたのだろうかと次から次への疑問と、平気で鉱毒を流し続けてきた三井金属鉱業に対する大きな憤りが胸いっぱいにこみあげてきた。今こそ人権の擁護に法律家は決起すべき時だと考え、徹底的に企業の責任の追及と被害者救済のため、政党政派、主義、信条を超えて、あらゆる悪条件を克服し、万難を排し訴訟提起の準備に着手することを申し合わせ、正式にイタイイタイ病訴訟弁護団を結成することとし、その席上で最年長者であったことから弁護団長に推薦された。もちろんこの公害事件は被害の甚大さ、原因解明、すなわち企業責任の確定、カドミウムとイタイイタイ病の法的因果関係の証明等、殊に財力、権力を以って時の政治をも左右すると豪語する三井財閥を被告としての訴訟提起には幾多の計り知れない困難が予想されるが、四〇年余りの弁護士生活の中で、せめて一度なりとも生涯を賭けて奉仕的仕事に情熱を傾注してみたい。これがため、金銭や労力を消耗しても、また他の仕事に支障を生じても悔いのない法廷闘争をつづけ、完全勝利の日まで微力を尽くす固い決意で団長の重任を引き受けた」[3]。

一月八日には正式にイタイイタイ病弁護団が結成され、翌九日にはイタイイタイ病対策会議もつくられた。イタイイタイ病対策会議というのは、富山県の全県的な民主団体が中心になってできた組織で、イタイイタイ病対策協議会を支援するという形で組織された。

この支援団体には、日農（全日農富山県連合会）、社会党、共産党、社保協（富山県社会保障推進協議会）県労協（富山県労働組合協議会）などが入った[4]。

一九六八（昭和四三）年三月九日、国がイタイイタイ病についての厚生省見解を発表する二ヵ月前に遡（さかのぼ）るが、イタイイタイ病の患者と遺族が三井金属鉱業を相手取り、富山地裁へ慰謝料請求の訴えを起こした。原告は小松みよら患者九人と遺族一九人のあわせて二八人。請求額は一件につき患者四〇〇万円、遺族五〇〇万円の、合わせて六一〇〇万円で、原告側はイタイイタイ病の原因は神通川上流の三井金属神岡鉱業所が流したカドミウムによると主張、全国で初めて鉱業法一〇九条（無過失賠償責任規定）

をもとに無過失賠償責任を中心に法廷で争われることになった。弁護団は、正力喜之助団長ら二三六人で構成された。

イタイイタイ病裁判について、本章では概略のみ記すことにしたい。裁判の詳細については、イタイイタイ病弁護団による『イタイイタイ病裁判』第一巻〜第六巻を参照されたい。[5]

イタイイタイ病裁判は、これまで耐えるだけ耐えてきた神通川流域の農民たちの積もりに積もった怒りの中で始まった。なにしろ相手は天下の三井である。本章その一冒頭の小松義久の肉声は偽らざる被害農民たちの声である。「裁判は大変なことであります。万一負けた時に、戸籍をたたんでこの土地から出ていかなければならないという悲愴な決意でございました」。もし裁判に敗けたらこの土地におれなくなるという、この言葉の下に結集した農民たちの声は、明治以来、足尾鉱毒事件をはじめとする鉱毒事件で民衆が勝利したことはないという厳しい歴史を象徴していた。

イタイイタイ病裁判は、すでに法廷に持ちこまれていた他の公害裁判、つまり新潟の第二水俣病訴訟や四日市ぜんそくの訴訟と大きく異なる点が一つあった。それは、新潟水俣病や四日市ぜんそく訴訟がいずれも民法七〇九条（不法行為に関する一般規定）を訴えの根拠にしているのに対し、イタイイタイ病訴訟は、鉱業法一〇九条（無過失賠償責任規定）をもとに無過失賠償責任を追及するという、大きな相違があった。鉱業法一〇九条で争うのはわが国初のケースと言ってよく、今後の公害裁判のテストケースとして注目されていた。一方の民法七〇九条の場合、民法は過失責任主義を採用しているため、原告は企業経営における過失を立証しなければならない。

ところが、鉱害は企業経営に関係するだけでなく、地形、地質、気象などの立地条件、また被害者側の生活状態などにも関連するので、損害の範囲、企業の過失の度合いを算定することは非常に困難とされている。このため、イタイイタイ病の原告側では鉱業法のとっている無過失責任の原則で争うことにしたのである。鉱業法は廃水の放流、鉱煙の排出などで他人に損害を与えた時は、企業に賠償責任の義務が生じるが、損害の発生事実について、企業に過失のあることを必要としないとしている。この点から原告側では神通川流域で検出されたカドミウム（重金属類）が神岡鉱業所から流れ出たものだという因果関係の証明に全力をあげることになった。

実はイタイイタイ病裁判における鉱業法一〇九条訴訟は、従来、鉱業法という損害賠償法の中ではあまり注目されなかった規定に、脚光をなげかけた意味は極めて大きい。この鉱業法無過失責任規定は一九三九（昭和一四）年という日中戦争の戦時体制下で制定された。[6]

本書では第一章から第二章にかけて、日本の近代化に伴う「鉱業権」の推移について詳しく述べた。すなわち、わが国最初の統一的鉱業法典は一八七三（明治六）年からの「日本坑法」であり、その後、一八九〇（明治二三）年に「日本坑法」が廃止され「鉱業条例」が制定となった。そして一九〇五（明治三八）年、本格的な「鉱業法」が制定された。

沢井裕（さわいゆたか）の説明[7]を要約すると、鉱山専有制の前近代的法規である「日本坑法」には無過失賠償責任規定があったが、その後の「鉱業条例」「鉱業法」にはなく、一九三九（昭和一四）年の「鉱業法改正」まで無過失賠償責任規定はなかったという。ただ、一八九〇（明治二三）年の「鉱業条例」制定時以来、賠償責任規定は常に論議の対象となっていた。明治二〇年代から三〇年代にかけての足尾鉱毒事件、明治三〇年代から四〇年代にかけての別子銅山事件、明治末から頻発するようになった石炭鉱害による土地陥落など鉱山と農民の紛争は絶えることがなかった。そしてその紛争を通じて農民は漸次、無過失賠償獲得の慣行を生み出していった。こうした下地を背景に、政府は国家の負担ではなく、企業負担となる無過失賠償責任の立法化に踏み切った。

一九三九（昭和一四）年、鉱業法に無過失責任規定が採用されてからの裁判例はほとんどない。無過失責任が明記されたからといって因果関係の立証が緩和されたわけでもなく、また零細農民の訴訟費用負担の困難さが解消したわけでもない、政府の予想通り被害農民にとっては無縁なものだった。ただ、公表されていない鉱業法一〇九条関係の裁判例は若干はあるが、この説明は割愛するとして、沢井は、公表されてはいないが、こうした裁判例を見ると鉱業法一〇九条の目覚めは刻々と近づいていたことを知ると述べている。この結果が、イタイイタイ病事件で見事に開花したと言える。

イタイイタイ病裁判の初公判、第一回口頭弁論は一九六八（昭和四三）年五月二四日と決まった。この初公判を前に公害の歴史を書き換える画期的な国の発表があった。「イタイイタイ病に関する厚生省見解」である。長い間、原因論争に明け暮れ、患者が放置され続けたイタイイタイ病の歴史に初めて光が差した国の発表であった。それは「原因究明のための調査研究は、これで終止符を打ち、今後は予防と治療のための調査・研究を推進すべき」という勇断であった。

日本の公害病認定の扉を開くことになった「イタイイタイ病に対する厚生省見解」とはどのようなものなのかを紹介したい。

イタイイタイ病は"公害"

厚生省が認める

神岡鉱業が加害者

カドミウム慢性中毒

保健医療対策を急ぐ

イタイイタイ病について記者会見する園田厚相（厚生省で）

新しい施策考えぬ

吉田知事 公害行政で表明

厚生省の見解

あまりにも断定的

三井金属本社が談話

賠償に万全を

各党が談話

1968（昭和43）年5月9日付け『北日本新聞』

一、**現在までの経緯について**

神通川流域の富山県婦負郡婦中町およびその周辺地域において発生した、いわゆるイタイイタイ病は長年にわたり原因不明の特異な地方病としてみられていたが、昭和三〇年に学会において本病に関する報告がなされて以来、社会の関心を集めてきた。厚生省は三八年度には医療研究助成金、昭和四〇年度より総合的な研究班を組織して、その本態と原因の究明に努めてきた。その間、文部省科学研究費による三ヵ年の金沢大学三学部共同の研究や、富山県の地方特殊病対策委員会による調査研究及びその他の関係者の広範な調査研究もこれと併行して実施され学会等に公表されてきた。

イタイイタイ病物質としてカドミウムが注目されたのは昭和三五年以来である。本病の発生にあたっては、鉱山及び鉱業所の諸施設、河川、土壌、農作物、人体などの極めて広範かつ、複雑な要素が数十年にわたる長い年月の間に組み合わさって生じたものと見られ、このように長年月にわたって生じてきた経過を現時点において完全に再現して調査することは困難であるが、厚生省としては昭和四三年四月末までに公表されたすべての科学的な調査研究及び公的機関の資料等を詳細に検討した結果、公害行政の立場より、イタイイタイ病に関して次のような見解に達した。

二、**本態と発生原因について**

① イタイイタイ病の本態は、カドミウムの慢性中毒によりまず腎臓障害を生じ、次いで、骨軟化症をきたし、これに妊娠・授乳・内分泌の変調・老化及び栄養としてのカルシウム等の不足などが誘因となってイタイイタイ病という疾患を形成したものである。

② 対照地域として調査した他の水系及びその流域ではカドミウムによる環境汚染や本病の発生は認められず本病の発生は神通川流域の上記の地域にのみ限られている。

③ 慢性中毒の原因物質として、患者発生地を汚染しているカドミウムについては、対照河川の河水及びその流域の水田土壌中に存在するカドミウム濃度と大差のない程度とみられる自然界に由来するもののほかは、神通川上流の三井金属鉱業株式会社神岡鉱業所の事業活動に伴って排出されたもの以外にはみあたらない

④ 神通川水系を汚染したカドミウムを含む重金属類は、過去において長年月にわたり同水系の用水を介して本病発生地域の水田土壌を汚染し、かつ、蓄積しその土壌中に生育する水稲・大豆等の農作物に吸収され、かつまた恐らく地下水を介して井戸水を汚染していたものと思われる。

⑤ このように過去において長年月にわたって本病発生地域を汚染したカドミウムは、住民に食物や水を介して摂取され、吸収されて腎臓や骨等の体内臓器にもその一部が蓄積され主として更年期を過ぎた妊娠回数の多い居住歴ほぼ30年程度以上の当地域の婦人を徐々に発病にいたらしめ十数年に及ぶものとみられる慢性の経過をたどったものと判断される。

三、**今後の措置**

厚生省としては以上の見解に基づいて、イタイイタイ病は公害に係る疾患として今後左記のような行政上の措置を行うべきものとしている。すなわち、本病に関する原因究明のための調査研究についてはこれをもって終止符を打ち、本病の予防と治療ならびにこのような公害の発生を予

防するための科学技術上の調査研究を推進すべきものと考える。

① イタイイタイ病の患者および要観察者に対する保健医療対策については富山県と関係市町により昭和四三年一月以来実施されており、厚生省もこれと併行してとりあえず患者の受療を促進するため、県と主治医を介して特別の医療研究を公害調査研究委託費により実施してきたが、昭和四三年度は公害医療研究費補助金を以って医療研究を行い、本病の治療や予防の推進を図ることとする。なお、その詳細な実施計画は富山県地元の主治医及び金沢大学医学部と協議の上決定することとしている。

② 患者発生地域については、簡易水道を設置するため適当な水源についての調査を進めさせてきたが、昭和四三年度よりその設置に着手するよう取り計らいたい。

③ 目下、科学技術庁の特別研究調整費による通商産業省との共同研究を実施しており、これにより今後この種の鉱山よりカドミウムが排出されることを予防するための理工学的防止対策の基礎を固め、発生源対策の万全を期すこととしている。

④ 昭和四三年度にはカドミウムを産出する他の鉱山の周辺地域についても調査研究を実施するとともに、この種の特定有毒物による環境汚染防止のために定期的な測定や住民の健康管理など具体的施策を推進し、このような微量重金属による環境汚染に原因した人の健康に係る公害を二度と引き起こすことのないよう努めることとする。なお、不幸にしてかかる事態が生じた場合の紛争の処理及び救済の制度の確立について最善の努力をいたす所存である。[8]

この厚生省見解は裁判における被害住民側の立証と重なるものであったが、驚いたことに当時の吉田実富山県知事は、厚生省見解の文中に「公害にかかわる疾患（しっかん）」との表現が使われたことを受け、「イタイイタイ病はあくまでも〝公害にかかわる疾患〟であり、公害病ではない」との見解を明らかにしたのである。イタイイタイ病に対する富山県の行政姿勢に地元婦中町以外からも多くの疑問の声があがった。

　五月二四日の第一回口頭弁論から長い裁判の闘いが始まった。イタイイタイ病裁判

〝県の態度は後退だ〟

県イ病対策会議　吉田知事に申し入れ

公害責任を明確に

厚生省の真意を打診　知事答弁

イタイイタイ病対策で吉田知事に申し入れる県イ病対策会議

1968（昭和43）年5月12日付け『北日本新聞』

が提起される以前から、水俣病、四日市ぜんそく、新潟水俣病の患者発生が続き、各地で住民による抗議運動や訴訟が提起された。富山県内でも新産業都市に指定された一九六四（昭和三九）年頃から、煤煙や騒音、悪臭の発生で苦情が殺到、公害の激化が報道されていた。住民運動は公害問題から始まったと言っていい。住民運動は、いわば利害当事者としての住民による異議申し立ての運動であるが、日本の公害病認定第一号となったイタイイタイ病は、一気に日本の住民運動の先頭に立つことになった。

提訴の翌年一九六九（昭和四四）年七月二六日、二七日には青年法律家協会主催のもとに、第一回全国公害研究集会が富山市で開催された。この集会はイタイイタイ病裁判を契機に公害反対の運動を全国に伝えることによって、各地の公害闘争を一層前進させようと開かれた初めての試みで、全国から四日市公害、水俣病をはじめ、安中（カドミウム）、富士市・東京北区（大気汚染）、福岡（カネミライスオイル）などの関係者一〇〇人が集まり大きな成果をあげた。公害研究者の宮本憲一は「加害者の善意や自発的な公害行政を期待しても、公害は防げないといってよい。公害の原因が解明され、防止策がとられるためには、住民が世論をおこし、運動をおこさねばならないといえる」[9]と鋭く指摘している。

一九六八（昭和四三）年三月に提訴されたイタイイタイ病裁判は、多くの現場検証・証人尋問などを経て三年を経過、一九七一（昭和四六）年三月、結審となった。

原告側弁護団の近藤忠孝は、原告の筆頭に立ってきた小松みよが法廷で長い苦しい痛みの生涯を切々と訴えたあと結んだ言葉が忘れられないという。

それはもう何とも云えない。私ら出来れば神岡へ行って暴れてきたいくらいですわ・・・・・。あんな鉱毒なんか流してもらったばかりに私らこんなつらい目にあって、いまだにもとの身体になれないし、・・・・・どんなつらい思いをしているかわかりませんわ。[10]

一九七一（昭和四六）年六月三〇日、その日はイタイイタイ病の歴史のみならず、日本の公害の歴史に深く刻まれる日になった。イタイイタイ病裁判第一次訴訟の判決が午前一〇時に言い渡されることになっていた。筆者はこの日、ラジオのインタビュー録音担当として、いわゆるデンスケと呼ばれる録音機を持ち、富山地方裁判所前庭にいた。

判決が言い渡される民事一号法廷はつめかける傍聴人の補助席が並び、富山地裁の周辺は三日前からテントを張って一〇〇人を超える支援団体に人たちが待機していた。その周りはテレビ各局の中継車が数台、ずらっと並んだ。テレビ中継車がこれだけ並んだのは富山では初めてであり、テレビジャーナリズムの現場がそこにあった。各局が午前一〇時前から中継を始めてほどなく午前一〇時七分、富山地裁南側の窓からVサインが出され、これを見た通用門附近の支援団体の輪がどっとどよめいた。

イタイイタイ病訴訟に対する判決の言い渡しは、午前一〇時過ぎから、富山地裁で最も広い三階第一号法廷で行われ、岡村利夫裁判長は「イタイイタイ病の原因はカドミウムが主因」と断定、死者に対し五〇〇万円（死後二〇年を経過している者には四〇〇万円）、患者に対し四〇〇万円の計五七〇〇万円の損害賠償を認めた。

原告の全面的勝訴

イタイイタイ病裁判

三井金属の責任明記

請求額ほぼ認める

富山地裁

裁判所の勇断に敬意

公害絶滅へさらに前進

事実を誤認した判決

控訴は検討して決定

完全勝利と判断

審理促進につとめた

新聞も証拠に採用

勝ったぞ！

1971（昭和46）年6月30日付け『北日本新聞』

割れるような拍手が富山地裁を取り巻いた。期せずしてがんばろうの合唱が湧きおこった。筆者もこの輪の中にいた。一瞬、取材者の立場も忘れ、バンザイの声に参加していた。

よく見ると、富山地裁のすぐそばの富山南部中学校や、向いがわの西田地方(にしでんじがた)小学校の生徒や児童も二階の窓から身を乗り出すように裁判所の光景をみつめ、支援者の人々と一緒にバンザイを叫んでいた。

午前一〇時五〇分、拍手の嵐の中を正力弁護団長とともに原告患者の小松みよが姿を現した。正直言って、日頃から小松を身近で取材していただけに涙が出た。明治以来、日本の近代化とともに神通川の鉱毒に苦しめられつづけてきた農民が、ついに天下の三井に勝利したのである。小松みよの喜びの第一声。

「本当にうれしかったです。すでにイタイイタイ病で亡くなられた方も、今までいらっしゃればどんなに喜んだことでしょう。また、今でも病院にいる足の不自由な人、腰の痛む人たちなども、本当にきょうの勝利を喜んでくださっているでしょう。私も皆さんに支えられてやっと生きてきました・・・」。みよの話は、後は涙にむせんで、ほとんど声にならなかった。それでも勝利の感動を少しでも多くの人に伝えようと努力する姿は、居合わせた人たちの涙を誘った。「まだ、第二次訴訟から第七次までたくさんの患者が患者さんがいます。その人たちの完全勝利をして、ともに喜び合いたいと思います」とみよは言葉を結んだ。[11]

さらに苦しみぬいた患者の声をニュース『鉱害裁判』から紹介しよう。

今まで若い人たちに同じ苦しみをさせんことを一念にやってきましたが、長い間苦しんできたものですから、ほんとうにうれしかったです。子どもがたくさんおりましたからなんとか生きぬかんならんと涙をおさえてこれまでやりぬいてきました。昔は機械がそろっていないもんだから、秋、五月には食事をとる暇もなく、けたたましく働いておるにつけすまない気持ちでいっぱいになり、こんな姿婆におっても・・・と思ったこともありました。（数見かずゑ）

病院の三階のテレビで判決の模様をみておりました。うれしいやらなにやら胸にこみ上げてきて言葉にならなかったです。農家だから田んぼしなければならないし、自分がつらくなると、死んだほうがどれほどいいだろう

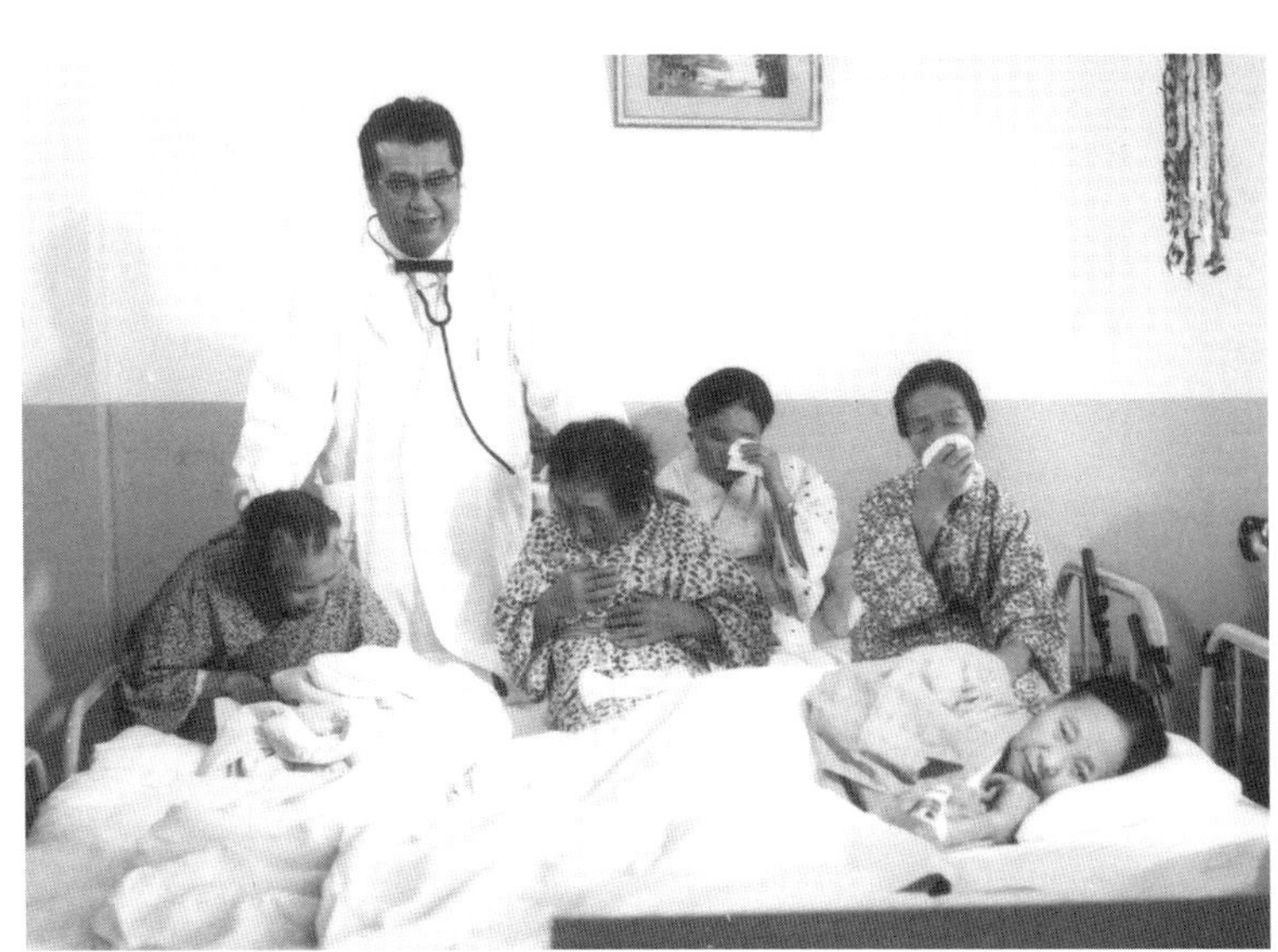

一審勝訴判決に喜びの涙（萩野病院）　　1971年6月30日　向井嘉之撮影

と思ったこともありましたが、子ども眺めればかわいそうでほんとうに死ぬ気にはなれなかったです。誰にも言えないものですから自分ひとりで苦しんでおりました。三井が控訴したと聞いてなんと情けない奴だと涙がでました。[12]（泉きよ）

イタイイタイ病第一審判決は、「イタイイタイ病の原因は、三井金属神岡鉱業所から流出したカドミウムである」との歴史に残る明快な判決だった。

この判決の意義はまず、足尾鉱毒事件あるいは別子銅山の煙害事件にみられるように、それまでは、鉱害（公害）の発生源である企業に対する住民の闘いは、いずれも敗北の歴史であったが、この判決が初めて加害企業責任を明確にし、被害者の人間性を無視してきた歴史を断ち切る転換となったことがあげられる。このあとに続く四大公害訴訟のみならず公害訴訟に先例を開いた画期的な判決であった。また、勝訴の原動力となったのは、被害者自身がこのような悲惨な病気を繰り返させたくないという尊い決意のもとに、主体的に確立した住民運動が核になり、これを弁護団や科学者グループが支えながら、全国の公害絶滅への広がりにつながったことも評価できる。

さらに原告勝利に結びついたこの訴訟がそれまでの他の公害訴訟と異なった点は、無過失責任を定めた鉱業法一〇九条を根拠に賠償請求をしたことである。無過失責任の規定が存在すれば、故意・過失の有無は中心的争点とならないから、訴訟促進の機能を持つことになり、わずか三年余で判決を迎えることができた。

この一審判決の翌年一九七二（昭和四七）年、名古屋高裁金沢支部での控訴審判決の完全勝訴を経て、イタイイタイ病患者への救済と賠償が本格的に始まった。そして汚染された広大な農地の復元、さらには神通川に清流を甦（よみが）えらせるための神岡鉱山への立ち入り調査の開始、いずれもが企業責任を明確にした裁判の貴重な成果として被害者救済の道を開いたのである。以来、半世紀にわたる公害反対世論の基礎となったイタイイタイ病裁判原告勝訴の原点に立ち、イタイイタイ病の歴史と教訓を伝えていかなければならない。

原告勝訴の意味を筆者なりにわかりやすく箇条書きにしてみると以下のようになる。

1、被害者（民衆）の勝利・・・日本の公害裁判の歴史において、加害企業の責任を全面的に認めさせた。

2、勝訴の原動力は住民運動・・・被害者自身の主体的な意思の確立と運動によって初めて訴訟の進行を可能にした。

3、一九七一（昭和四六）年以後、現在までの半世紀にわたる公害反対世論の基底・・・昭和の四大公害訴訟の先例となり、公害絶滅への端緒となった。

4、無過失責任を規定した鉱業法一〇九条に基づく訴訟・・・阿賀野川水銀中毒事件や水俣病訴訟、四日市ぜんそく訴訟は、過失責任に基づく民法七〇九条で争ったため、因果関係のほかに故意または過失の立証が必要であった。（公害の判例法上画期的）

5、公害行政への大変化・・・公害原因の究明を怠り、原因をあいまいにしてきた国・地方自治体の行政のあり方の転換を迫ることになった。

文字通り戸籍をかけた闘いであり、一九六八（昭和四三）年三月初め、患者の小松みよをはじめ、被害者団体、支援団体の人々が「私たちは立ち上がりました。助けてください」と、富山市西町の街頭で呼びかけていたあの声が今も筆者の耳元に残っている。それが住民運動の始まりだった。イタイイタイ病の住民運動は日本の戦後社会において住民運動の一つの形をリードしてきた。住民運動の原点は一定の居住域の住民が、共通の要求達成や問題解決のために、政府・自治体・企業などに対しての闘争という社会運動である。また、一方では一九六〇年代から本格化した地域性とは直接関連のないイシュー（争点）への取り組みが原型となる市民運動があった。例えば、「ベトナムに平和を！市民連合」（べ平連）や原水爆禁止問題への取り組みであった。そうした大きな二つの社会運動の流れの中で、さまざまな民衆の生きる権利、現代的に言えば、市民的諸権利の保障が実現されてきたと言える。

一九七二（昭和四七）年八月九日、名古屋高裁金沢支部第一号法廷で開かれたイタイイタイ病第一次訴訟控訴審の判決公判は、中島誠二裁判長が富山地裁での一審判決を支持して、被告・三井金属鉱業の控訴を棄却、賠償を請求通り認定する判決を下した。すでに三井金属鉱業は上訴権を放棄して判決に従うと言っており、患者・遺族の完全勝訴で、提訴以来、四年五ヵ月の長期裁判に終止符を打った。

小松義久さん　小松雅子さん提供

日本の公害病認定第一号、イタイイタイ病に文字通り命をかけて闘った小松義久は二〇一〇（平成二二）年二月一一日、八五年の人生を閉じた。

「父の生涯、それは終わりなき運動でした。いつも目を閉じると父の背中を思い出します。私は娘として、父の苦難の山よりも高く、より深い愛情によって育てていただきました。その恩返しとして、私の進む道は生死を超えて、父と共に歩む道として位置づけていきたいと思っています[13]」と話していた小松雅子は、二〇二二（令和四）年三月、高木勲寛（くにひろ）の後任として、第三代のイタイイタイ病対策協議会会長に就任した。

本章その二では、まき返しというグロテスクな公害の構造、さらには土壌復元問題に触れていきたい。

引用文献

［1］イタイイタイ病対策協議会・イタイイタイ病弁護団、記録映画「『イタイイタイ』―神通川流域住民のたたかい―」（小松義久会長同時録音、一九七四）

［2］小松雅子「父・小松義久を語る」『イタイイタイ病　これから語り継ぐこと　イタイイタイ病を語り継ぐ会　設立記念シンポジウム記録集』イタイイタイ病を語り継ぐ会、二〇一四

［3］正力喜之助の喜寿を祝う会『正力喜之助先生五〇周年記念集　正しきは力なり』一九七八

［4］イタイイタイ病運動史研究会『語り継ぐイタイイタイ病住民運動―富山・神通川流域住民のたたかい―』桂書房、二〇一一

［5］イタイイタイ病弁護団編『イタイイタイ病裁判』一～六巻、総合図書、一九七一～一九七四

［6］一九六八年三月九日付け『北日本新聞』（夕刊）

［7］沢井裕「イタイイタイ病判決と鉱業法一〇九条―鉱害賠償法の制定とその性格―」『法律時報』四三巻一一号、日本

評論社、一九七一
［8］富山県イタイイタイ病対策会議『イタイイタイ病 三井金属を裁く』一九六九
［9］宮本憲一『公害と住民運動』自治体研究社、一九七〇
［10］近藤忠孝『黙っていられなくなり闘いがはじまった「イタイイタイ病」と闘争の記録』近藤忠孝事務所（私家版）、一九七一
［11］一九七一年七月二日付け『公明新聞』
［12］『鉱害裁判』第一八号、一九七一、『神通川流域住民運動のあゆみ』イタイイタイ病対策協議会、神通川流域カドミウム被害団体連絡協議会、イタイイタイ病弁護団、一九九一
［13］小松雅子「父・小松義久を語る」『イタイイタイ病　これから語り継ぐこと　イタイイタイ病を語り継ぐ会　設立記念シンポジウム記録集』イタイイタイ病を語り継ぐ会、二〇一四

参考文献

1、畑明郎・向井嘉之『イタイイタイ病とフクシマ これまでの一〇〇年これからの一〇〇年』梧桐書院、二〇一四
2、向井嘉之・森岡斗志尚『イタイイタイ病報道史　公害ジャーナリズムの原点』桂書房、二〇一一
3、向井嘉之編著『イタイイタイ病と教育　公害教育再構築のために』能登印刷出版部、二〇一七
4、向井嘉之『イタイイタイ病との闘い　原告 小松みよ―提訴そして、公害病認定から五〇年―』能登印刷出版部、二〇一八

その二　いかなる気持ちで農民の姿を見ているのか

二〇二二（令和四）年八月九日、イタイイタイ病患者らの勝訴判決が確定してから五〇年の節目を迎えた。振り返ってみれば、一九七二（昭和四七）年八月九日の控訴審判決で勝利を勝ち取ったイタイイタイ病原告団と支援団体は、その日の夜、二〇〇人がバス四台に分乗し、東京・日本橋の三井金属鉱業本社に向かった。筆者も東京に向かった。翌一〇日、午前一〇時から始まった本社交渉は夜九時までの一一時間に及んだ。三井金属鉱業の大会議室は原告団・支援団体に安中公害の被害者らも加わり、溢（あふ）れんばかりの人々で埋まった。

イタイイタイ病の賠償に続く、土壌汚染問題や神岡鉱山への立ち入り調査を認めるよう要求した公害防止協定には、

1972年8月10日　三井金属鉱業本社で原告団が会社側を追及
富山県立イタイイタイ病資料館提供

三井金属鉱業の尾本信平（おもとしんぺい）社長がかたくなにこれを拒否したため、原告団から激しい非難の声が飛んだ。イタイイタイ病対策協議会の小松義久会長らは「協定を結ばないかぎり座り込みを続ける」と長時間にわたって会社側に迫り、ついに尾本社長は公害防止協定を結ぶことに同意した。三井に苦しめられ続けて来た「鉱毒史」の怨念（おんねん）が三井の抵抗を打ち破った瞬間だった。激しい交渉だった。

三井金属鉱業の尾本社長はこの場で被害者団体に謝罪を申し出たが、被害者団体はこれを断り、すべてが元に戻るまで謝罪を許さないとした。

被害者団体が一一時間にわたる厳しく激しい交渉で勝ち得た誓約書や協定とはどのようなものであったのか、その全文を紹介しておきたい。この全文はイタイイタイ病対策協議会発行の『イタイイタイ病』第二七号からの転載である。

イタイイタイ病の賠償に関する誓約書

1、当社はイタイイタイ病の原因が当社の排出にかかるカドミウム等の重金属によるものであることを認め、今後、裁判上、裁判外を問わずこのことを争う一切の言動をしないことを誓約する。

2、①当社は、イタイイタイ病訴訟第二次乃至第七次の各原告に対し、昭和四七年八月八日付請求の趣旨拡張申立書記載の請求額どおりの金員を本月末日限り支払う。

②右各事件の訴訟費用は全部当社の負担とする。

3、当社は、イタイイタイ病訴訟第一次乃至第七次の患者原告が前項①の賠償金の支払いをうけた後死亡した場合には、その遺族に対し、すでに支払った賠償額とイタイイタイ病による死者に対する賠償額との差額金を支払う。

4、当社はイタイイタイ病訴訟原告以外のイタイイタイ病患者及び要観察者に対し、イタイイタイ病対策協議会から提出される富山県知事の証明書にもとづき誠意をもって賠償する。

5、当社は、今後新たにイタイイタイ病患者及び要観察者に認定された者に対しても前項と同様に賠償する。ただし既に要観察者として賠償金の支払を受けた同患者についてはその受領額を控除する。

6、当社は、イタイイタイ病患者及び要観察者の今後のイタイイタイ病にかかわる治療費、入通院費、温泉療養費、その他の療養関係費の全額を請求に応じて支払う。

7、第三乃至六項の支払方法については別途協議する。

土壌汚染問題に関する誓約書

1、当社は、当社神岡鉱業所排出にかかるカドミウム等の重金属による神通川流域のイタイイタイ病発生地域における過去及び将来の農業被害ならびに土壌汚染の責任を負担する。

2、右第一項を前提として、当社は

①　右被害地域の汚染米とその対策にかかわる損害を賠償する。

②　右被害地域の作付制限にともなう農民の損害を賠償する。

③　「農用地の土壌の汚染防止等に関する法律」にもとづいて、右被害地域において農用地復元対策事業が行われる場合

A　原因者として事業費用総額を負担する。
B　右事業にともなう区画整理など被害農民の損害となる部分についてその費用を負担する。
C　右事業にともなう減収などの損害を負担する。

公害防止協定

乙（三井金属鉱業株式会社）は、神岡鉱業所の操業に関し、今後再び公害を発生させないことを確約し、当面つぎのことを甲（イタイイタイ病対策協議会ほか被害住民四団体）らと協定する。

1、甲らのいずれかが必要と認めたときは、乙は、甲ら及び甲らが指定する専門家が、いつでも、乙の廃水溝を含む最終廃水処理設備および廃滓堆積場など関係施設に立入り調査し、自主的に各種の資料などを収集することを認める。

2、乙は、甲らに対し、前項に規定する諸施設の拡張・変更に関する諸資料、並に甲らが求める公害に関する諸資料を、提供する。

3、前二項のほか神岡鉱業所の操業に係る公害防止に関する調査費用は、すべて乙の負担とする。

4、乙は、公害の防止等に関し今後さらに誠意をもって、甲らと交渉し協定を締結する。[1]

以上が、二つの誓約書と一つの協定書の全文であるが、イタイイタイ病の賠償について、第二次から第七次までの原告、裁判に加わっていない被害者への賠償の道が開かれたほか、汚染土壌の復元並びに神岡鉱業所への住民の立入りを全面的に認めさせた画期的なものであった。

右記二つの誓約書と協定のうち、「患者救済」と「公害防止協定（発生源対策）」については第五の章で扱うとして、ここでは主に「土壌汚染問題」について触れていきたい。

被害者団体の住民はほとんどが農民であり、患者救済とともに訴訟後の最大の課題は、汚染された神通川流域の広大な農地をどうするかであった。当時、「イタイイタイ病対策協議会」の副会長だった江添久明（遺族原告）は次のように苦しい胸のうちを語っている。

昭和四七（一九七二）年八月九日、涙で聞いた勝利判決。翌日の三井本社交渉で勝ち取った誓約、協定書等。あれから一年余が経過した。裁判は終わった。しかし、私どもの闘いは今なお厳しく続き、困難は裁判闘争以上に山積して目前にたちふさがっている。確かに判決は勝利し、しかも完全に生かされた。イタイイタイ病患者は要観察者を含め、更に死亡遺族に対し、すべて判決基準に従い賠償され、今後の救済についても医療補償協定を結び、各月額三万円（要観）、五万円（患者）、五万五千円（介護者）が三井より支払われ、また一律年五万円の温泉療養費も患者等の喜びとするところである。また発生源対策も、学者専門家の協力により、すでに二回の立ち入り調査を行い、資料の提出もさせ、一定の成果をあげ、さらに今後についても引き続き監視規制してゆくところである。しかし、私たちが訴訟を提起した根本であるイタイイタイ病発生の基礎である汚染土壌問題を見る時、なるほど誓約書に基づき汚染田の休耕については、一定額が補償され汚染米生産を防止しているが、我々農民は安心して食用出来る米を生産し、また消費者に供給する義務があるのです。自ら耕作することも出来ず農民が配給米を食し荒れた田を見ている。どれだけ我々農民の心は深く傷つくか。

裁判は勝利した。しかし患者は病んでいる。せめて医療補償協定の成立が救いである。発生源対策も未だ完全防止は出来ず、今もカドミは流されている。今、我々農民が切実に訴えている土壌復元事業については何ら具体化されていない。県は、国は、そして三井金属は、いかなる気持ちで我々農民の姿を見ているのか。我々は今こそ大同団結し、イタイイタイ病裁判提訴以上の激しい運動を展開し、一日も早く復元事業を完遂（かんすい）し発生源を防止し、名実共にイタイイタイ病裁判勝利を声高らかに唱える日を目ざし更に闘い続ける。[2]

「県は、国は、そして三井金属は、いかなる気持ちで我々農民の姿をみているのか」、江添のこの言葉の中に父母から受け継いだ農業を必死に守り抜いてきた農民の叫びがある。

江添久明は一九二五（大正一四）年、新保村任海（とうみ）に生まれた。神通川右岸で最も被害が大きかったのが、かつて上新川郡に属していた新保村だった。現在は富山市南部の新保地区となっている。長男・良夫に次いで第二子が生まれたが、乳児期に死亡したので第三子の久明は事実上、次男として成長した。兄の良夫は太平洋戦争に出征し、南方クサイ島で戦病死した。江添の母・チヨはイタイイタイ病患者であった。

一九〇四（明治三七）年、日露戦争の年に生まれたチヨは四六歳で発病、後にイタイイタイ病裁判第一次原告となったが、一審判決を目前に亡くなったため、久明が遺族原告となって裁判を引き継ぐことになった。

話は戻るが、一九四〇（昭和一五）年、新保小学校を卒業した久明は、軍事一色の中、航空廠軍属として、岐阜県の各務原陸軍航空廠に就職、一九四一（昭和一六）年、太平洋戦争開戦により、翌年、樺太へ転属となった。

一九四四（昭和一九）年、樺太で繰上げ徴兵検査を受け甲種合格、現役召集令状を受け、新たに軍属から軍人として出征、九州・福岡の大刀洗航空教育隊に入営した。

大刀洗では非常時に備える目的の通信班に所属していたが、一九四五（昭和二〇）年、八月九日、遠く長崎方面に敵機が現れたと思うとピカッと強烈な発光があり、長崎への原爆投下と知った。

終戦と同時に故郷の新保村へ帰った久明は、兄の戦死により家督を相続、以後、農業に取り組むことになった。

江添久明さん
1944（昭和19）年撮影　江添良作さん提供

患者原告
第1次訴訟

江添チヨさん死亡
勝利の判決を目前に

2月6日

イタイイタイ病裁判第一次訴訟の原告である江添チヨさん（六七才）は、二月六日午后八時二〇分、イタイイタイ病の治療のため入院していた富山県中央病院で死亡しました。

七日午前、金沢大学医学部第一病理学教室で主治医の中川昭忠医博のたち会い、北川正信金大助教授の執刀で遺体の解剖がされました。

この結果、ジン臓がカドミウムによって萎縮し、完全に機能を停止しており、ジン不全による尿毒症で二次的に心臓、肺臓が肥大したものとわかりました。

江添チヨさんは、昭和三二年以来七回も入院をくりかえし、昨年一月から中央病院に再入院して治療に当っておりました。

イタイイタイ病対策協議会『鉱害裁判』第14号、1971（昭和46）年2月24日発行新保村のある神通川右岸では、左岸と同じように当時、異常な病気が多発していたが、長い間、流域住民はその全容を知らず、患者を抱えた家ではただ業病と諦めていた。兄弟を戦争で失い、家族はイタイイタイ病で苦しめられるという、まさに戦争と公害の二重の下敷きになりながら農民として祖先からの農業を守ってきた久明にとって、農地をどうするかが重くのしかかっていたのである。

ところで、一九七一（昭和四六）年六月三〇日のイタイイタイ病第一審訴訟の原告勝訴、一九七二（昭和四七）年八月九日の原告完全勝訴を通じて、メディアでもあまり報道されなかったのは、神岡鉱山とともに生きてきた三井金属鉱業の、いわば地元にあたる神岡町（現・飛騨市神岡町）の様子である。実は、カドミウムの被害が出ていたのは神通川流域だけでなく、神岡町内でもカドミウム汚染田があったのだ。第一審判決の前年、一九七〇（昭和四五）年一一月、岐阜県が神岡鉱山の前を流れる神通川の上流、高原川沿いの水田からとれた米から、最高二・七ｐｐｍのカドミウムを検出したと発表、政府買上げの二七八二俵が農協の倉庫に凍結され、翌年四〇ヘクタールの汚染田が休耕した。また汚染米の半分以上にあたる三三八六俵が、農家保育米として残った。住民の一斉検診も行われたが、結果は「異状なし」と発表された。[3]

神通河原　　向井嘉之撮影

しかし、三井金属鉱業のおひざ元である神岡町内といえども、農家は農家である。富山県側は判決後、土壌汚染補償について折衝を続けているのを見ている神岡町の休耕農家などから、煮え切らない神岡町政への不満が現れ始めた。慌てた神岡町の尾内広行町長は三井金属鉱業と交渉に入り、一九七三（昭和四八）年二月、三井金属鉱業から土壌汚染補償の確約書を得た。『岐阜日日新聞』は次のように伝える。「『やっともやもやが晴れたようだ』・・・一五日（引用者注：二月一五日）明らかにされた三井金属の汚染田補償の確約書は、カドミ休耕で〝たがやす土地〟を奪われた吉城郡神岡町の農民たちに安堵の火をともしたようだ。この確約書は、町内七地区、三三ヘクタール（対象農家一〇三戸）にわたるカドミ汚染田について三井金属は今後、全面的に責任を持つ・・・というもの」[4]。カドミウム被害は鉱山あっての町といわれた神岡町の足元にも深

カドミ汚染田水稲実験　神岡町殿地内　1971年
出所：飛騨市教育委員会『神岡町史　写真編』 2010

住民検診で検査に集まった人たち　神岡町殿公民館　1970年
出所：飛騨市教育委員会『神岡町史　写真編』 2010

刻な被害をもたらしていたのだ。

一九七三（昭和四八）年、イタイイタイ病発生地域の主な地区では土壌復元を目標とする住民組織「神通川流域カドミウム被害団体連絡協議会」が結成され、農業被害補償と土壌復元へ向けて動き出した。

復元は一九七一（昭和四六）年に施行された「農用地の土壌の汚染防止等に関する法律」（農用地土壌汚染防止法）に基づき、富山県の公共事業として進められることになった。

農用地土壌汚染防止法は、前年の一九七〇（昭和四五）年、食品衛生法により玄米中のカドミウムの含有量が一・〇ppm未満と定められたことをきっかけとして、農用地の汚染防止と汚染除去の対策を目的に立法化されたもので、一ppm以上の米を産出した地域（二〇一一年の食品衛生法改正で一号地、一ppm以上の米を産出する恐れが著しい地域を二号地）を、土壌汚染対策地域として指定することになった。

イタイイタイ病被害地域においては一九七一（昭和四六）年より、土壌汚染防止法に基づき、鵜坂・速星（はやほし）・神明（しんめい）の各地区が、一九七二（昭和四七）年には熊野・宮川の各地区で土壌汚染防止法による基本細密調査が実施されたほか、安中地域の先進地経験に学び、被害実態に即した補充調査も被害住民によって自主的に行われた。

イタイイタイ病発生の基本的原因である土壌汚染問題の解決は、神通川流域のみでなく、全国各地に散在するカドミウム汚染地とともに、全国的な課題になりつつあり、一九七三（昭和四八）年には富山市で全国の土壌汚染被害住民が集まり「土壌汚染問題全国研究集会」も開催された。

しかし、富山県の復元事業への取り組みは鈍かった。一九七四（昭和四九）年一月、イタイイタイ病対策協議会は「復元は人間生存の基礎を守るもの」「被害農民の生活を守るもの」と強調し、富山県の行政姿勢について次のように言及している。「汚染土壌復元の闘いは、地方自治体とりわけ県の行政を、真に地元住民の意思にかなったものにかえていく闘いです。県が、土壌や農作物の汚染調査をさぼったり、あるいは調査結果を公表しなかったり、公表してもゴマカシをしたりするなど、信じられないようなことが各地で起こっています。そして対策事業を行うにあたっては、できるだけ費用がかからないよう、その場かぎりの対策を、できるだけ狭い範囲で、できるだけ遅い時期にやろうとしかしません。そのような行政姿勢は、住民の生活と意見というよりも、大手の会社の懐具合を気にしているところから生まれます」[5]。

当時筆者（向井）もこの土壌復元問題の取材にあたっていたが、「汚染土壌の復元」を「地域振興」にすり替えようとする富山県の姿勢が見え隠れし、これは三井金属鉱業はもちろんのこと、富山県自体も復元事業に消極的で、復元事業初動の引きのばしではないかと思わざるを得なかった。その一つの例が、三井金属鉱業が富山県に寄付した五〇〇〇万円の基金で設立された財団法人「神通川流域振興協力財団」の動きであった。この財団から委託を受けた東京大学の川野重任名誉教授をはじめとする全国農業構造改善協会の調査団は、一九七四（昭和四九）年三月、「神通川流域における産業振興の基本方向に関する調査」結果を報告した。ところがこの報告書は基本目標である汚染土壌の復元を棚上げにし土地利用の転換・作付作物の転換によって汚染問題の解決を図ろうとする意図が汲み取られ、復元回避の処方箋だと被害者団体からも批判された。

さらにカドミウム汚染田の土壌復元に大きな障害となって登場したのが富山県による「富山市南西

富山市南西部土地利用計画図（素案）

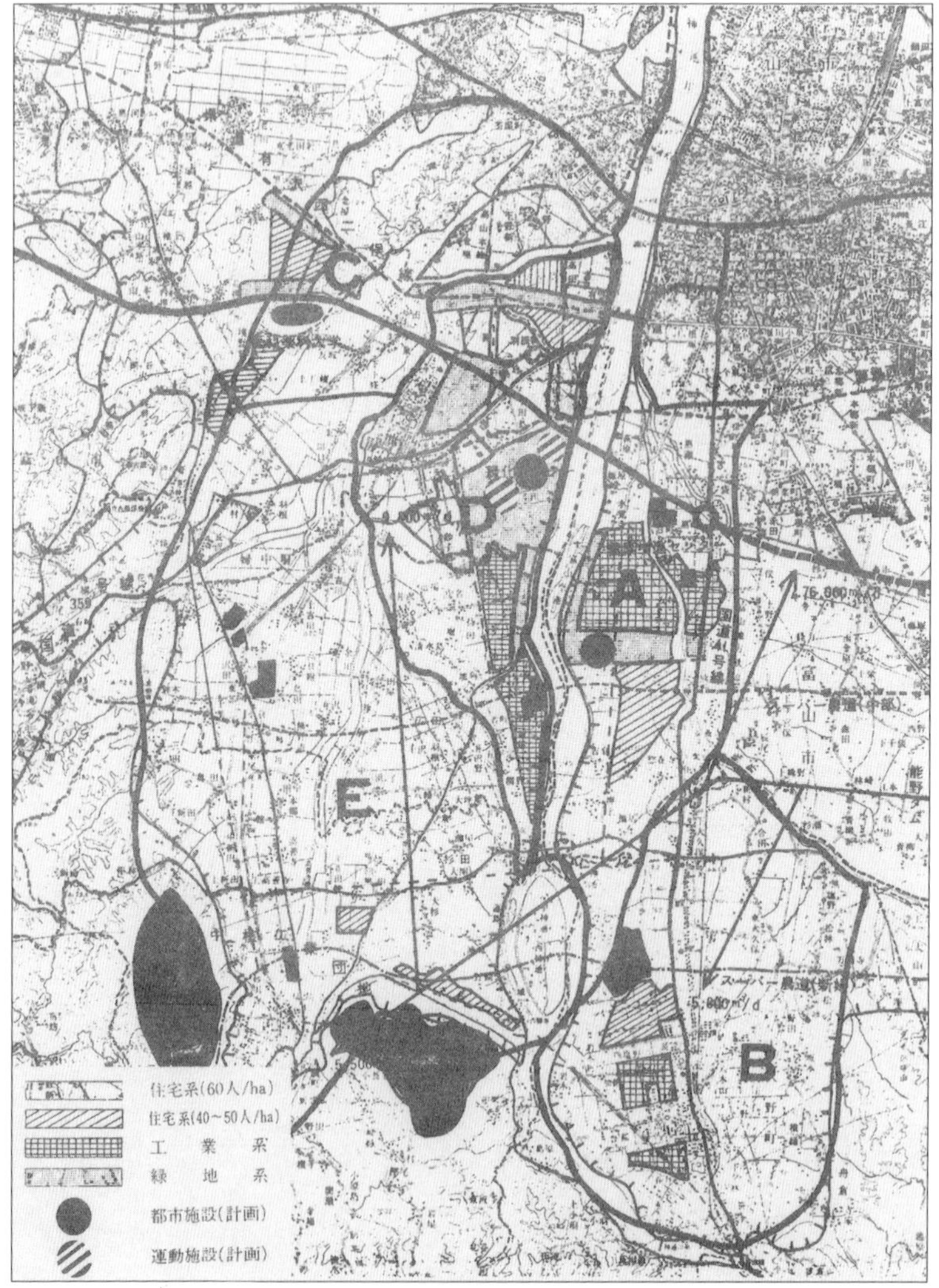

出所：神通川流域カドミウム被害団体連絡協議会『復元資料集』 1979

部土地利用計画（素案）」だった。「富山市南西部土地利用計画（素案）」図を参考までに掲載したが、一九七六（昭和五一）年六月一四日、富山県が発表したこの素案では、対象範囲を富山市、婦中町、大沢野町、八尾（やつお）町にわたる一市三町、面積一万一六五〇ヘクタールとし、土地利用計画に基づく都市的用途への土地の変換は、農用地で一四七五・八ヘクタールの減少、工場用地が三九〇・〇ヘクタール、住宅地が六九一ヘクタール、公共施設用地が九八・四ヘクタール、河川敷が七六・三ヘクタール、道路用地が二二〇・一ヘクタール、計一四七五・八ヘクタール増加するというものだった。[6] この計画の最大の問題は、この中に神通川流域カドミウム汚染田一〇〇四ヘクタールが含まれていることだった。汚染土壌の五七％が公共用地に転用されることになっており、全体の転用率二割と比較すると汚染地の転用率が極端に高いことがわかる。

被害者団体の「神通川流域カドミウム被害団体連絡協議会」では、「これは復元にふれない〝土地利用計画〟であり、カドミ隠しだ」との非難が高まった。以下は『復元ニュース』第六号に掲載された被害地農民の声である。

私たちの豊かな住みよい郷土に、カドミウム汚染地という不名誉な烙印（らくいん）が押された。神岡鉱山より永年にわたり排出されたカドミウムが原因で汚染被害を拡大し神通川流域住民に多大なる苦痛と打撃をあたえた。私たち先祖代々が汗と忍耐、また血のにじむような努力の結晶で得た尊い美田だ。私たちは収穫の秋を迎えるたびに黄金打つ豊かな稔りに祖先に感謝すると共に農民としての喜びを誇りとしてきた。

しかし現在、水稲の作付不能地となり休耕せざるを得なくなり、一望荒廃し草原と化したこの地を見るにつけ残念でならない。加害企業は反省しているのであろうか。国、県及び加害企業は一日も早く私たち農業者の心情を理解認識され、稲作の出来る美田に復元着工されたい。地域住民の願いを裏切ることなく黄金波打つ水田を千秋の思いで待つものです。（宮川地区　Nさん）

わが新保校下は富山市近郊の純農村で一農家平均耕作一町七反を有し、全村の九七％も農家で明るい平和な豊かさを誇る村であった。そこに今、問題のカドミウム汚染である。今春来、県は土地利用計画（素案）を発表したが、これは汚染田の大半を住宅、あるいは工業地帯として二〇年後に実現するという、農業を基盤として働く我々はもとより、青年の夢を全く失わせるものであり、実に許しがたいことである。汚染田の復元こそ急務である。ちなみに地区の昭和五〇年産米をみると、二万三〇八八俵（七月三〇日現在）で、うち二万五三俵が凍結米である。これを作っている農民の無念と憤慨を、加害企業や行政当局は痛感していただきたい。そして一日も早く復元を実現し、我々住民に新しい夢と働く意欲をとり戻させ、また郷土と農業を守らんとする青年の希望に沿うべきである。[7]（新保地区　Tさん）

こうした農民の声を無視するかのように、土地利用計画をあくまで優先させようとする富山県はさらに、土壌復元事業の工法について「神通川流域では他の地域にみられない困難な問題がある」として、広大な面積に三〇センチもの客土（きゃくど）をするのは不可能だからそれ以外の方法について検討したいと復元の引き延ばしを図った。

「富山市南西部土地利用計画（素案）」が大きな障害となって立ちはだかっているところへ、さらなる大問題が被害者団体を襲った。いわゆるイタイイタイ病原因論争の「まき返し」である。

「イタイイタイ病の原因は、三井金属鉱業神岡鉱業所が流出したカドミウムである」。これは一九七一（昭和四六）年の富山地裁判決、翌一九七二（昭和四七）年の名古屋高裁金沢支部での控訴審判決で出された明快な原告完全勝訴の判決だった。ところが控訴審判決から三年にもならない一九七五（昭和五〇）年から、一九六八（昭和四三）年の厚生省見解にも挑戦する猛烈な「まき返し」が始まった。

先陣を切ったのは、一九七五（昭和五〇）年一月に発売された月刊誌『文藝春秋』二月号に発表された「イタイイタイ病は幻の公害病か」と題する驚くべきレポートだった。

文藝春秋読者賞決定発表

医学の栄光と悲惨
現代不老不死物語
生は死によって持続されるという偉大な真理
中島みち（376）

イタイイタイ病は幻の公害病か
科学も行政も患者不在の論争に終始する中で結論のみを急いだ事自体一つの社会病である
児玉隆也（312）

風の笛
旅先で見た地方紙の小さなニュースが私にある踊子を思い出させた
三浦哲郎（408）

アレキサンダーの道
雪の山脈の彼方ハジラール――その太古の遺跡に千年の歴史を見た
井上靖（219）

『文藝春秋』1975（昭和50）年２月号

執筆者はルポライターの児玉隆也。児玉は知り合いの医師の話として「①イタイイタイ病のカドミウム主因説に対してビタミンD欠乏説がかなりの勢力で唱えられている、②そこから派生して、イタイイタイ病の救世主と目されている萩野博士が、治療のためにビタミンDを大量投与、本来イタイイタイ病患者かどうかはまだ不明な要観察者を、かえって悪化させ、医師が病気を作った「医原性疾患」の疑いが指摘されている、③従って決着が付いたはずのイタイイタイ病のメカニズムは、それを究明する学者の確執、さらに行政の怠慢もからんで、日本の公害の原点が実はひどい乱反射の状態のままで放置されている[8]」などと書き、ストーリーは終始、イタイイタイ病カドミウム説を否定する構成となっていた。

『文藝春秋』といえば、当時、トップクラスの総合月刊誌だった。この児玉レポートは、イタイイタイ病原因論争のあらたな火種となり、国会でも逆風が吹き始めた。一九七五（昭和五〇）年二月、自民党の小坂善太郎財務委員長が「定説には医学的にみて問題が多い」として、厚生省、環境庁にこの問題での再検討を迫った。あたかもカドミウム国会の様相を呈したこの国会ではついに「イタイイタイ病の因果関係は不明であり、カドミウム汚染田の復元事業はストップすべきであり、汚染米の基準も緩めて配給にまわすべきだ」との攻撃をかけてきた。

マスメディアにも関連報道が増えるに及んで筆者もこの流れに驚き、イタイイタイ病対策協議会の小松義久会長を連日訪問していた。小松会長ら被害者団体の幹部はさすがに苦渋の表情で今頃なぜこのようなネガティブキャンペーンが執拗に繰り返されるのかと政治不信の抗議の声が高まった。イタイイタイ病対策協議会が発行する『復元ニュース』第一号には「イ病原因論争と土壌復元」の見出しで「（判決で）被告会社側から出された主張とほとんど同じむしかえしが、国会の場でこれほども大げさにくりかえし行われるにはそれなりの事情がある。それを分析検討すれば、単にイタイイタイ病にとどまらず、日本の公害反対運動に対する独占資本の側からの全面的・系統的な反撃であることがわかる」[9]と述べ、背景に公害運動抑圧の動きがあると指摘している。一九七五（昭和五〇）年は公害問題が一大社会問題となり、国の公害対策が強化される中で、金属鉱業界が増大する鉱害対策に大きな負担を感じてきた頃である。

翌一九七六（昭和五一）年、前年から動き出していた自民党の政調審議会は四月六日、同党環境部会から提出された「カドミウム汚染問題に関する報告」を了承した。この報告は「意見を聴取した学者の多数は、イタイイタイ病の原因はカドミウムとは認めていない」とし、この立場から現行の環境基準や汚染米の安全基準、土壌汚染対策を抜本的に見直すよう求めたもので、翌日の全国紙、富山の地方紙などがこの内容を一斉に報道した。イタイイタイ病地元の『北日本新聞』は四月八日の紙面で「被害者側は反発」との見出しで次のような取材記事を掲載した。

〝イ病の原点・富山〟では、立場によって受け止め方もさまざま。イタイイタイ病弁護団、イ対協など被害者側は「加害企業の圧力による政治的巻き返しだ」と反発を強めているが、（富山）県厚生部では「これまでどおり」と冷静。一方、農業関係者の間では汚染米の基準修正にもなるとして歓迎の声も出ている。[10]

また、『読売新聞』は、四月八日の社説で「疑問の多い自民党の『イ病報告』」と題し、「自民党はなぜ今こういう報告書を発表したのか。それがまず起こる疑問だろう。約七万トンの汚染米の買い上げと凍結に伴う食管会計の赤字、汚染指定地域の客土事業に伴う企業負担、農民に対する補償額の増大など経営圧迫の要因除去が主眼なのか。それとも規制強化を強める公害行政や市民運動に、水をかけるのがねらいなのか[11]」とし、自民党の報告書に対し、論理が一貫せず、説得的でないと明確に述べた。

このようにジャーナリズムもこの報告書そのものがイタイイタイ病やカドミウムの専門学者の意見

を無視した内容であると批判、イタイイタイ病とカドミウムの関連を否定する学者もほとんどいなかったことや国際的にもカドミウムの専門学者が「イタイイタイ病への進展にはカドミウムが必要な役割を演じていることは明白」と述べたことなどから、自民党の報告書は急速に意味を失った。

筆者（向井）は後日、「公害否定」と「カドミ説に疑問」という意図のもとに発表された「イタイイタイ病は幻の公害病か」という虚構のレポートの構造を調査・取材しテレビドキュメンタリー『公害は死んだのか　小松みよの三〇年』を制作したが、その取材で裁判以後、政治・企業・医学の世界で執拗に展開されるまき返しの構造に、この国の権力というべきか、市民・民衆とあくまで対峙する強大な国家の仕組みを感じざるを得なかった。

例えば筆者が調査した驚くべき公害の構造を一つだけあげておくと、イタイイタイ病とカドミウムに関する研究は、環境庁から委託された財団法人・日本公衆衛生協会イタイイタイ病総合研究班の手で行われていたが、実はこの日本公衆衛生協会と三井金属鉱業など金属鉱業界のおよそ一〇〇社が加盟する日本鉱業協会の間には、直接的なつながりがあり、一九八二（昭和五七）年、筆者が調査した際も、旅費や日当の名目で、日本鉱業協会から日本公衆衛生協会へ研究費が流れていることを突きとめた。これは日本公衆衛生協会の事務員に確認して得た証言からである。[12] つまり、行政の委託を受けた外部団体に当該の企業が巧妙に介在していたのだ。

土壌復元が遅れに遅れた背景には、このように汚染田の復元事業をストップさせ、工業用地などの用途に充てることを含めた「土地利用計画」を優先させ、あわよくば復元事業を中止させることにより、三井金属鉱業が誓約書によって被害住民に約束した責任を免れさせようとしている行政の意図もあるのではないかと感じた。また、これは三井金属鉱業だけでなく、日本中の鉱山への影響に配慮し、神通川流域の広大な復元が全国のカドミウム汚染田復元の重要な基準になるのを恐れて、日本鉱業協会が政治家を巻き込み、雑誌ジャーナリズムも駆使しながら一大まき返しの挙に出たものと考えざるを得ない。

さて、一九七六（昭和五一）年に打ち出された汚染田の転用計画は、その後、次第に具体化され、富山県総合体育センター、富山県総合運動公園、テクノホールなど富山県の施設を中心に汚染田の転用地に建設されていった。

土地利用計画にまき返し、これに加わったのが復元工法の問題だった。

神通川流域の汚染農地の復元は広範囲にわたった。このため汚染土を取り除いて（排土）、他から汚染されていない土を運び入れる（客土）排土客土法では、排出される汚染土が大量となり処分が困難だった。そこで①土壌中のカドミウム濃度の低下②カドミウム吸収に関わる要因などに着目し、一九七三（昭和四八）年から六年

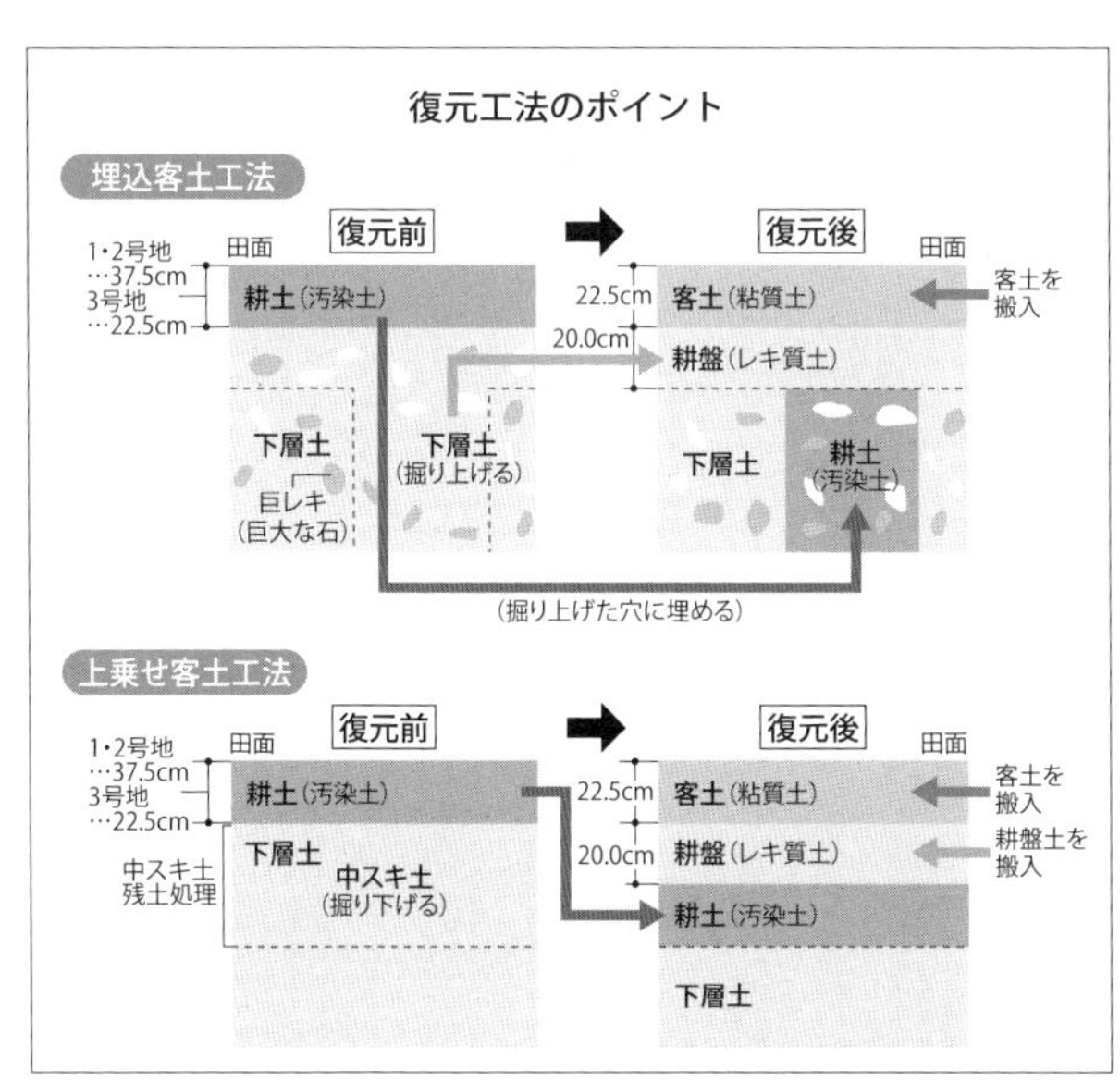

出所：富山県『甦る清流と豊かな大地　神通川流域汚染農地復元の歩み』 2012

間、実験田を一〇ヵ所に設置して五〇を超える復元方法を検討した。その結果、汚染土を埋めた上にレキ質土で耕盤層を造成し、さらにその上に一五センチの客土を入れると、安定して汚染米の発生を防止できることがわかった。これを踏まえ、基本的には神通川の上・中流域は「埋込客土工法」、下流域は「上乗せ客土工法」の二工法が採用された。[13]

このような紆余曲折を経て土壌復元が始まったのが一九七九（昭和五四）年だった。振り返ってみれば、イタイイタイ病裁判控訴審で住民側が全面勝訴を確定、土壌汚染問題に関する誓約書を取り付けた一九七二（昭和四七）年から七年を経過していた。

復元事業の概要を「神通川流域農地復元事業費と面積」として表で示した。ここで一号地、二号地とあるのは、前述したように、食品衛生法により玄米中のカドミウムの含有量が一・〇ｐｐｍ未満と定められたことをきっかけとして、農用地の汚染防止と汚染除去の対策を目的に立法化された農用地土壌汚染防止法に基づいて、一ｐｐｍ以上の米を産出した地域（二〇一一年・平成二三年の食品衛生法改正で一号地、一ｐｐｍ以上の米を産出する恐れが著しい地域を二号地）が、土壌汚染対策地域として指定されていたものである。

この間、一九九一（平成三）年には、富山県独自の取り組みとして、周辺の一八五・六ヘクタールを産米流通対策地域に特定し、汚染米が流通しないよう土壌復元を行った。汚染米というのは前述したように玄米中のカドミウムの含有量が一・〇ｐｐｍ以上と決められていたが、一九七〇（昭和四五）年、〇・四ｐｐｍ以上一・〇ｐｐｍ未満の米についても消費者の不安に配慮して配給しないとする農林大臣談話が発表され、非食用として国が買い上げ処理してきた経緯があり、富山県としては、こうした〇・四

ppm以上一・○ppm未満の米が産出される周辺の地域を産米流通対策地域（三号地）に特定したものである。結果的に復元した総面積は、産米流通対策地域（三号地）を含めると八六三・一ヘクタールで、三号地を含めた当初の対策計画一六八六・二ヘクタールの五○％あまりにしかならなかった。

ここに至るまで

神通川流域農地復元事業費と面積

地　区　名	工　期	事業費（百万円）	復元面積（ha）	対策計画（ha）
農用地土壌汚染対策地域（1・2号地）		36,019	763.3	1,500.6
神通川流域第1次地区	1979（昭和54）〜1984（昭和59）年度	2,431	79.5	96.4
神通川流域第2次地区	1983（昭和58）〜1994（平成6）年度	10,085	291.3	450.5
神通川流域第3次地区	1992（平成4）〜2011（平成23）年度	23,503	392.5	953.7
産米流通対策地域（3号地）		4,687	99.8	185.6
神通川流域二期地区	1997（平成9）〜2011（平成23）年度	4,687	99.8	185.6
計		40,706	863.1	1,686.2

出所：富山県『甦る清流と豊かな大地　神通川流域汚染農地復元の歩み』 2012

農地復元の負担割合

地　区　名	年　度	負　担　割　合（%）			
		企　業	国	県	市　町
農用地土壌汚染対策地域（1・2号地）					
神通川流域第1次地区	1979（昭和54）〜1981（昭和56）年度	39.39	40.40（66.67）	18.19（30.00）	2.02（3.33）
神通川流域第1次・第2次地区	1982（昭和57）〜1984（昭和59）年度	39.39	38.72（63.89）	19.87（32.78）	2.02（3.33）
神通川流域第2次地区	1985（昭和60）年度	39.39	36.36（60.00）	22.23（36.67）	2.02（3.33）
神通川流域第2次・第3次地区	1986（昭和61）〜2011（平成23）年度	39.39	33.33（55.00）	25.26（41.67）	2.02（3.33）
産米流通対策地域（3号地）					
神通川流域二期地区	1997（平成9）〜2011（平成23）年度	12.00	50.00	32.00	6.00

出所：富山県『甦る清流と豊かな大地　神通川流域汚染農地復元の歩み』 2012

さまざまな難題があったが、富山県と被害者団体の間で最も紛糾したのは実は復元に伴う企業負担の問題だった。前述したように、一九七二（昭和四七）年八月一〇日、三井金属鉱業に対しイタイイタイ病対策協議会らが勝ち取った「土壌汚染問題に関する誓約書」では、農地復元に関し、「原因者として事業費用総額を負担する」となっているのに対し、富山県が策定した第一次の企業負担率は三五・一三％とされた。これに対し、イタイイタイ病対策協議会会長で被害団体連絡協議会の小松義久代表は「負担法から言っても、三井金属との誓約書の精神から言っても、公害対策に対し大きな逆戻りであると言わざるをえない[14]」と抗議した。しかし、最終的には第二次、第三次も三九・三九％と大幅に企業負担が減額され、第一次もこれに合わせて三九・三九％の企業負担率となった。

農用地土壌汚染防止法では、汚染者の費用の負担率を七五％までと定めており、本来、七五％を三井金属鉱業に負担させることになっているのに、富山県は残額を国・県・市・町の負担とした。また、産米流通対策地域（三号地）の企業負担率はわずかに一二％に抑えられた。

一九七九（昭和五四）年に着工した国内最大規模の農地復元事業は、三三年をかけて二〇一二（平成二四）年にようやく完了した。事業の対象面積は八六三ヘクタール、東京ドームのほぼ一八五個分に相当する。総事業費は四〇七億円、このうち三井金属鉱業が負担したのはおよそ一五〇億円あまり、他は国や県、市町の税金から支払われた。

神通川流域を襲ったカドミウムを含む重金属汚染は、多くの農民の命を奪い、かつての豊かな農村を破壊していった。土壌復元はようやく終わったとはいえ、この間、多くの農民が農業を手放し、神通川流域の風景は一変した。土壌復元により、かつてあった農地が、大地が戻ってくるわけではない。

そのことを私たちが思い知らされるのは、復元後の神通川流域である。このことは最終の第五章で検証したい。

引用文献

[1]『イタイイタイ病』第二七号、一九七二、『神通川流域住民運動のあゆみ』イタイイタイ病対策協議会、神通川流域カドミウム被害団体連絡協議会、一九九一
[2] 江添久明「汚染土壌の復元こそ緊急の課題」『イタイイタイ病裁判 月報六』総合図書、一九七四
[3] 一九七一（昭和四六）年六月三〇日付け『朝日新聞』
[4] 一九七三（昭和四八）年二月一六日付け『岐阜日日新聞』
[5]『イタイイタイ病』第三〇号、一九七四、『神通川流域住民運動のあゆみ』イタイイタイ病対策協議会、神通川流域カドミウム被害団体連絡協議会、一九九一
[6] 神通川流域カドミウム被害団体連絡協議会『復元資料集』一九七九
[7]『復元ニュース』第六号、一九七七、『神通川流域住民運動のあゆみ』イタイイタイ病対策協議会、神通川流域カドミウム被害団体連絡協議会、イタイイタイ病弁護団、一九九一
[8] 児玉隆也「イタイイタイ病は幻の公害病か」『文藝春秋』一九七五年二月号、文藝春秋
[9]『復元ニュース』第一号、一九七五、『神通川流域住民運動のあゆみ』イタイイタイ病対策協議会、神通川流域カドミウム被害団体連絡協議会、イタイイタイ病弁護団、一九九一
[10] 一九七六年四月八日付け『北日本新聞』
[11] 一九七六年四月八日付け『読売新聞』
[12] 向井嘉之『一一〇万人のドキュメント』桂書房、一九八五
[13] 富山県『甦る清流と豊かな大地 神通川流域汚染農地復元の歩み』二〇一二

［14］神通川流域カドミウム被害団体連絡協議会『復元事業の促進と費用負担問題』一九八〇

参考文献

1、神岡町『神岡町史　史料編　近代・現代Ⅱ』二〇〇四
2、畑明郎・向井嘉之著『イタイイタイ病とフクシマ これまでの一〇〇年これからの一〇〇年』梧桐書院、二〇一四
3、向井嘉之『イタイイタイ病と戦争　戦後七五年　忘れてはならないこと』能登印刷出版部、二〇二〇
4、神通川流域カドミウム被害団体連絡協議会『復元資料集』一九七九
5、イタイイタイ病対策協議会、神通川流域カドミウム被害団体連絡協議会『神通川流域住民運動のあゆみ』一九九一
6、向井嘉之・森岡斗志尚『イタイイタイ病報道史　公害ジャーナリズムの原点』桂書房、二〇一一

第五章　人類史への教訓

その一「全面解決」その日

二〇一三（平成二五）年一二月一四日、『毎日新聞』朝刊は、第一面のトップ記事ならびに二九面の社会面で「イタイイタイ病 全面解決」をスクープ記事として報じた。長年、イタイイタイ病を追い続けてきた田倉直彦記者らによる『毎日新聞』ならではの執念のスクープだった。

イタイイタイ病に取り組んできた『毎日新聞』と言えば、一九七一（昭和四六）年八月、歴史的なイタイイタイ病第一審の原告勝訴判決直後に出版された『骨を喰う川　イタイイタイ病の記録』は、メディアがプロジェクトを組んだルポルタージュとして秀逸である。

この出版は、毎日新聞大阪本社社会部から四人、毎日新聞富山支局から二人の計六人の記者による執筆となっているが、一九七一（昭和四六）年六月三〇日の判決に照準を合わせ、社をあげての調査報道が脈々と生きており、調査報道の先達として今でも語り継がれる。そうした『毎日新聞』イタイイタイ病報道の伝統を受け継ぐ、二〇一三（平成二五）年一二月一四日のスクープ記事のリードをまず紹介したい。

有害物質カドミウムによって、富山県の神通川流域で発生した四大公害病の一つ「イタイイタイ病」で、前段症状の腎臓障害「カドミウム腎症」を発症した人の救済策に、原因企業、三井金属鉱業（本社・東京）と被害者・住民団体が合意する見通しとなったことが一三日、関係者への取材で分かった。同社は一人当たり六〇万円の一時金を支払うこととし「神通川流域カドミウム被害団体連絡協議会」（被団協）と一七日にも文書を交わす。[1]

筆者（向井）は『毎日新聞』の「イタイイタイ病 全面解決」のスクープに敬意を表しながらも、記事の中に出てきた「全面解決」の表現に率直に言って違和感を感じたことを述べておきたい。同紙の社会面には「これまで救済の手が届かなかったカドミウム腎症。三井金属鉱業（東京）が被害者一人当たり六〇万円の一時金を支払うことになり、最後に残された公害の暗部にようやく光が当たることになった」[2]とある。

『毎日新聞』のスクープ記事を追うメディア各社の動きはこの日からにわかにあわただしくなった。そして迎えた二〇一三（平成二五）年一二月一七日、イタイイタイ病の被害者団体「神通川流域カドミウム被害団体連絡協議会」（被団協）と三井金属鉱業（東京）など原因企業との全面解決合意書の調印式の日がやってきた。筆者もフリー記者の立場で会場の富山第一ホテル（富山市）白鳳の間に駆けつけた。当日の調印式の模様については畑明郎・向井嘉之著『イタイイタイ病とフクシマ これまでの一〇〇年 これからの一〇〇年』[3]に詳しく書いたが、記憶を辿れば、それは、一種奇妙な緊張感に包まれた調印式だった。

白鳳の間の正面ステージには被害者団体、原因企業、そして立会人である富山県の席がそれぞれ二席ずつ用意され、ステージ中央の壁面には「神通川流域カドミウム問題の全面解決に関する調印式」と大書された横断幕が掲げられていた。会場最後列の報道関係者席では各社取材陣があわただしく出入りし、テレビカメラが並んだ。イタイイタイ病でこれだけのスタッフが取材に加わったのは筆者の知るかぎり、一九七二（昭和四七）年の控訴審判決以来だった。

　報道関係者席の前列に設けられたおよそ五〇席の関係者席が次第に埋まっていく。被害地域の住民たちであろう。会場入り口には被害者団体「神通川流域カドミウム被害団体連絡協議会」（被団協）の高木勲寛（くにひろ）代表（当時七二歳）の顔も見える。全面解決を決断した重みか、あるいは歴史的な調印を意識しての緊張からか表情は硬い。被団協は高木自身が会長を務めるイタイイタイ病対策協議会をはじめ、熊野地区鉱毒対策協議会、鵜坂公害対策協議会、速星地区

「神通川流域カドミウム問題の全面解決に関する調印式」会場　2013年12月17日　向井嘉之撮影

公害対策協議会、宮川地区鉱害対策協議会、富山市新保地区土壌汚染対策協議会、神明地区鉱毒対策協議会の神通川流域六地区の鉱害(公害)対策協議会で構成されている。

各地区の住民が見守る中、被団協の高木代表やイタイイタイ病の原因企業である三井金属鉱業社長・仙田貞雄、神岡鉱業社長の吉田亮が席についた。つまり、原因企業として現在まさに神岡鉱山の現場にある神岡鉱業株式会社と親会社である三井金属鉱業株式会社が調印式に臨んだのである。ほどなく会場に一瞬の静寂ができた。立会人である富山県知事・石井隆一の着席と同時に調印式が始まった。

調印式で挨拶に立った三井金属鉱業の仙田社長は被害地域の住民およそ七〇人を前に、「過去に大きな被害を発生した事実は消し去ることはできません。全面解決の証として、このことを心に銘記し、イタイイタイ病患者やその家族、被害田の回復に尽力してこられた皆様に謝罪申し上げます」と頭を下げた。これに対し、被団協の高木代表が「先人の筆舌に尽くせぬ辛酸の歴史がある。言葉にできない緊張感を持ってこの場にいるが、謝罪を受け入れたい」と述べ、双方が合意書を交わした。被害者団体、企業双方が挨拶の中で強調したのは「緊張感ある信頼

「神通川流域カドミウム問題の全面解決に関する調印式」右端が石井知事、左端が高木代表
2013年12月17日　向井嘉之撮影

関係」という言葉だった[4]。

続いて、被団協と原因企業が全面解決の調印に至るまでの経緯や合意書の要旨についてイタイイタイ病弁護団事務局長・水谷敏彦が説明を行った。「神通川流域カドミウム問題の全面解決に関する合意書」とはいかなるものなのか、まず全文を見ていただきたい。

合意書

神通川流域カドミウム被害団体連絡協議会ら（以下「甲」とする。）と三井金属鉱業株式会社および神岡鉱業株式会社（以下「乙」とする。）は、乙の操業にかかる旧神岡鉱業所が排出したカドミウムによって神通川流域住民にイタイイタイ病をはじめとする、健康被害、土壌汚染、農業被害および地域共同社会への影響被害等の大きな惨禍がもたらされ、その規模、程度等においてカドミウム汚染としては他に例を見ない甚大なものであったことを、厳粛な事実として受け止め、被害回復と公害防止に向けて共に努力を傾注してきた。その結果、今日、神通川の水質はカドミウムその他重金属濃度について自然界の水準にまで回復し、またカドミウム汚染田の復元事業も完了するに至った。

甲および乙は、これらの事実に鑑み、ここにイタイイタイ病の惨禍とカドミウムによる土壌汚染等が再び繰り返されないよう将来にわたり不断の取り組みが必要であること、および本カドミウム被害とその被害からの回復に向けた取り組みが我が国はもとより世界における地球環境対策にとって大きな教訓と意義を持つものであることを共通の認識として、本日、次のとおり合意する。

第1条　乙（三井金属鉱業など原因企業）は、イタイイタイ病をはじめ神通川流域住民と同地域社会に甚大な被害をもたらしたことについて甲（神通川流域カドミウム被害団体連絡協議会ら）に謝罪し、甲はこれを受け入れる。

第2条　乙はイタイイタイ病患者および要観察者への補償（賠償金、医療費、療養手当、介護手当等）について昭和四七年八月一〇日付誓約書（イタイイタイ病の賠償に関する誓約書）に基づき、引き続き誠意をもって対応する。

2　甲および乙は、昭和四七年八月一〇日付誓約書（土壌汚染問題に関する誓約書）に基づき、国が土壌汚染防止法により地域指定した汚染農地の復元が完了したことにより、当該誓約書で定めるこれまでの土壌汚染および農業被害に関する問題は全て解決されたことを確認する。

3　乙は、昭和四七年八月一〇日付公害防止協定の精神を尊重し、引き続き公害防止に努める。なお、甲が行う当該公害防止協定書に基づく立入調査については、神通川の重金属濃度の水質が自然界の水準まで回復した現状を踏まえ、甲は、乙の自主的な公害防止対策への取組みを尊重し、今後の立入調査を行う。

第3条　乙は、神通川流域住民健康管理支援制度を創設し、神通川流域におけるカドミウムの慢性曝露により腎機能への影響が確認された者（イタイイタイ病患者および要観察者を除く。）に対して、一時金を支払う。甲は、当該健康管理支援制度の運営に協力する。なお、当該健康管理支援制度の細目については別途協定書を締結する。

2　甲は、前項に定める健康管理支援制度の創設を以って、神通川流域におけるカドミウムによる健康被害および健康影響に関する未解決の問題が一切解決したことを認める。

第4条　甲は、乙が本合意書に定める義務を履行する限りにおいて、今後乙に対して、何等の請求も行わない。

2　乙は甲に対して、本カドミウム被害の全面解決に伴い、解決金を支払う。

3　甲および乙は、本合意書の締結と履行を以って、平成二一年七月九日付甲からの「申入書（イタイイタイ病、カドミウム被害の全面解決に向けて）」に関する事項を含め、甲乙間における問題が全面的に解決したことを確認する。[5]

以上が全面解決に関する合意書の全文である。

国がイタイイタイ病を全国で初めて公害病と認定してから四五年、最初の患者発生から一〇〇年余を経て、この全面解決に関する合意書が被害者団体と原因企業の間で取り交わされた。この合意書調印は当時、カドミウムによる腎臓障害への救済策として高く評価され、多くのメディアに「全面解決」の文字が躍った。調印式を終えた被害者団体「神通川流域カドミウム被害団体連絡協議会」は記者会見で次のような声明を発表した。

声明

私たち神通川流域被害団体連絡協議会は、本日、神通川流域におけるイタイイタイ病をはじめとするカドミウム問題に関し、三井金属鉱業株式会社及び神岡鉱業株式会社との間で、全面解決の合意書を締結するに至りました。

三井金属・神岡鉱業所が排出したカドミウムによって、神通川流域の住民はイタイイタイ病をはじめとする健康被害を受け、また農地は汚染されて農業被害が発生し、この地域に甚大なカドミウム被害がもたらされました。

昭和四一年一一月にイタイイタイ病対策協議会を結成した地元住民は、昭和四三年三月九日イタイイタイ病裁判を提起し、昭和四六年六月三〇日一審勝利判決、昭和四七年八月九日控訴審完全勝訴判決、その翌日、三井金属本社での直接交渉の結果、二つの誓約書と一つの協定書、すなわち「イタイイタイ病の賠償に関する誓約書」、「土壌汚染に関する誓約書」、「公害防止協定書」を勝ち取りました。そして神通川流域の被害地域に結成された鉱害(公害)対策協議会も被害団体連絡協議会に結集し、今日まで四〇年余にわたり、イ病患者救済、汚染土壌復元、発生源対策の三本柱の運動に粘り強く取り組む、大きな成果をあげました。

前述の直接交渉の後、三井金属の社長は被害住民に対して謝罪の意を表明しようとしましたが、私たちは、誓約書等の内容が履行され、一定の成果を確認するまでは謝罪を受けないことにしました。

こうした歴史的な経過を踏まえ、私たちは、発生源対策の努力によって神通川の水質が目標とする自然界値まで改善が進み、今後ともこれを維持できる見通しが立ち、また汚染農地の復元工事が完了する目処がついたことから、平成二一年七月九日、三井金属に対し、カドミウム問題の全面解決に向けた協議を申し入れました。その後四年間、一二回にわたる協議が持たれました。昨年四月には私たちの宿願だった県立イタイイタイ病資料館も開館の運びとなり、そして本日、合意書の調印・取り交わしに至った次第です。

今回の合意にあたって、私たちは、三井金属との間で、筆舌に尽くせぬイタイイタイ病の惨禍・惨劇とカドミウムによる土壌汚染等が再び繰り返されないよう将来にわたり不断の取り組みが必要であることを確認するとともに、神通川流域のカドミウム被害とその被害回復の取り組みが、我が国のみならず世界における公害問題にとって大きな教訓と意義を有するものであることを共通の認識とすることができました。その上で、三井金属より謝罪がなされ、私たちはこれを受け入れることとしました。四〇年前に私たちが受け入れを保留していた三井金属からの謝罪を本日、受け入れるに至ったものです。

今回の合意の中に、カドミウムによる腎機能影響が確認された人を救済する一つの形として、三井金属が主体となる健康管理支援制度が創設されることになりました。神通川流域被害住民の健康管理にとって意義のある制度であります。

本日の全面解決の合意は、長きにわたるカドミウム被害根絶の運動の一里塚であり、一つの大きな区切りと言えますが、私たちは、国の内外を問わずイタイイタイ病をはじめとするカドミウム被害が二度と起きることがないよう、これまでに得た経験と教訓を広く社会の人々に訴え、継承することが私たちの使命であると受け止めています。[6]

筆者もこの記者会見の場にいたが、声明文を読み上げる被団協の高木勲寛代表は、これまでの苦難の道を想い起してか、時折声を詰まらせた。高木代表とともに記者会見に臨んだイタイイタイ病弁護団の朝倉正幸弁護団長は「この闘いは他に例がない成果である。これを教訓として他の地域も富山に続いてほしい」と合意の成果を強調した。

二〇〇九(平成二一)年七月に全面解決の協議を申し入れた被害者団体「神通川流域被害団体連絡協議会」(被団協)としては、もちろん、この記者会見にあるように一九七二(昭和四七)年の訴訟終結時に拒否した謝罪受け入れを前提に長年求めて来たカドミウムによる腎臓障害への救済が実現したとの思いで、関係者の達成感は大きかったろう。調印式に出席していた被害者団体関係者やメディアの記者からは「ようやくこれでイタイイタイ病は終わった」と何かほっとした安堵感(あんどかん)が現場に漂っていた。被害者団体としてはそう評価するのは当然であろう。これまでの被害者団体の労苦に対しては深い敬意を表したい。

ただ、筆者の立場は前述した「違和感」という言葉で表現したように、被団協やメディア関係者の評価とは少し違った。なぜあえて「全面解決」という言葉を使ったのか、使わねばならなかったのか、そこに筆者はあえていうが、何か一種の政治的な匂いを感じたのである。「解決合意」とかもっと誤解を招かない言葉はいくらでもあったと思う。記者会見を終えて、筆者が現役時代に所属していた北日本放送をはじめ、メディアの後輩記者から質問され、「全面解決という表現は素直に納得できない」と話した。「全面解決」という言葉にこだわった筆者は、調印式の会場を出て、数人の識者や知人に感想を聞いたが、予想通り感想のほとんどは、「これでようやくイタイイタイ病は終わった」「患者もこれで出なくなるだろう。よかった、よかった」というものである。

つまり「全面解決」という言葉によって、「イタイイタイ病はすべての問題が解決し、神通川流域に安全・安心が戻る」との認識を持ったようだ。

筆者自身の違和感は合意の核心となった健康被害の補償問題にあった。

『イタイイタイ病とフクシマ　これまでの一〇〇年　これからの一〇〇年』に筆者が整理して書いた当時の思いは以下のようなことである。

　イタイイタイ病は、これまで慢性カドミウム中毒の頂点のみが公害疾患と認定され救済の対象とされてきた。その前段症状に対し、国の基準の枠を超えて、原因企業側が一時金を支給するのは、確かに一歩前進と評価できないでもないが、「神通川流域カドミウム問題の全面解決に関する合意書」第三条にあるように、今回の措置はあくまで健康管理支援制度による支給であり、いわゆる健康被害への補償でないことを筆者は重視したいと思う。一時金の対象は五〇〇人～一〇〇〇人といわれるが、第三条にあるようにこれにより、今後の補償請求権を放棄することになったのである。

高齢化が進む被害者を生存中に救済したいという思いから、やむを得ないと言われればそうかもしれないが、今回の合意は「補償」ではなく、健康管理制度による「一時金」の支給である。名を捨て実を取るとはこのことだろうが、ただ「一時金」だけでは、今後の治療費がまかなえる保証はない。もちろん最も問題なのは現在の国の認定基準である。国は、カドミウム腎症は「生活に支障が出るわけではない」として、公害病として認定しない方針を堅持している。カドミウム腎症がさらに進行し、症状が悪化しても国の公害病認定がいかにハードルが高いかを、今回の「全面解決」が示唆していると言えるが、しかし「全面解決」がイタイイタイ病の幕引きであってはならない。[7]

カドミウム腎症はイタイイタイ病の前段症状であり、「軽微な状態」だから重篤な被害ではないと指摘する人がいる。だからといって障害のレベルを恣意的に過小評価していいわけがない。いかにミニマムな被害だと言っても公害からその被害が生まれたことに変わりはない。これからの被害を予防していくためにはこの最低限の被害も発生させないようにしていくことが重要である。そのためにはカドミウム腎症はまぎれもなく公害病であることを確認し、イタイイタイ病に至る悪化を防がなければならない。

渡辺伸一は「腎尿細管機能の障害が進行すれば、糸球体機能も低下し、最終的には腎不全に至る。そして、注目すべきは、カドミ摂取を低下させても、腎障害は進行し続けるという点である。つまり、カドミウムによる腎障害は不可逆性であり、たとえカドミの曝露を中止しても腎障害の悪化は止められないということである。さらに腎障害が一定レベルに達すると、死亡率が高まる（生命予後の短縮）[8]」と指摘し、次のように言う。「わが国は、世界で最大数の有機水銀中毒患者とカドミ中毒患者を出した国である。したがって本来であれば、生命と健康を犠牲にして得た貴重なデータを、健康被害を起こさないための予防対策として世界の人々に役立ててもらう、という形での国際貢献をわが国政府が率先してやるということができたはずである。しかし、この点でも、ありうべきシナリオとは逆の方向に進んでしまった。すなわち、重篤例または典型例の一部しか公害病とは認めない、という行政と医学専門家集団の姿勢は、ミニマムの被害を生み出さないための予防対策の不履行を帰結させた。なぜなら、あたりまえだが、ミニマム被害の予防対策のためには、ミニマム被害も公害被害だと認めることが前提になるからだ。この結果、安全値の策定やこれに基づく規制という予防対策が不完全なものとなり、国民全体に対する健康リスクを増大させてきたといえるのである[9]」。

「全面解決」に違和感を感じるとした筆者の真意は、まさしく渡辺の指摘するこの点にあったのだ。カドミウム腎症はまぎれもなく公害病である。

そもそもイタイイタイ病の周囲には公害病認定の第一歩から多くの闇に包まれていた。イタイイタイ病そのものでさえ、神通川流域のごく限られた東西六キロ、南北一二キロの一定の地域しか対象としない。イタイイタイ病の認定条件の第一には「カドミウム濃厚汚染地域に居住し、カドミウムに対する曝露歴があること」とあり、ごく対象地域が限定される。神通川流域全域ではないのだ。イタイイタイ病患者認定からは、対馬（長崎県）・生野（兵庫県）・梯川（石川県）・小坂（秋田県）などは切り捨てられ、そこにどのような国と企業の相互関係が存在するのかわからないが、極めて政治的にイタイイタイ病認定が運用されてきたのではないかと疑う。

　第四章その二で筆者が指摘したが、イタイイタイ病カドミウム説否定のまき返しの構造に、この国の権力というべきか、市民・民衆と対峙する強大な国家の仕組みを感じた。

　そこには、イタイイタイ病に関する研究を国の委託を受けた外部団体が行い、そこに原因企業が巧妙に介在する仕組みがあった。信じられないことだが、イタイイタイ病全体のピラミッドの前段症状ともいうべきカドミウム腎症に対して、国や日本鉱業協会などの関与がないとは到底言い切れない。国はカドミウム腎症を決して公害と認めようとはしない。まして当該企業はもちろん、同業の日本鉱業協会各社はこれを認めるはずがない。こうした背景のもとで、イタイイタイ病の被害者団体と三井金属鉱業が数十回の交渉を重ねた結果、ぎりぎりの選択として合意されたのが「全面解決」ではなかったのか。

太公望で賑わう神通川　2022年9月　金澤敏子撮影

　カドミウム腎症というイタイイタイ病の先駆症状をどう評価するか、住民側がかつて求め続けてきた公害病としての要求は完全に切り捨てられ、医療補償ではない一時金という名目で決着した。またもや国と鉱業界の巧みな呼吸で一気呵成に「全面解決」という言葉が採用された。しかし「全面解決」はカドミウムによる腎障害解決を意味するものではないのは当然である。そこには富山県という地元自治体の存在も見えてこないし、何を問題および解決と考えるかについての行政の姿勢も見えてこない。「全面解決」をイタイイタイ病の幕引きにしてはならない。調印式を終えたあと、筆者にインタビューした北日本放送の数家直樹記者をはじめ、メディア各社の記者にはこのような筆者の真意を伝えたつもりだった。

調印式の翌日、二〇一三（平成二五）年一二月一八日の新聞各紙の記事タイトルは筆者から見ると微妙に変わったように思う。即ち地元の『北日本新聞』をはじめ、『日本経済新聞』『朝日新聞』そして『毎日新聞』なども「全面解決」ではなく、「イタイイタイ病決着」の表現を使った。筆者にはこの表現なら理解できる。『富山新聞』には、神通川流域で生まれ育った富山市婦中町の沢井和夫のインタビュー記事もあり、沢井は「『今までの訴えが報われた。ありがたい』と歓迎する一方、国による患者認定や救済の壁が高いことに諦めもにじませた[10]」とある。

微妙な問題なので、多くの方に理解いただくのは難しいかもしれないが、合意の核心となった健康被害について、もう少し詳しく説明しておく。

イタイイタイ病は腎機能障害に由来する骨軟化症と定義され、典型的な例を頂点とするピラミッド型の裾野には前段症状であるカドミウム腎症が広がる。

今回、新たに設けられた「神通川流域住民健康管理支援制度」は、まずカドミウム曝露歴があり

（具体的には一九七五年・昭和五〇年以前に二〇年間以上、公害健康被害補償法所定の指定地域に居住していたこと）、腎機能の指標となるタンパク質の尿中濃度、β2ミクログロブリンの値が五ミリグラム／グラムクレアチニン以上である者に対し、健康管理支援金として一時金六〇万円を支払うというものである。[11] この「神通川流域住民健康管理支援制度」は住民の今後の健康管理にどのような影響があるのか、二〇一四（平成二六）年に萩野病院の青島恵子院長に伺った。

身体をもとに戻して欲しいという患者さんの声を聴くと、補償金というのは一体どういう意味を持つのかと、あらためて考えさせられます。今後の健康問題を考える時、私が心配するのは、五ミリグラム／グラムクレアチニン以上の人に、六〇万円の一時金という線引きをしたことで、一旦、一時金をもらった人は、今後、住民健康調査を受けなくなるのではないか、また同時に五ミリグラム／グラムクレアチニンに届きそうもない軽症の人も、健康調査を受けなくなっていくのではないかという点です。つまり、一時金をもらった人も、軽症の人も、問題意識が希薄になり、健康管理支援制度によって、逆に健康被害の解決が遠のくことを懸念しています。五ミリグラム／グラムクレアチニン以上の人は今後、重度の腎臓障害に進行する可能性がありますし、軽症の人もさらに追跡調査をしていく必要があります。とくに、要観察者の判定は、この住民健康調査の結果によります。住民健康調査を受け続けないと要観察者に該当する人も見落とされることになります。[12]

カドミウム腎症については、前述したように、イタイイタイ病の被害者住民団体でもこれまで長い間公害病に指定するよう国に働きかけてきた。しかし、国は疾病性が認められないなどとして被害者住民団体の要望には応じなかった。今回、「カドミウム腎症の扱いについては、富山神通川流域のみでの『健康管理支援』の一時金支給ということで合意したもので、この地域での解決であり、全国的な慢性カドミウム中毒問題の解決ではない[13]」と藤川賢・渡辺伸一らは述べ、「慢性カドミウム中毒を『病気』として認めるかどうかについては今も不明瞭な部分がある。このあいまいさは、他方で全国的な放置を継続させる役割も果たしてきた[14]」と指摘する。その通りであろう。だからこそ、今回、原因企業としては疾病として認めたわけでもない一種のあいまいな救済で「全面解決」とした。この表現がカドミウム腎症の全体的そして全国的な課題に誤解を与える恐れを危惧するのである。

被害者住民団体と原因企業が「全面解決」の合意書に調印した二〇一三（平成二五）年一二月一七日はイタイイタイ病にとってまぎれもなく歴史的な節目だった。しかし、イタイイタイ病は終わったわけではない。イタイイタイ病は解決済みの過去の問題ではなく、現在進行形として存在している環境問題であるとの認識に立ち、筆者らはイタイイタイ病の「歴史」と「教訓」を次の世

市民団体「イタイイタイ病を語り継ぐ会」設立シンポジウム
2014（平成26）年8月　大島俊夫さん提供

代に語り継ぐために翌年二〇一四(平成二六)年六月、市民団体「イタイイタイ病を語り継ぐ会」を設立した。会の中心は、市民である。「次の世代にイタイイタイ病と同じ経験を二度としてほしくない」という思いをお互いに共有しながら、具体的に「何を語り継ぐのか」「どのように語り継ぐのか」を市民一人ひとりが考え、次世代に、そして環境破壊が進むアジア各国に「語り継ぐ」市民活動をしていきたいと考えたのである。「イタイイタイ病を語り継ぐ会」は被害者団体や行政の立場からではなく、一般市民がイタイイタイ病の歴史的意義を考えていこうという会だった。

福島第一原発事故の発生から三年が経過していた。「イタイイタイ病を語り継ぐ会」設立の背景にはもちろん、福島第一原発事故の大きな影響もあるが、直接のきっかけは被害者団体と原因企業が「全面解決」の合意書を取り交わしたことに端緒がある。前述したように、イタイイタイ病はまだまだ現在進行形であり、カドミウム腎症というイタイイタイ病の前段症状が公害病と認定されていない中で、「全面解決」の表現は、イタイイタイ病を終わった過去のものにしてしまうという危惧を抱いたのである。

二〇一四(平成二六)年八月三〇日、富山市で開催された「イタイイタイ病を語り継ぐ会」設立シンポジウムには全国からおよそ一五〇人が参加、前年に調印された「全面解決の合意」について活発な意見が交換された。設立シンポジウムにパネラーとして出席した萩野病院の青島恵子院長は「カドミウム汚染による腎症の問題は、他の地域でもみられる。今後も国に認めるよう求めるべき」と指摘、「腎臓障害にも軽重があり、一律の一時金なのはどうなのか」と合意内容にも課題をあげた。また富山大学の雨宮洋美(あめみやひろみ)准教授は、カドミウム腎症という健康被害への一定の救済を評価しながらも、国が腎臓障害だけではイタイイタイ病患者として認めていないことについては「腎症とカドミウムの因果関係は国際的には常識で、そこは変えなくてはいけない」と批判した。

全面解決に関する合意書調印から二〇二三（令和五）年で一〇年になる。

そして、イタイイタイ病の歴史における最大の節目ともいえる、イタイイタイ病訴訟の一九七二（昭和四七）年八月九日の、完全勝訴から五〇年が過ぎた。五〇年前、控訴審判決で勝利を勝ち得たイタイイタイ病原告団と支援団体が、その日の夜、東京・日本橋の三井金属鉱業本社に向かい、一一時間に及ぶ必死の交渉で勝ち得た「イタイイタイ病の賠償に関する誓約書」「土壌汚染に関する誓約書」「公害防止協定」の、いわゆる二つの誓約書と一つの協定書の、五〇年後の現場はどうなっているのか、実は「イタイイタイ病鉱毒史」の現場には「イタイイタイ病は終わった」どころか、課題がまだまだ山積している。

それは前述したイタイイタイ病とカドミウム腎症に関わる問題、土壌復元や発生源との関連で見過ごすことのできない難問が立ちふさがっている。

本章その二では、まさしく「人類史への教訓」として検証していく。

「イタイイタイ病を語り継ぐ会」設立シンポジウム・パネラー青島恵子さん（上）と雨宮洋美さん
大島俊夫さん提供

引用文献

［1］二〇一三（平成二五）年一二月一四日付け『毎日新聞』
［2］二〇一三（平成二五）年一二月一四日付け『毎日新聞』
［3］畑明郎・向井嘉之著『イタイイタイ病とフクシマ これまでの一〇〇年 これからの一〇〇年』梧桐書院、二〇一四
［4］畑明郎・向井嘉之著『イタイイタイ病とフクシマ これまでの一〇〇年 これからの一〇〇年』梧桐書院、二〇一四
［5］二〇一三（平成二五）年一二月一七日「神通川流域カドミウム問題の全面解決に関する調印式」配布資料
［6］畑明郎・向井嘉之著『イタイイタイ病とフクシマ これまでの一〇〇年 これからの一〇〇年』梧桐書院、二〇一四
［7］畑明郎・向井嘉之著『イタイイタイ病とフクシマ これまでの一〇〇年 これからの一〇〇年』梧桐書院、二〇一四
［8］渡辺伸一「公害病否定の社会学的考察」『奈良教育大学紀要』第五六巻第一号。二〇〇七
［9］渡辺伸一「公害病否定の社会学的考察」『奈良教育大学紀要』第五六巻第一号。二〇〇七
［10］二〇一三（平成二五）年一二月一八日付け『富山新聞』
［11］二〇一三（平成二五）年一二月一七日「神通川流域カドミウム問題の全面解決に関する調印式」配布資料
［12］畑明郎・向井嘉之著『イタイイタイ病とフクシマ これまでの一〇〇年 これからの一〇〇年』梧桐書院、二〇一四
［13］藤川賢・渡辺伸一・堀畑まなみ『公害・環境問題の放置構造と解決過程』東信堂、二〇一七
［14］藤川賢・渡辺伸一・堀畑まなみ『公害・環境問題の放置構造と解決過程』東信堂、二〇一七

参考文献

1、畑明郎・向井嘉之著『イタイイタイ病とフクシマ これまでの一〇〇年 これからの一〇〇年』梧桐書院、二〇一四
2、向井嘉之編著『イタイイタイ病と教育　公害教育再構築のために』能登印刷出版部、二〇一七
3、水谷敏彦「カドミウム問題の『全面解決』合意―その意義と今後の課題」『前衛』二〇一四年五月号、日本共産党中央委員会

その二　いのち戻らず　大地に爪痕深く

明治から現代に至る神岡鉱山の歴史を、三井財閥が国家とともに歩んだ日本のもう一つの近現代史として「民衆」をキーワードに検証してきた。イタイイタイ病という世界最大のカドミウム事件を生み出した背景に、民衆の声を踏みにじるとてつもない国策優先、財閥優先の歴史があった。「神通川流域」はその犠牲となった。このことはいくら強調しても足りないことだが、筆者(向井)はイタイイタイ病を「環境問題」という前に、まず「公害」として再認識する。そしてその「公害」の前に「イタイイタイ病事件」として明確に位置付けたい。すなわちイタイイタイ病は加害者と被害者が明確な「事件」としてまず告発されなければならない「公害」であった。

まとめとして、一つひとつ確認していきたい。筆者がまず強調したいのは、イタイイタイ病が、水俣病や新潟水俣病、四日市ぜんそくと並んで、日本の四大公害病と位置付けられていることからくる大きな誤解である。四大公害病はいわば一九六〇年代を中心とする日本の戦後の高度経済成長の下で発生した公害とされるため、イタイイタイ病の発生は戦後であるとの誤った認識が一部にある。確かにイタイイタイ病の発生が社会的に明らかにされたのは戦後の一九五五(昭和三〇)年の新聞報道ではあるが、明治期中期からすでに農業被害などが明らかになっており、神岡鉱山の被害は、足尾銅山の被害と並ぶ、まさに日本の近代とともに始まった公害の歴史の端緒と言っていいだろう。

すなわち、一九世紀、近代の幕開けとともに、富国強兵・殖産興業の大号令のもとに重視されたのが鉱山業であった。その担い手となったのが財閥と呼ばれる、一族の独占的資本による結合形態だった。神岡鉱山は三井財閥、足尾銅山は古河財閥が近代化を急ぐ国と一緒になって鉱山開発に突き進んだ。

参考までに明治近代化から太平洋戦争に至るまでの足尾銅山・神岡鉱山公害問題年表を作成してみた。

足尾銅山・神岡鉱山公害問題年表[1]

作成：向井嘉之

一八七四(明治 七)年	三井組、神岡鉱山の鉱業権を一部取得する。
一八七六(明治 九)年	古河市兵衛、足尾銅山の経営権握る。
一八七七(明治一〇)年	足尾銅山製錬所操業開始。
一八八四(明治一七)年頃	足尾銅山周辺の山々に煙害始まる。
一八八九(明治二二)年	三井組、神岡鉱山全山の鉱業権を取得する。
一八九〇(明治二三)年	鉱業条例制定、渡良瀬川で洪水、最初の足尾鉱毒被害
一八九二(明治二五)年頃	神岡地区での煙害や用水・飲料水への影響を新聞報道
一八九四(明治二七)年〜一八九五(明治二八)年	**日清戦争**

一八九六（明治二九）年　渡良瀬川洪水、足尾銅山鉱業停止の声高まる。

一八九六（明治二九）年　神通川の鉱毒で富山県内の稲作にも被害

一八九七（明治三〇）年　政府、足尾銅山鉱毒調査委員会設置、鉱毒予防工事命令

一九〇一（明治三四）年　田中正造、天皇に足尾鉱毒を直訴

一九〇四（明治三七）年～一九〇五（明治三八）年　日露戦争

一九〇五（明治三八）年　鉱業法制定

一九〇六（明治三九）年　谷中村強制破壊

一九一一（明治四四）年　最初のイタイイタイ病患者発生（厚生省推定）

一九一三（大正　二）年　神岡鉱業所の煙害激化

一九一四（大正　三）年～一九一八（大正七）年　第一次世界大戦

一九三一（昭和　六）年　柳条湖事件、一五年戦争の始まり

一九三七（昭和一二）年　日中戦争始まる

一九三九（昭和一四）年　ヨーロッパで第二次世界大戦勃発

一九四〇（昭和一五）年頃　イタイイタイ病患者発生激甚期に入る

一九四一（昭和一六）年～一九四五（昭和二〇）年　太平洋戦争

この年表で、一九一一（明治四四）年、最初のイタイイタイ病患者発生（厚生省推定）と書いたが、これは第三章その一で紹介した一九六八（昭和四三）年の「イタイイタイ病に関する厚生省見解」附属資料として発表されたものである。曝露三〇年で発病に至るカドミウムの鉱毒を考えれば、発病の源はこの年表にある「一八七四（明治七）年　三井組、神岡鉱山の鉱業権を一部取得する。」「一八八九（明治二二）年　三井組、神岡鉱山全山の鉱業権を取得する。」に関連があると考えるのも無理ではないだろう。つまり、イタイイタイ病は一九世紀にその源を発し、二〇世紀を経て、二一世紀の今日まで、なんと三世紀にわたる公害の歴史を連綿と綴っているのだ。友澤悠季は断言する。「いくら強調しても足りないことだが、公害は歴史上、一度も終わったことはない。確認しておきたいことは、公害は世紀を軽々と越えて持続するということだ[2]」。友澤の指摘は重い。イタイイタイ病は軽々と三世紀にわたっていて、いまだに終わらない。

二〇二二（令和四）年七月三一日、イタイイタイ病の患者認定を審査する富山県公害健康被害認定審査会が富山市で開催され、イタイイタイ病発症の可能性がある「要観察」とされていた九一歳女性を認定相当と判定した。二〇一五（平成二七）年に二人が認定されて以来、七年ぶりの認定である。これで認定患者の累計は二〇一人で、うち生存者はこの女性を含む九〇代の二人となった。

それにしても、七年ぶりにあらたなイタイイタイ病認定患者が出たということは、カドミウムによる深刻な健康被害が今もなお続いていることをあらためて示したことになり、三世紀目に入ってもイタイイタイ病が存在していることを立証した。

イタイイタイ病に対する賠償は、一九七二（昭和四七）年八月九日のイタイイタイ病裁判控訴審後、三井金属鉱業と被害住民が取り交わした「誓約書」で決まっているが、賠償の対象となる認定患者や要観察者は、富山県の公害健康被害認定審査会の審査に基づいて富山県知事が認判定することになっている。

認定審査会のイタイイタイ病診断基準は、一九七二（昭和四七）年六月の環境庁公害保健課長通知「公害に係る健康被害の救済に関する特別措置法によるイタイイタイ病の認定について」に示されており、現在もこの基準が用いられている。基準は次の四条件からなっている。

①　カドミウム濃厚汚染地域に居住し、カドミウムに対する曝露歴があること
②　以下の③④の状態が先天性のものでなく、成年期以後（主として更年期以後の女性）に発現したこと
③　尿細管障害（にょうさいかんしょうがい）が認められること
④　骨粗鬆症（こつそしょうしょう）を伴う骨軟化症（こつなんかしょう）の所見が認められること

このように基準は決まっているが、その運用にあたっては、紆余曲折（うよきょくせつ）があり、申請したから患者と認められるわけではない。当然のことながら認判定結果は企業負担にストレートにはね返ってくる。つまり、三井金属鉱業の直接の負担を左右する立場にあるのが認定審査会になる。

認定四条件のうち、①②③は申請にあたってほぼ問題ないが、不認定とされる理由では、④の骨軟化症の所見がないとして却下される例が多かった。骨軟化症の所見は骨X線所見かあるいは死亡後の

骨病理組織所見に基づいての判定となるが、骨X線所見では重症の骨軟化症にみられる骨改変層（こっかいへんそう）の有無が重要な根拠となる。典型的な骨改変層の所見がみられる場合にはほとんど問題はないが、骨改変層の初期像あるいは治療像などでは認められない場合がある。また、死亡後の病理組織所見では、最後の組織像のために治療により骨軟化症の所見が見られないことが多いために、患者認定は④の判定が最大の課題となっている。

例えば、富山市久郷（くごう）に住む宮崎まゆみから聞いた話を紹介しよう。婦中町の隣町・八尾町で生まれたまゆみが農業を営む宮崎豊治と結婚したのは一九七八（昭和五三）年だった。同居の義理の祖母・よしはイタイイタイ病の要観察者だった。よしは亡くなる一年前、一九八三（昭和五八）年に寝たきりになったので萩野病院に入院、直ちにイタイイタイ病の患者認定を申請した。翌年に亡くなったので、認定のために死亡後、骨の解剖をしたが、その翌年の一九八五（昭和六〇）年の審査結果は不決定となった。それから数年を経て、一九九三（平成五）年一一月にようやく死後認定の通知が届いた。認定申請をしてから一〇年が経過していた。

宮崎よしさんの遺影
2022年4月　金澤敏子撮影

宮崎まゆみさん（富山市久郷）　2022年4月　金澤敏子撮影

この頃、筆者（向井）は、イタイイタイ病の取材にあたっていたが、一九八七（昭和六二）年には認定申請の七人全員が認定却下となったりしたことから認定行政への不信が拡がっていた。さらに国の公害健康被害補償不服審査会に不服審査請求書が提出されるなど認定行政は混乱を極めたが、一九九三（平成五）年になって環境庁が患者認定の新基準を提示、骨軟化症診断基準につき、運用基準が緩和されたり、富山県認定審査会委員全員の辞職を経て、新委員により過去にさかのぼって再審査が開始された。

よしの死後認定の決定はおそらくこの頃であったのではないかと推察できる。イタイイタイ病の患者にとっては、このように認定に要する時間との闘いが続いていたが、それは今も変わらない。

宮崎まゆみの話で何より驚いたのは、二〇一三（平成二五）年の「全面解決」合意により、環境省と富山県が実施する「神通川流域住民健康調査」の受診案内に当初、まゆみの住む久郷地区が調査の対象範囲に入っていなかった、ということを聞いたことだった。祖母・よしが認定患者であったにもかかわらず調査の対象範囲からなぜ漏れたのだろうか、不審に思ったまゆみは直接三井金属鉱業に連絡、久郷地区と高田地区が健康調査の対象地区に追加されたという。その後、よしの長男で、まゆみにとっては義父にあたる一男（一九二八・昭和三年生まれ）は、健康調査のあとさらに精密検診を受けた。その結果、一男は腎臓障害者への一時金を申請、受給したとのことである。

ここで話を二〇二二（令和四）年七月三一日、富山県公害健康被害認定審査会であらたに患者認定相当と判定された九一歳の女性に戻したい。

筆者ら（金澤・向井）は、二〇二二（令和四）年九月、富山市婦中町の萩野病院を訪ね、青島恵子院長に、イタイイタイ病患者として認定された九一歳の女性の経過について直接、尋ねてみた。実は今回、患者認定を受けた九一歳の女性は二〇二一（令和三）年一〇月、精密検診結果に基づき「要観察」と判定され、翌年二〇二二（令和四）年一月、富山県に正式に患者認定の申請を行った。

　この患者の主治医の青島医師は申請前にイタイイタイ病と診断したが、これまでの認定基準によれば、骨の治療を行っている関係から、骨軟化症の症状が薄れ、判定に影響が出るのではないかとの危惧もあった。青島医師によるとこの患者からは、認定申請にあたって当初から骨生検はしないとの明確な希望が出されていた。

　二〇二二（令和四）年八月一日付け『北日本新聞』によれば、「（申請後）認定審査の判断材料となるエックス線検査を富山県内の公的病院で受けた際、医師から『イタイイタイ病とは判断できない』との見方を示された。（中略）（一方）審査会はこれまでの診療記録とエックス線や尿検査などを総合的に検討。

青島恵子医師　2022年9月　金澤敏子撮影

萩野病院（富山市婦中町萩島）　2022年9月　金澤敏子撮影

骨生検は必要ないとしたうえで、患者認定相当と判断した」[3]という。骨生検というのは、イタイイタイ病の特徴的症状である骨軟化症を判定するために骨を切り取って組織を調べる方法である。

二〇二二（令和四）年九月、筆者（金澤）は富山市新保の自宅に新しくイタイイタイ病の認定を受けた九一歳の女性（Kさんと仮称）とKさんの娘婿にあたる七二歳の義理の息子（Yさんと仮称）を訪ねた。Kさんは一九三〇（昭和五）年生まれだが、家の中では杖は使わず、声にも張りがある。「小さい頃から田んぼを手伝っておって、田んぼ仕事の時は、お茶の水筒など持って行かんでしょ。田んぼの脇を流れる新保用水の水は透き通りスキスキでね、下の石まできれいに見えたわ。おいしかった！うつむいて川に顔を突っ込むようにして飲んだ。コップなんか持って行かんもんに。毒の水やって思わんもんですしね」。Kさんは神通川右岸に位置する新保地区で生まれ育ち、二〇歳頃に家を継いで婿を取った。四〇歳の終わり頃から脚や膝が痛み始めた。我慢していたが、七〇歳を過ぎてからはよく転んだり痛みがつのってきた。Yさんが説明を加える。「私が転勤生活を終えて四〇年ぶりにに我が家に帰ってきてイタイイタイ病を知ったんです。うちのばあさん（Kさんのこと）、夜、寝とる時に痛い痛いというでしょう。尿検査をしたら異常な数値。先生も『これはイタイイタイ病です。申請しましょう』ということになった」そうである。なにしろYさんの話では「私の義父がいうとった。親戚の葬式に行って死んだ人をみんなでよいこらしょと棺桶に入れる時に、ポキッ、ポキッって音がして、はじめてこの人イタイイタイ病やったって、わかったそうです。そういう人いっぱいおった。五～六軒あった」とのことだ。

Kさんは今回の認定審査にあたっては、「申請が認められるかどうか心配でした。毎晩、神様に『お願いします』と祈っていました」という。Kさんの申請を支えたYさんの言葉も筆者の印象に残った。「家族が痛い痛いって言ったら、どんな痛みか想像してほしい。家族が親身にならんとダメなが。でないと患者さんは可哀そうですよ。家のばあちゃん、骨盤折れとるがに我慢して歩いておった。普通では考えられん。申請しておらん人たくさんおられるがじゃないでしょうか。家族が付き添っていろんな病院でしっかり診てもらってほしい。痛い痛いっていう患者さんをたくさん診察しておられる青島先生が審査会に入っていないんですよ。おかしい。患者さんを診察したことのない人ばっかりが審査員。本当に患者さんを一回でも診たのか?って言いたい。今回の審査会では神通川流域住民健康調査で五三人の人が精密検診を受けたって聞いてます。要観察の人がなぜ今回も認定にならなかったのか。骨生検しなくては組織が分らないというけど、MRIとか現代医学で分からないのですかね。骨生検はもう時代遅れじゃないでしょうか。審査会は患者さんに対して冷たいのではないでしょうか。医学的にもイタイイタイ病の人を助けるおもいでやってほしいです」。

新しくイタイイタイ病の認定を受けた91歳の女性Kさん　2022年9月　金澤敏子撮影

Kさんの今の愉しみは散歩というが、雨の日は、あまり手が痛くならないので毛糸で編み物をしたりするのが愉しみだそうだ。七夕飾りの小物を造ったり、折り紙も得意である。数年前、地区のふるさと祭りに折り紙で作って出したアジサイの花束は圧巻だった。

参考までに富山県が初めて患者救済に取り組み始めた一九六七（昭和四二）年から現在までの「イタイイタイ病認定患者及び要観察者の状況」を次頁に掲載する。

ここで確認の意味であらためて述べておきたいのは、イタイイタイ病の患者認定制度ができたのは一九六七（昭和四二）年ということである。第三章その一で見たように、推定ではあるが、イタイイタイ病は太平洋戦争の戦前から戦後に激甚被害期を迎え、多くの犠牲者が出ている。患者認定制度はこのずっとあと、イタイイタイ病訴訟が提起される前年に初めてできたことになり、この年から現在までの認定患者が二〇一人、生存者は二人ということである。戦前から戦後の認定制度ができるまでの詳しいデータがない中で、行政データとしての「認定患者数二〇一人、生存者は二人」だけが独り歩きし、イタイイタイ病の実態が正しく伝えられないのは残念である。

Kさんが折り紙で製作したアジサイの花束
2022年9月　金澤敏子撮影

「はじめに」で述べたように、一九七〇（昭和四五）年発行の被害者団体の文献には、戦後の一九四六（昭和二一）年から一九七〇（昭和四五）年までの死者は二三〇人[4]との記述がある。また、萩野昇は一九六七（昭和四二）年一二月一五日の参議院産業公害特別委員会で「私が昭和二一年から診たものだけで（イタイイタイ病患者は）二〇五人いるが、一一七人が（一九六七・昭和四二年までに）死亡した[5]」と述べている。

イタイイタイ病認定患者及び要観察者の状況

2022（令和4）年8月31日現在

区分 年次	認定患者			要観察者判定					
	患者認定	死亡	年末現在数	要観察者判定	要観察削除内訳				年末現在数
					患者認定	死亡	解除	計	
1967（昭和42）年	73	3	70	155	0	2	0	2	153
1968（昭和43）年	44	12	102	33	19	2	29	50	136
1969（昭和44）年	3	8	97	1	1	6	106	113	24
1970（昭和45）年	4	4	97	2	2	5	15	22	4
1971（昭和46）年	1	5	93	1	0	0	0	0	5
1972（昭和47）年	0	11	82	138	0	5	0	5	138
1973（昭和48）年	1	2	81	21	0	10	16	26	133
1974（昭和49）年	3	12	72	7	2	6	9	17	123
1975（昭和50）年	0	7	65	4	0	4	20	24	103
1976（昭和51）年	0	6	59	5	0	2	3	5	103
1977（昭和52）年	0	9	50	4	0	8	0	8	99
1978（昭和53）年	1	1	50	4	1	6	6	13	90
1979（昭和54）年	0	5	45	1	0	6	0	6	85
1980（昭和55）年	1	4	42	3	1	9	10	20	68
1981（昭和56）年	1	4	39	1	0	7	0	7	62
1982（昭和57）年	0	5	34	4	0	8	0	8	58
1983（昭和58）年	10	7	37	0	6	7	0	13	45
1984（昭和59）年	1	6	32	1	1	7	0	8	38
1985（昭和60）年	1	9	24	0	0	8	0	8	30
1986（昭和61）年	4	7	21	1	1	7	0	8	23
1987（昭和62）年	0	3	18	0	0	5	0	5	18
1988（昭和63）年	1	2	17	1	1	0	0	1	18
1989（昭和64）年（～1.7）	0	1	16	0	0	0	0	0	18
1989（平成元）年（1.8～）	4	5	15	0	2	4	0	6	12
1990（平成 2）年	1	4	12	0	0	2	0	2	10
1991（平成 3）年	1	1	12	5	1	1	0	2	13
1992（平成 4）年	5	6	11	5	1	2	0	3	15
1993（平成 5）年	18	14	15	0	4	1	0	5	10
1994（平成 6）年	3	4	14	2	3	0	0	3	9
1995（平成 7）年	0	1	13	0	0	0	0	0	9
1996（平成 8）年	0	2	11	1	0	5	0	5	5
1997（平成 9）年	0	2	9	0	0	0	0	0	5
1998（平成10）年	2	2	9	0	0	0	0	0	5
1999（平成11）年	0	3	6	0	0	0	0	0	5
2000（平成12）年	1	1	6	0	0	0	0	0	5
2001（平成13）年	1	1	6	1	1	0	0	1	5
2002（平成14）年	1	3	4	1	0	2	0	2	4
2003（平成15）年	1	1	4	0	0	1	0	1	3
2004（平成16）年	1	2	3	0	0	1	0	1	2
2005（平成17）年	0	1	2	0	0	0	0	0	2
2006（平成18）年	3	1	4	0	0	1	0	1	1
2007（平成19）年	1	0	5	2	1	0	0	1	2
2008（平成20）年	3	2	6	0	1	0	0	1	1
2009（平成21）年	0	1	5	0	0	1	0	1	0
2010（平成22）年	0	0	5	0	0	0	0	0	0
2011（平成23）年	1	2	4	0	0	0	0	0	0
2012（平成24）年	0	0	4	1	0	0	0	0	1
2013（平成25）年	0	1	3	0	0	0	0	0	1
2014（平成26）年	2	0	5	3	1	0	0	1	3
2015（平成27）年	2	2	5	1	1	0	0	1	3
2016（平成28）年	0	0	5	2	0	1	0	1	4
2017（平成29）年	0	0	5	0	0	0	0	0	4
2018（平成30）年	0	1	4	0	0	1	0	1	2
2019（平成31）年（～4.30）	0	0	4	0	0	1	0	1	1
2019（令和元）年（5.1～）	0	2	2	0	0	0	0	0	1
2020（令和 2）年	0	1	1	0	0	0	0	0	1
2021（令和 3）年	0	0	1	1	0	0	0	0	2
2022（令和 4）年	1	0	2	0	1	0	0	1	1
計	201	199	2	（実344） 延412	52	145	214	411	1

（　）は実人数である。

富山県健康課提供

筆者の調査では、戦前を含めると現在までに五〇〇〇人以上の犠牲者と推定する。このことは認定患者数だけでなく、きっちりと同時に伝えてほしい。

いずれにしても本章その一でも触れたように、カドミウムによる住民の健康被害の全体像が、未だなお明らかにされていない。それは前述したようにイタイイタイ病全体のピラミッドの裾野に拡がる先駆症状、カドミウム腎症が公害と認められないことにもよるが、近位尿細管障害すなわちカドミウム腎症は現在なお八〇歳以上の高齢住民に多発しており、三〇年以上にわたる追跡調査では、中等度以上の腎障害を持つ住民の中から、慢性腎不全となり、腎性貧血を発症する患者が少なからず見出されている。しかし、骨軟化症と診断されなければイタイイタイ病と認定されないし、重度のカドミウム腎症だけではもちろん公害と認定されない。

今後どうすればいいのか、青島恵子医師は、「今後、イタイイタイ病の認定条件の定義が変わるか、カドミウム腎症独自だけでも公害と認められないかぎりは対応が大きく変わることはない」と語る。

二〇一九（平成三一）年四月、環境省は、神通川流域における「カドミウム汚染地域住民健康影響調査検討会報告書」を発表した。一九九七（平成九）年～二〇一四（平成二六）年度の住民健康調査で得られた検査データである。これはいわば神通川流域における最新の住民健康調査の概要と言える。筆者らにこのデータを解析する能力はないが、この調査期間の一次検診全対象者数はのべ四万七一五二人、このうち実際に検診を受けた者はのべ一万六二二五人で、平均受診率は三四・四％であった。この受診者の中で初めて検診を受けた実人数は六七七二人となる。受診者六七七二人のうち、七〇四人（一〇・四％）が精密検診の対象とされ、六七九人が精密検診を受けた。[6]

被害地では、住民の高齢化が加速している。これらの住民健康調査を基に、近位尿細管障害に伴う慢性腎臓病の予後をはじめ、地域住民に対する適切な健康管理、生活指導を急いでほしいと願う。

実はここでもう一つ驚くような事実を書かねばならない。

それは、三世紀にわたり人のいのちが粗末にされ、放置されてきた神通川流域でさらに新たな困難が今、農民にのしかかっていることだ。二〇一二（平成二四）年に汚染田の土壌復元が完了してから一〇年になる今、復元の後遺症というにはあまりに無惨だが、農地そのものの地盤に緩(ゆる)みが相次ぎ、農作業に多大な支障をきたしているのだ。もちろんこれは何も昨日・今日に始まったことではない。復元事業そのものは一九七九（昭和五四）年頃から始まったが、こうした復元田の緩みが現れはじめたのは一九九〇年代の初めのようだ。

本書「はじめに」で「黄金色の稲穂が風にゆらぐこの神通川両岸の地は、先人が営々辛苦(えいえいしんく)の末開拓した沃土(よくど)であり、我々子孫にもたらされた偉大な遺産である」と書かれた「イタイイタイ病闘いの顕彰碑」の冒頭を紹介したが、実りの秋を迎えた神通川流域の農家の声をまず紹介しよう。

第一章その二で話を聞いた宮口政久の生家は富山市婦中町萩島にある明治からの歴代農家だったが、土壌復元の後遺症に苦しん

実りの秋　富山市婦中町萩島　　2022年9月　金澤敏子撮影

でいる一人である。「重機で人間が手を加えてどれだけ埋めてもダメだわ。自然に堆積したものだったらちゃーんと埋まっていくけれど、人工的にやったところは絶対だめだ。私の家の田んぼも復元したけれど、埋めた下の部分がやっぱり抜けてしまった。結局人間が埋めたところはだめだということや」と話す。

宮口の集落で実際に米を作っているのはもはや二戸だけになり、他の人は水田を大規模農家に貸すという傾向になってきた。宮口も数年前、復元した田に農機が入らないくらいに埋まるところが発生し、なるべく負担を少なくしてもらい田の補修をしたが、複数年にわたる工事期間中に作付け停止を余儀なくされた農民の多くが田を貸すようになり地権者となった人も多い。「トラクターが田んぼで行ったり来たりするわけやろ。トラクターを戦車みたいなタイヤではなくキャタピラに変えたもんね。もぐらんように。以前に、田んぼに機械がもぐって運転しとった私、後ろにひっくり返るくらいにえらい目におうたもん」と、軟弱地盤での耕作の困難さを語ってくれた。明治から四代にわたってイタイイタイ病と闘ってきた宮口家は今、政久の代になって思わぬ大地の爪痕に苦しんでいる。

一方、第三章その二で紹介した青山源吾について語ってくれた青山康子の家では、現在、耕作の田んぼは四反半（約四五アール）

大型化する農機　2022年9月　金澤敏子撮影

くらいでそれほど多くはない。やはり富山市婦中町上轡田地内の復元農地ではやや軟弱なところがあるという。これまでそういうところは自分たちで砂を入れたり、砂利を入れたりして補修をしてきたが、田の全面ではなかったので、時には土建屋に重機で掘ってもらいとりあえず砂入れで補修してきた。康子は「(イタイイタイ病の原因追及に疫学面から努力した)源吾さんがこういうのを知ったらどう思われるでしょうね」と感慨深げだった。

では、実際に汚染田の復元工事を管轄した富山県はこの事態をどのように把握しているのか、富山県農林水産部農村整備課に問い合わせた。「県では、神通川流域カドミ被害団体連絡協議会から委嘱を受けた国土問題研究所からの答申をふまえ、復元工事を実施してきました。現在の状況は想定しておらず、いつ頃からこのような現象が生じているかは把握していませんが、要望があった箇所については順次対応しています。下がった農地(引用者注:軟弱地盤発生農地)につきましては原因の特定には至っておりませんが、水みち等のもともとの地形条件による影響などが考えられます。県ではこれまでに、下がった農地の対策として六五二箇所の要望を聞いており、土地改良区が行うこれらの整備に約六億五五〇〇万円の事業費を見込んでいます」。これが概ね富山県農村整備課が説明する軟弱地盤の経緯と現状である。つまり、復元工事にあたっては現在の状況は想定外で、原因は地形条件による影響などが考えられるとのことである。

このことを踏まえ、富山市婦中町萩島の清流会館に、「神通川流域カドミウム被害団体連絡協議会」代表理事で「イタイイタイ病対策協議会」副会長の江添良作と、同じく「神通川流域カドミウム被害団体連絡協議会」事務局長・「イタイイタイ病対策協議会」事務局長の平岡孝進を訪ねた。

江添から筆者（向井）がまず確認できたのは、軟弱地盤は復元事業の作業中からすでに見られ、二〇〇三（平成一五）年から軟弱地盤の工事にとりかかり二〇一八（平成三〇）年までの調査の結果、六五〇ヵ所が補修工事の対象になっているとのことだった。

この六五〇ヵ所については二〇二六（令和八）年までには軟弱地盤の対策工事を終える予定である。この点は富山県農村整備課の回答と一致する。ただ、江添が強調するのは、二〇二六（令和八）年まで他の軟弱地盤地域を黙認するのかという問題である。現実にこれまでの対策に盛り込まれた箇所以外でも新たな軟弱地盤が発生している。二〇二六（令和八）年までにさらに発生すると予想される軟弱地盤、更には二〇二七（令和九）年以降はどうすればいいのか。江添はこれらの問題に応えるには、できうるかぎりの再調査しか道はないという。農地を不具合のまま放置すれば、それこそますます農業離れが起こる。

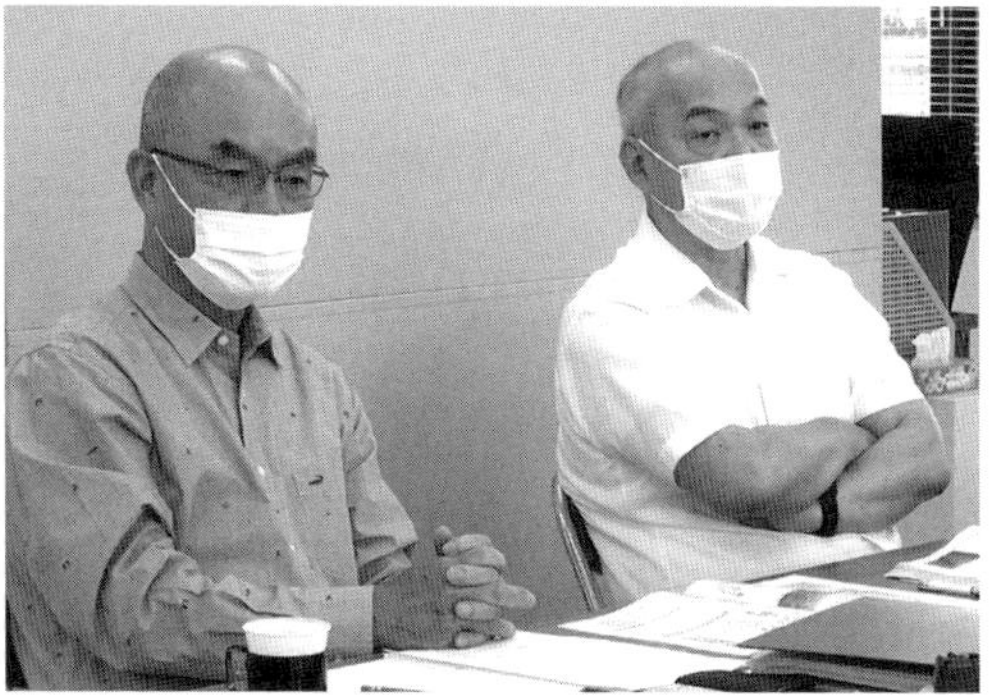

向かって左が江添良作さん、右が平岡孝進さん
2022年9月　金澤敏子撮影

かつて、復元事業中に作付け停止を余儀なくされた農民の多くが農業を見限った。そうした田を借り受けて今、かろうじて大規模経営で農業が続いている。問題は軟弱地盤の補修工事の費用を一体誰が支払うのかという問題に行き着く。実際に農業をしていなくても田を貸している地権者が負担する

のか、田を借りている大規模経営者にしたところで、機械の故障による経費増などで意欲的に農業を継続できるのか、補修工事費負担の根本問題は対策への最大のハードルとなっていく。

二〇一二（平成二四）年までの軟弱地盤対策工事は確かにまだ全体が汚染田復元事業の一環として対応できたため、それなりに工事費は捻出できた。しかし、復元事業は二〇一二（平成二四）年に全てが完了、さらに二〇一三（平成二五）年一二月には、原因企業の三井金属鉱業と被害者団体の間で「全面解決」の合意書が調印された。確かにこれまでの軟弱地盤対策工事では、三井金属からの協力金もあったが、復元事業が完了し、これからの軟弱地盤対策工事が、一般的な農業農村整備事業の整備力のみに委ねられるとしたら、実際に工事を維持管理する土地改良区にとっても大きな負担とならざるを得ない。

江添も平岡も苦悩する。筆者らは「そもそもこ

コンバインでの稲刈り　　2022年9月　金澤敏子撮影

の復元事業そのものがカドミウム汚染に起因する工事から始まっており、農民には何の責任も自己負担もないはずだ。原因企業の全面的な協力で乗り切るしかない」と考える。

富山県農村整備課は次のように答える。「原因企業は、これまでも対策事業の負担を行っており、引き続き必要な対策を行う場合には協議を続けていきたいと考えています」。

江添は、前述した軟弱地盤の再調査を行うために「神通川流域カドミウム被害団体連絡協議会」の各団体とも十分論議を行い、富山県との交渉を早急に進めていきたいという。

清流会館を失礼する際に、江添が語った言葉が胸に突き刺さった。「このまま手を打たなければ、神通川流域は一帯が耕作放棄地になりますちゃ」。

神通川流域から人のいのちを徹底的に奪ったカドミウムは、大地のいのちまで奪うのだろうか。「全面解決」から一〇年の月日が次第に虚しくなっていく。

イタイイタイ病をめぐる課題は「全面解決」とは程遠くさらなる難問が待ち構えているといえるが、なによりもまず、これから先はどんなことがあっても、絶対に神通川を再汚染させないよう神岡鉱山には常に最大の取り組みを要求していかなければならないということである。

つまり、発生源対策の重要性である。裁判後、五〇年にわたる公害防止協定に基づく科学者・弁護士・被害住民の神岡鉱山立入調査により、神岡鉱山のカドミウム排出量は一〇分の一以下となり、神通川のカドミウム濃度も自然界レベルになった。

しかし、神岡鉱山の亜鉛電解工場の地下には、かつての操業で染み込んだカドミウムが八〇トン以上あると試算されており、選鉱廃滓や排水処理シックナーの沈殿物を捨ててきた堆積場にも、莫大な量のカドミウムが堆積している。

神岡鉱山には、鹿間谷（一九三一・昭和六年建設、総堆積量約五〇〇万立方メートル）、増谷（一九三三・昭和八年建設、総堆積量六〇〇万立方メートル）、和佐保（一九五四・昭和二九年建設、総堆積量二六七八万立方メートル）の三つの堆積場がある。鹿間谷は一九五六年に堆積を完了し、増谷・和佐保も残容量がわずかとなっている。筆者（高塚）らが最も不安視するのは、国内最大規模であり、東京ドーム二一個分の堆積量を持つ和佐保堆積場である。第三章その一に記述したように、和佐保堆積場は一九五六（昭和三一）年に集中豪雨で決壊し、三〇〇〇立方メートルを超える廃滓が河川に流出した歴史がある。堆積場はこうした豪雨時と大地震が最も心配である。筆者は二〇一八（平成三〇）年、「とやま地域問題調査会」[7]で活動をともにしていた五十嵐正子から和佐保堆積場周辺のハザードマップを調べたらどうかと助言され、現地調査を行うとともに、飛騨市神岡支所や国土交通省河川事務所において関連調査を行った。

神岡鉱山立入調査　2010年8月　向井嘉之撮影

和佐保堆積場は一九五六（昭和三一）年の決壊後、作り直され、現在では、堤体（ていたい）（ダムや堤防の本体のこと）すれすれに廃滓が積み上っている。堆積物は鉱石から鉛や亜鉛などを取り出すために浮遊選鉱された廃滓である。廃滓をサイクロンで遠心分離して泥状のスライムがポンド（池）に埋められ、堤体は砂

『土砂災害ハザードマップ』（神岡和佐保地区）

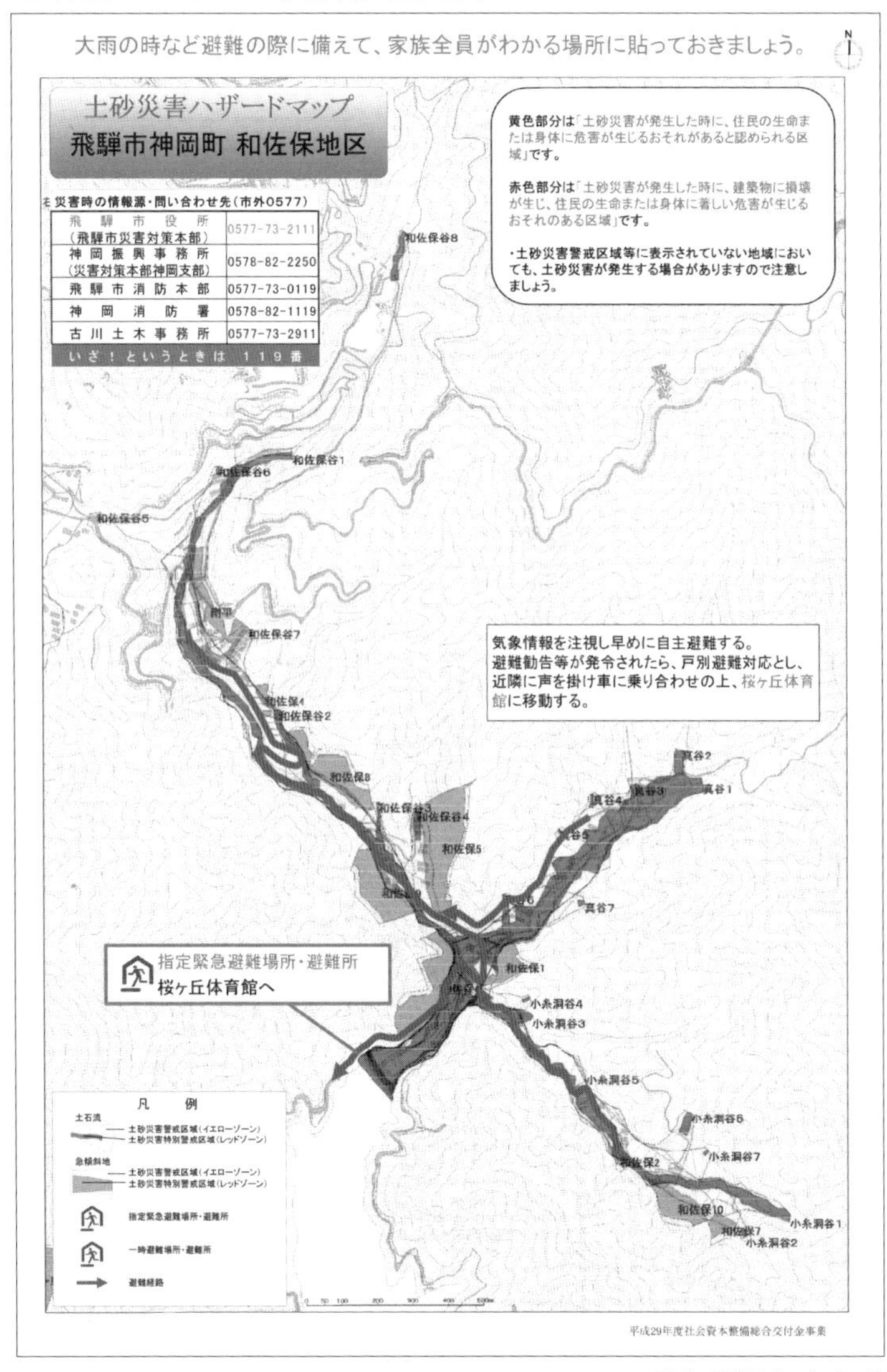

出所：飛騨市ホームページ

状のサンドで積み上げられた。高さは一六五メートルになる[8]。筆者は当初、このハザードマップについて堆積場堤体の下部ばかりを注目していたが、堆積場全体をあらためてみてみると、堆積場の深奥部にも数ヵ所危険地区が確認され、災害につながる問題点を検討してみることにした。これをきっかけに、筆者は「とやま地域問題調査会」の『調査月報[9]』で和佐保堆積場の危険性を指摘するとともに、「イタイイタイ病を語り継ぐ会」市民塾でも講演発表を行った。

和佐保堆積場　　2018年5月　高塚孝憲撮影

　和佐保堆積場の平面図および断面図を示す。断面図の堤体の点線は拡張計画部分であらわしているが、現在で

和佐保堆積場平面図および断面図

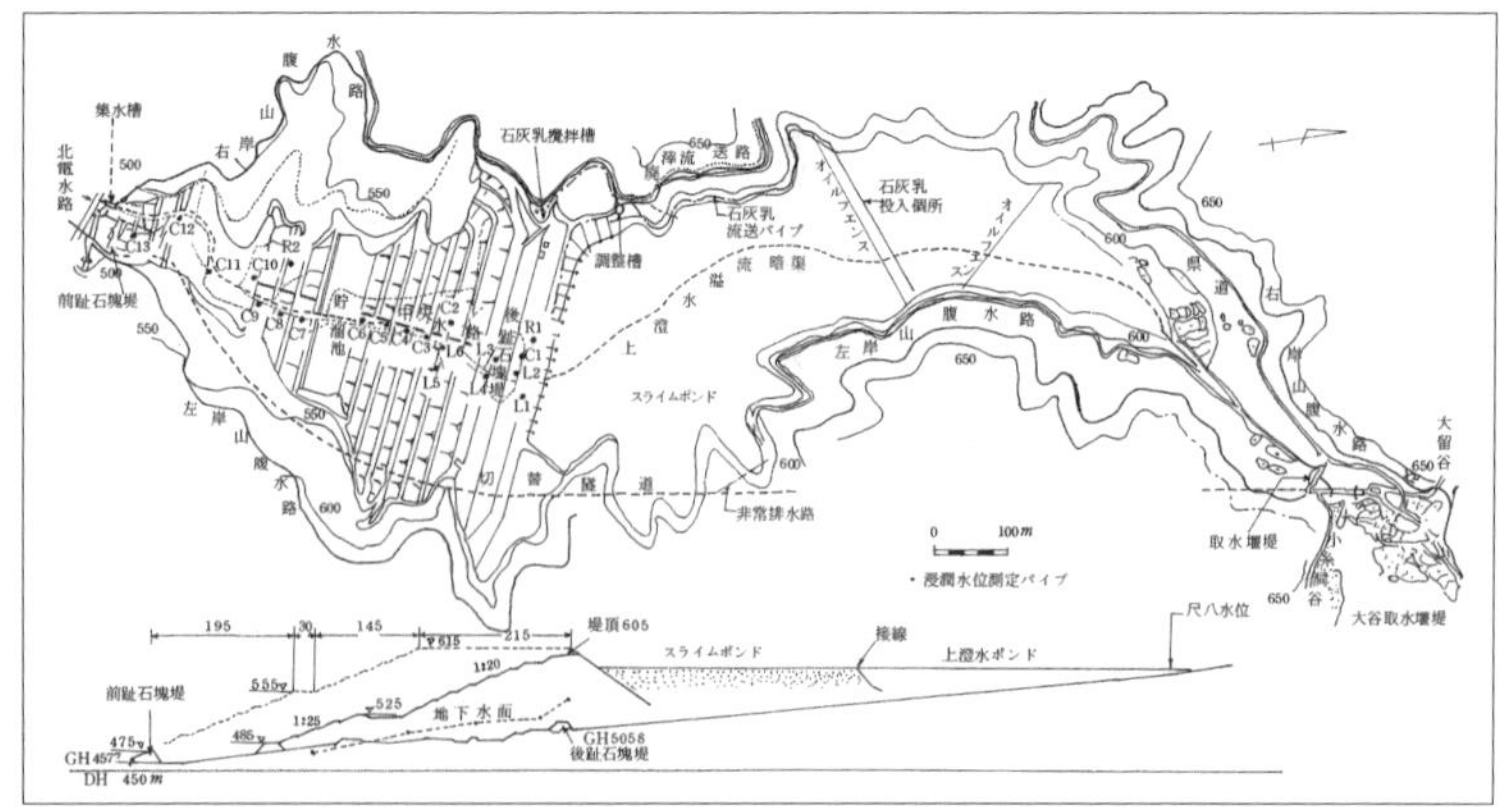

出所：神通川流域カドミウム被害団体連絡協議会委託研究班『イタイイタイ病裁判後の神岡鉱山における発生源対策』 1978

はほぼ拡張は完了している。

何よりもまず、和佐保堆積場周辺に、地震断層が複数走っている。堆積場のど真ん中を横断し、かつ深奥部（和佐保谷上部）の土砂災害の危険指定区域に沿って北西から南東に、さらには堤体下部の高原川を挟んで、南北に堆積場を串刺しするような形での断層まで確認された。[10] 堆積場と離れているとはいえ、江戸期に南海トラフに連なる飛越地震で大きな災害をもたらした跡津川断層もみられる。[11]

二〇一一（平成二三）年に起きた東日本大震災では、関東・東北地方の鉱山堆積場が崩壊し、堆積物の流出が報告されている。[12]

二〇一八（平成三〇）年の政府地震調査委員会の予測によると今後三〇年以内に神岡鉱山付近で発生する地震の確率は、震度五弱以上が四七％、震度五強以上が一〇％、震度六弱以上が一％、震度六強が〇・一％の確率となっているが、最近の頻発する地震への備えは大丈夫なのだろうか。堆積場のみならず、数千トンの硫酸タンクなどの工場施設の耐震対策も必要である。

イタイイタイ病の原因となったカドミウムを大量に含む廃滓が、今も和佐保堆積場にそのままある。会社（現在は神岡鉱業株式会社）も国（経済産業省）も堆積物の移動は考えていない。ただ、ひたすら保管し、堆積のままで永続させる方針である。筆者らの現地視察では、豪雨時の排水のために新たな非常排水路を建設したことが確認された。[13] もし線状降水帯が現地にかかるような事態にでもなって、深奥部の山斜面の崩落が発生したらどうなるのか。大量の流木で入口が塞がれ、堆積場は満水になり、堤体を超える水があふれ出ることになると予想される。[14]

現在の堤体は堆積物の一定量の高さを考えて、積み上げられたものである。堤体の基底部は二〇メートルくらいの高さまで石塊製で、設計・施工されている。水力発電ダムと違い、崩落しないという保証は何もない。前述した筆者の講演会のあとで、出席者の中から、会社の話では堆積場の地下水位は低く、推測に基づく根拠のない危険性の指摘との批判もあったが、しかし、和佐保上部の深奥部では五メートルくらい低くして設計したところに常時、雨水が可視されるが、堤体近くでも相対的にみて、雑草の生える場所の下も五メートルくらい下まで水分があるとみるのが自然だと思う。なぜなら堆積物はコンクリート製ではないからである。

ともかく堤体は国の指導で厳しい計算式はあるが、指定された計算結果が「一」以上であれば安全ということになっている。しかし、筆者の考えはカドミウムを含む堆積物をこのように山奥に永続的に置くことの危険性である。

二〇一九（平成三一）年一月、ブラジル・ミナス州ブルマジーニョの鉱滓ダムが決壊し、死者・行方不明者合わせて三〇〇人余りの人的被害を出したという報道は記憶に新しい。

鉱滓ダムの決壊は堤体の地下水面が上昇したためと言われている。このダムは和佐保堆積場の約半分の規模であったが、和佐保堆積場でも堤体内に地下水面が上昇し、地震などの影響で液状化が起きる可能性も十分考えられる。

神岡鉱山の発生源対策に五〇年間取り組んできた畑明郎は、「二〇一五年の改正水防法では、一〇〇〇年に一度の降雨量を北陸地方で一時間一三〇ミリ、七二時間一〇七三ミリを想定しているので、一時間一〇〇ミリの三堆積場シミュレーションでは不十分であり、再検証する必要がある。（中略）震度七の最大加速度を五〇〇ガルと想定するのは、過小評価であり、三倍の一五〇〇ガルで三堆積場の耐震診断をやり直す必要がある。また、震度六弱の最大加速度を二五〇ガルと想定するのも過小評価であり、二倍の五〇〇ガルで工場施設の耐震診断をやり直すべきである」[15]と提言している。

堆積場の安全管理は、今後、永遠の課題と言ってよい。万一、閉山や倒産により鉱山事業者（神岡鉱業株式会社）が消滅した場合、一体誰がこれらの作業に対し責任を持って継続するのであろうか。当然のことではあるが、将来の管理義務者（法的には飛騨市・岐阜県・経産省鉱山保安監督部になる）不存在の問題も視野に入れながら、国をはじめ、岐阜県・富山県・飛騨市・富山市などの自治体が今から積極的にこの問題に取り組む必要があるのではないだろうか。再汚染防止は急がねばならない。

一九七二（昭和四七）年のイタイイタイ病訴訟完全勝訴から五〇年、二〇一三（平成二五）年一二月の「全面解決」から一〇年になるが、このような課題が山積する中で、イタイイタイ病の自画像は筆者（向井）には今も相当曇って見える。本書では特に触れなかったが、米をめぐるカドミウムの安全基準についても、日本の反対で〇・四ｐｐｍとなった国際基準値が果たして今後もそれでいいのか、さらに議論がなされる必要がある。

本書の表題を『いのち戻らず　大地の爪痕深く　神通川流域民衆史』としたが、世界最大のカドミウム被害をもたらした神通川流域の大事件は地域を超えて、国内はもとより世界へ向けて貴重な公害経験をどう発信するかを問いかけている。イタイイタイ病問題はどこまで解決したというのであろうか。実は患者の放置と切り捨ての歴史を歩んできたイタイイタイ病の発生メカニズムさえ、まだ詳細は明らかではない。そしてカドミウム腎症という、いわばイタイイタイ病に至る不可逆的な腎障害には未解決な部分が多く残っている。これは全国的な課題なのである。

三世紀にわたるイタイイタイ病の歴史は、人間とは何か、医学とは何か、国家とは何かを問いながら、凶暴な複合体である公害と向きあった民衆の闘争史であった。その闘いの歴史の当事者となった民衆にあらためて深く敬意を表する。

闘いの歴史を刻んだ神岡鉱山の現場では、今、「緊張感ある信頼関係」をキーワードに被害者団体と原因企業との間で、今後のあり方が検討されているという。しかし、そこには当然のことながら緊張感の緩みがあってはならないし、原因企業への厳しい監視は継続されなければならない。この一〇〇年の歴史でみれば、企業本位の姿勢にこそ悔やみきれない犠牲が生まれたことを忘れてはならない。「売比(めひ)の里」と呼ばれた豊かな水田地帯から「イタイ、イタイ」の呻(うめ)き声が三世紀にわたって聞こえた。「『死にたい、死なしてくれ』とおがみながら『泣いて、イタイ、もがいて死んだ』[16]」。神通川流域は地獄だった。いのちは戻らない。

幾世代も受け継がれてきた大地は、爪痕深く、いつくしんできた農民のいのちとともに、土をも滅ぼした。人類が生存しつづけていく源(みなもと)にまで、悲憤の涙が残された。

土を滅ぼすものは文明をも滅ぼす。

民衆の声、民衆によせる眼差しを失った企業にも国家にも存在価値はない。

引用文献

[1] 向井嘉之『イタイイタイ病との闘い 原告 小松みよ―提訴そして、公害病認定から五〇年―』能登印刷出版部、二〇一八

[2]友澤悠季「ゆきわたる公害　可視化するのはだれか」『世界』二〇二一年三月号、岩波書店
[3]二〇二二（令和四）年八月一日付け『北日本新聞』
[4]イタイイタイ病対策協議会・神通川流域カドミウム被害団体連絡協議会『神通川流域住民運動のあゆみ』一九九一
[5]萩野昇『イタイイタイ病との闘い』朝日新聞社、一九六八
[6]環境省『カドミウム汚染地域住民健康影響調査検討会報告書』二〇一九
[7]一九五六（昭和三一）年五月一三日付け『北日本新聞』
[8]畑明郎『イタイイタイ病発生源対策五〇年史』本の泉社、二〇二一
[9]高塚孝憲「神岡鉱山・和佐保堆積場の危険性について」『調査月報』No.49、とやま地域問題調査会、二〇一八
[10]東京大学出版会『新編　日本の活断層　分布図と資料』一九九一
[11]高塚孝憲「『神岡鉱山・和佐保堆積場』に関する疑問と不安について考える」『調査月報』No.57、二〇一九
[12]『集積場管理対策研究会資料』東日本大震災による流出事故集積場比較、二〇一二
[13]高塚孝憲「『神岡鉱山・和佐保堆積場』に関する疑問と不安について考える」『調査月報』No.57、二〇一九
[14]高塚孝憲「『神岡鉱山・和佐保堆積場』に関する疑問と不安について考える」『調査月報』No.57、二〇一九
[15]畑明郎『イタイイタイ病発生源対策五〇年史』本の泉社、二〇二一
[16]岩倉政治「イタイイタイ病」向井嘉之『野辺からの告発　イタイイタイ病と文学』能登印刷出版部、二〇二三

参考文献

1、向井嘉之『イタイイタイ病との闘い 原告 小松みよ―提訴そして、公害病認定から五〇年―』能登印刷出版部、二〇一八
2、畑明郎・向井嘉之著『イタイイタイ病とフクシマ これまでの一〇〇年これからの一〇〇年』梧桐書院、二〇一四
3、二〇二二（令和四）年四月一三日付け『北日本新聞』

4、二〇二二（令和四）年八月一日付け『北日本新聞』
5、二〇二二（令和四）年八月六日付け『北日本新聞』
6、二〇二二（令和四）年八月九日付け『北日本新聞』
7、二〇二二（令和四）年八月一〇日付け『北日本新聞』
8、二〇二二（令和四）年八月一七日付け『読売新聞』
9、向井嘉之『野辺からの告発　イタイイタイ病と文学』能登印刷出版部、二〇二二
10、二〇二二（令和四）年九月四日付け『北日本新聞』

おわりに

民衆史という概念を定着させたのは敬愛する色川大吉たちだった。そこには常に歴史的な闘いの動機と経過があった。足尾鉱毒事件では田中正造を追いながら渡良瀬川流域の民衆に寄り添い、水俣病事件史では不知火海（しらぬいかい）の人々のもとに通い詰めた色川の精神にこそ、民衆が生きたのだと思う。

二〇二二（令和四）年八月九日はイタイイタイ病裁判完全勝訴から五〇年の節目の日だった。完全勝訴から半世紀を経たからといってイタイイタイ病を過去のものとして語ることはできない。

近代化一五〇年の時間軸の中で、イタイイタイ病事件はなぜ発生したのか、そしてそれはどのような道を歩んだのか、苦難の中で被害者はどのような声を上げてきたのか、今こそ学び直さなければならない。仮にそれを「イタイイタイ病学」と呼び、イタイイタイ病問題に現代的再評価を加えることができれば、私たちがめざす「イタイイタイ病学を拓（ひら）く」ことに一歩でも近づくことができるのではないだろうか。

イタイイタイ病を真摯（しんし）に全身で受け止め、イタイイタイ病事件から何が見えるか、さまざまな学び直しに挑戦し、イタイイタイ病の本質を語り合い、探り出し、きっちりと残していくことこそ、現代に生きる私たちの責任である。

本書執筆にあたり、金澤敏子は明治から大正を生きた曾祖母らの姿を求めて、孫・ひ孫らの聞き書きに挑んだ。高塚孝憲は鉱山業を文明史の視点から探ろうと和佐保堆積場に通った。筆者はと言えば、神岡鉱山足下の山の民・川の民らが、大財閥に決起したという民衆デモに興奮し、長編小説『山の民』を書いた江馬修にエネルギーの大半を奪われた。

果たして本書が『民衆史』と呼べるかどうかは読者の判断にゆだねるが、イタイイタイ病にはあまりに私たちが知らないことが多いことを思い知らされた。一九世紀に鉱毒の曝露が始まり、二一世紀の今も患者が認定される。だからこそ私たちは学び直さなければならない。

「イタイイタイ病学を拓く」というささやかな試みに向かって、志をともにする皆さんとともにこれからもイタイイタイ病を学んでいきたいと思う。

本書の出版にあたっては多くの方々にご協力いただいた。心から感謝申し上げたい。永井真知子さんには各図の作成をしていただいた。本書全般の校正は頭川博さんにお願いした。そのほか、ご協力いただいたお一人お一人に感謝したい。

最後に、本書の編集にあたっていただいた能登印刷出版部の奥平三之さんにお礼を申し上げたい。

神通川　2022年9月　金澤敏子撮影

二〇二二（令和四）年一〇月

向井嘉之

■出版にご協力いただいた方々（五〇音順）

イタイイタイ病対策協議会
イタイイタイ病発生源対策協力科学者グループ
イタイイタイ病弁護団
神岡鉱業株式会社
神岡ニュース社
神岡町円城寺（船津）
神岡町光円寺
神岡町瑞岸寺
神岡町洞雲寺
岐阜県図書館
国土交通省北陸地方整備局神通川水系砂防事務所
国立国会図書館
神通川流域カドミウム被害団体連絡協議会
清流会館
富山県下水道公社神通川左岸浄化センター
富山県厚生部健康対策室健康課
富山県自治体問題研究所
富山県農林水産部農村整備課
富山県立イタイイタイ病資料館
富山県立図書館
とやま地域問題調査会
入善町立図書館
萩野病院
飛騨市神岡図書館
飛騨市教育委員会
三井金属鉱業株式会社

青島恵子
青山康子
天児直美
五十嵐正子
内田正二
江添良作
迫本武雄
大島俊夫
大西道隆
加藤　忍
金澤孝二
栗本　実
小松雅子
頭川　博
髙木勲寛
髙木良信
竹内　章
都竹清隆
永井真知子

畑　明郎
林　春希
平岡孝進
布村奏子
松波淳一
宮口政久
宮崎まゆみ
山崎　勇
吉田文和
米澤　勇

■著者略歴

向井嘉之（むかい・よしゆき）

一九四三（昭和一八）年東京生まれ。富山市在住。
同志社大学文学部英文科卒。
ジャーナリスト。イタイイタイ病研究会幹事。とやまＮＰＯ研究会代表。
元聖泉大学人間学部教授（メディア論）。日本ＮＰＯ学会会員。

主著

『若者の広場』（単著、ＫＮＢ興産出版部、一九七五）
『１１０万人のドキュメント』（単著、桂書房、一九八五）
『記憶から記録へ・戦後還暦・全国の新聞は何を伝えたか』（単著、とうざわ印刷工芸、二〇〇九）
『第二次世界大戦　日本の記憶・世界の記憶　戦後六五年海外の新聞は今、何を伝えているか』（単著、楓工房、二〇一〇）
平和・協同ジャーナリスト基金賞奨励賞
『イタイイタイ病報道史』（共著、桂書房、二〇一一）
『泊・横浜事件70年　端緒の地からあらためて問う』（共著、梧桐書院、二〇一二）
『ＮＰＯが動く　とやまが動く』（共著、桂書房、二〇一二）
『民が起つ　米騒動研究の先覚と泊の米騒動』（共著、能登印刷出版部、二〇一三）
日本ＮＰＯ学会審査委員会特別賞

『イタイイタイ病とフクシマ これまでの100年 これからの100年』（共著、梧桐書院、二〇一四）
『くらら咲く頃に　―童謡詩人 多胡羊歯 魂への旅』（単著、梧桐書院、二〇一五）
日本自費出版文化賞入選、日本図書館協会選定図書
『米騒動とジャーナリズム　大正の米騒動から百年』（共著、梧桐書院、二〇一六）
平和・協同ジャーナリスト基金賞奨励賞
『イタイイタイ病と教育　公害教育再構築のために』（共著、能登印刷出版部、二〇一七）
『イタイイタイ病との闘い 原告 小松みよ』（単著、能登印刷出版部、二〇一八）
『二つの祖国を生きて　恵子と明子』（単著、能登印刷出版部、二〇一八）
『いのちを問う　臓器移植とニッポン』（単著、能登印刷出版部、二〇一九）
『スモモの花 咲くころに　評伝　細川嘉六』（共著、能登印刷出版部、二〇一九）
『イタイイタイ病と戦争 戦後75年 忘れてはならないこと』（単著、能登印刷出版部、二〇二〇）
日本自費出版文化賞研究・評論部門特別賞
『悪疫と飢餓「スペイン風邪」富山の記録』（共著、能登印刷出版部、二〇二〇）
『鈴木忠志と利賀村　世界演劇の地平へ』（共著、能登印刷出版部、二〇二一）
『野辺からの告発　イタイイタイ病と文学』（単著、能登印刷出版部、二〇二二）

金澤敏子（かなざわ・としこ）

一九五一（昭和二六）年生まれ。富山県入善町在住。

ドキュメンタリスト。細川嘉六ふるさと研究会代表。

北日本放送アナウンサーを経て、テレビ・ラジオのドキュメンタリーを四〇本余り制作。

主著

『泊・横浜事件70年　端緒の地からあらためて問う』（共著、梧桐書院、二〇一二）
『NPOが動く　とやまが動く　市民社会これからのこと』（共著、桂書房、二〇一二）　日本NPO学会審査委員会特別賞
『民が起つ　米騒動研究の先覚と泊の米騒動』（共著、能登印刷出版部、二〇一三）
『米騒動とジャーナリズム　大正の米騒動から百年』（共著、梧桐書院、二〇一六）平和・共同ジャーナリスト基金賞奨励賞
『スモモの花　咲くころに　評伝　細川嘉六』（共著、能登印刷出版部、二〇一九）
『イタイイタイ病の絵本　みよさんのたたかいとねがい』（共著、能登印刷出版部、二〇二一）

受賞番組

NNNドキュメント'96『赤紙配達人～ある兵事係の証言～』
一九九六（平成八）年　芸術祭賞放送部門優秀賞　芸術選奨文部大臣新人賞　アジアテレビ映像祭沖縄賞　民間放送連盟賞テレビ教養部門優秀賞　放送文化基金個人賞ほか
KNBスペシャル『人生これおわら』一九九九（平成一一）年　ギャラクシー賞大賞

ＫＮＢスペシャル『鍋割月の女たち～米騒動から80年』
一九九九（平成一一）年　平和・協同ジャーナリスト基金賞奨励賞ほか
ＫＮＢスペシャル『一枚の写真が、、、～泊事件六五年目の証言～』
二〇〇七（平成一九）年　ギャラクシー賞奨励賞

高塚孝憲（たかつか・こうけん）

一九四七（昭和二二）年　富山市生まれ（真宗寺院の長男として）
龍谷大学文学部英語英文学専攻　卒業
在学中に僧籍取得（得度）

富山市役所に三〇年勤務。その間、「富山県自治体問題研究所」に所属。これまで「在来線を守る会」、「自治労連全国連絡協」、「多言語交流研究所」、「9条の会」などに所属。
現在、「富山県自治体問題研究所富山支所」代表。「とやま地域問題調査会」世話人。

主論文

「富山市のまちづくり（災害Ⅱ）」『調査月報』No.23（とやま地域問題調査会、二〇一六）
「神岡鉱山の堆積場は地震でも安全と会社はいうが⁉」『調査月報』No.47（とやま地域問題調査会、二〇一八）
「『神岡鉱山・和佐保堆積場』崩壊の危険性について」『調査月報』No.49（とやま地域問題調査会、二〇一八）
「南海トラフ地震が飛越地震に連動するかもしれない」『調査月報』No.55（とやま地域問題調査会、二〇一九）
「アスファルト舗装からインターロッキング・ブロック舗装に変わる（初夢）」『調査月報』No.55（とやま地域問題調査会、二〇一九）
「『神岡鉱山・和佐保堆積場』に関する疑問と不安について考える」『調査月報』No.57（二〇一九）
「神岡鉱山・和佐保堆積場の近況と安全への不都合な隠れた論理」『調査月報』No.87（とやま地域問題調査会、二〇二一）

いのち戻らず　大地に爪痕深く

神通川流域民衆史

二〇二三年一月一日　第一刷発行

著　者　向井嘉之・金澤敏子・高塚孝憲

発行人　能登健太朗

発行所　能登印刷出版部

〒九二〇-〇八五五　金沢市武蔵町七-一〇

TEL〇七六-二二二-四五九五

編　集　能登印刷出版部　奥平三之

デザイン　西田デザイン事務所

印　刷　能登印刷株式会社

落丁・乱丁本は小社にてお取り替えします。

©Yoshiyuki Mukai, Toshiko Kanazawa, Koken Takatsuka 2023 Printed in Japan

ISBN978-4-89010-816-9